普通高等教育规划教材·矿山类专业系列
行业紧缺人才、关键岗位从业人员培训推荐教材

矿山固定机械及运输设备

吴昌友　于　辉　主　编
董付科　孙立民　刘利军　副主编
黄力波　史俊伟　杜　晓　参加编写
　　　　　张顺堂　主　审

北京交通大学出版社
·北京·

内容简介

本书突出了高等教育矿山专业的特点,力求理论和实践相结合、基础知识与实用技术相结合、课堂学习与职业技能相结合、课程体系和专业特色相结合。

全书分两大部分:第一部分为矿山固定机械设备,主要包括矿井提升设备、矿井排水设备、矿井通风设备和空气压缩设备;第二部分为运输设备,包括刮板输送机、带式输送机、矿用电机车和辅助运输设备。每部分内容以结构特点、工作原理、故障分析及处理方法为主线,详细介绍了具有代表性机型的结构及应用,并嵌入矿山安全规则,使学生在掌握工程机械设备的基本概念、基本原理和使用方法的同时,提高岗位技能,增强安全意识,为后续课程的学习和安全生产奠定坚实的基础。

本书可作为本科院校、成人高校、高等职业技术学院、高等专科学校采矿等矿山类专业的教学用书,也可供有关工程技术人员参考。

版权所有,侵权必究。

图书在版编目(CIP)数据

矿山固定机械及运输设备/吴昌友,于辉主编.—北京:北京交通大学出版社,2013.12(2020.12重印)

ISBN 978-7-5121-1728-0

I.①矿⋯ Ⅱ.①吴⋯ ②于⋯ Ⅲ.①矿山机械-机械设备-高等学校-教材 Ⅳ.①TD44

中国版本图书馆 CIP 数据核字(2013)第 295518 号

策划编辑:刘辉 刘建明
责任编辑:刘辉
出版发行:北京交通大学出版社　　　电话:010-51686414
　　　　　北京市海淀区高梁桥斜街44号　邮编:100044
印 刷 者:北京鑫海金澳胶印有限公司
经　　销:全国新华书店
开　　本:185×260　印张:16.25　字数:406千字
版　　次:2014年1月第1版　2020年12月第7次印刷
书　　号:ISBN 978-7-5121-1728-0/TD·1
印　　数:8 501~9 500 册　定价:39.80元

本书如有质量问题,请向北京交通大学出版社质监组反映。对您的意见和批评,我们表示欢迎和感谢。
投诉电话:010-51686043,51686008;传真:010-62225406;E-mail:press@bjtu.edu.cn。

前　言

近年来,我国矿山机械设备得到了迅速的发展。矿山工业的技术人员和广大职工在设计制造矿山机械设备和引进吸收国外先进技术等方面,积累了丰富的经验,取得了丰硕的成果。

本书是在吸取先进成果的基础上编写而成。主要分成两大部分:第一部分为矿山固定机械设备,主要内容包括矿井提升设备、矿井排水设备、矿井通风设备和空气压缩设备的结构、工作原理、特点、故障分析及处理方法;第二部分为运输设备,包括刮板输送机、带式输送机、矿用电机车和辅助运输设备的结构特点、工作原理和故障分析及处理方法。详细介绍了具有代表性机型的结构及应用,并嵌入矿山安全规则,使学生在掌握工程机械设备的基本概念、基本原理和使用方法的同时,提高岗位技能,增强安全意识,为后续课程的学习和安全生产奠定坚实的基础。

在编写中注重反映当前国内外矿山固定机械设备和运输设备的新技术、新成果和发展趋势,力求理论和实践相结合、基础知识与实用技术相结合、课堂学习与职业技能相结合、课程体系和专业特点相结合。为便于学生和有关工程技术人员阅读参考,每一章都是独立的,可以根据自己的需求选取各自侧重的内容讲授和学习。本书适用于50~70学时本科院校、成人院校、高等职业技术学院、高等专科学校及本科院校的二级职业技术学院采矿等专业的教学用书,也可供有关工程技术人员参考。

参加本书编写的有:山东工商学院吴昌友(第二章、第三章),吉林电子信息职业技术学院于辉(第六章),河北地质职工大学董付科(第四章、第八章),烟台汽车工程职业学院孙立民(第一章),山东工商学院刘利军、杜晓(第五章),山东工商学院黄力波、史俊伟(第七章)。宁剑参加了部分图形的绘制。全书由吴昌友、于辉任主编,董付科、孙立民、刘利军任副主编,张顺堂为主审。

编写过程中,参考和使用了许多文献资料,还得到许多兄弟院校、科研院所和厂矿的大力支持,在此我们谨向这些文献资料的编著者和支持编写的工作单位表示衷心的感谢。

由于编者的水平有限,书中不妥之处在所难免,敬请读者批评指正。

编　者
2013年12月

目 录

上篇 矿山固定机械

第一章 矿井提升设备 ………………………………………………………… 3
第一节 概述 ……………………………………………………………… 3
第二节 提升容器 ………………………………………………………… 5
一、箕斗及其装载设备 …………………………………………………… 6
二、罐笼及其承接装置 …………………………………………………… 9
三、容器的导向装置 ……………………………………………………… 13
第三节 提升钢丝绳 ……………………………………………………… 14
一、提升钢丝绳的结构 …………………………………………………… 14
二、提升钢丝绳的分类 …………………………………………………… 15
三、钢丝绳的选择、使用、维护及试验 ………………………………… 17
第四节 矿井提升机 ……………………………………………………… 20
一、提升机类型 …………………………………………………………… 20
二、提升机制动装置 ……………………………………………………… 22
第五节 提升机拖动与控制原理 ………………………………………… 26
一、拖动装置 ……………………………………………………………… 26
二、交流感应电动机的控制 ……………………………………………… 26
第六节 提升设备的使用与维护 ………………………………………… 31
一、提升设备的操作 ……………………………………………………… 31
二、提升设备的使用与维护 ……………………………………………… 33
三、提升设备的故障分析及排除方法 …………………………………… 34
习题 …………………………………………………………………………… 37

第二章 矿井排水设备 ………………………………………………………… 38
第一节 概述 ……………………………………………………………… 38

一、矿井排水设备的任务和分类 ……………………………………………… 38
　　二、矿山排水设备的组成及其作用 …………………………………………… 39
　　三、对排水设备的要求 ………………………………………………………… 40
　　四、矿山排水系统 ……………………………………………………………… 40
　　五、离心式泵的工作原理 ……………………………………………………… 42
 第二节　离心式水泵的结构 ……………………………………………………… 43
　　一、D 型离心式水泵 …………………………………………………………… 43
　　二、IS 型水泵 …………………………………………………………………… 49
 第三节　离心式水泵的工作理论 ………………………………………………… 51
　　一、离心式水泵的性能参数 …………………………………………………… 51
　　二、离心式水泵的气蚀和吸水高度 …………………………………………… 52
　　三、离心式水泵的特性曲线 …………………………………………………… 55
　　四、离心式水泵的管路特性 …………………………………………………… 56
　　五、离心式水泵的联合工作 …………………………………………………… 57
　　六、改善吸水管路的特性 ……………………………………………………… 59
 第四节　离心式水泵的使用与维护 ……………………………………………… 60
　　一、水泵的操作 ………………………………………………………………… 60
　　二、水泵的使用与维护 ………………………………………………………… 61
　　三、离心式水泵常见故障分析及排除方法 …………………………………… 62
 习题 …………………………………………………………………………………… 64

第三章　矿井通风设备 …………………………………………………………… 65

 第一节　概述 ……………………………………………………………………… 65
　　一、通风设备的作用 …………………………………………………………… 65
　　二、通风方式及通风系统 ……………………………………………………… 65
　　三、矿井通风机的分类 ………………………………………………………… 66
 第二节　矿井通风机概述 ………………………………………………………… 67
　　一、通风机工作原理 …………………………………………………………… 67
　　二、通风机的特性参数 ………………………………………………………… 68
 第三节　通风机的结构及性能 …………………………………………………… 69
　　一、轴流式通风机的结构及性能 ……………………………………………… 69
　　二、离心式通风机的结构及性能 ……………………………………………… 76
　　三、轴流式与离心式通风机的比较 …………………………………………… 81
 第四节　通风机在网络中的工作分析 …………………………………………… 82

一、风机在网络中的工作分析 …………………………………………… 82
二、通风网络的特性曲线 ………………………………………………… 83
三、风机工况点与工业利用区 …………………………………………… 85
四、风机的经济运行与工况调节 ………………………………………… 87

第五节 通风机的安装与运行 ………………………………………………… 91
一、通风机安装简介 ……………………………………………………… 91
二、通风机的基础要求 …………………………………………………… 92
三、通风机的组装及装配的主要要求 …………………………………… 92
四、通风机的启动与运转 ………………………………………………… 94

第六节 通风机故障分析排除 ………………………………………………… 96
一、通风机性能方面的故障 ……………………………………………… 96
二、机械方面的故障 ……………………………………………………… 96
三、通风机运转中的主要故障及其消除 ………………………………… 97

习题 ………………………………………………………………………………… 98

第四章 空气压缩设备 …………………………………………………………… 100

第一节 概述 …………………………………………………………………… 100
一、矿山空压机站的组成 ………………………………………………… 100
二、空压机的分类 ………………………………………………………… 101
三、活塞式空压机的工作原理 …………………………………………… 105

第二节 活塞式空压机的工作循环 …………………………………………… 105
一、活塞式空压机的性能参数 …………………………………………… 105
二、一级活塞式空压机的工作循环 ……………………………………… 106
三、活塞式空压机的两级压缩 …………………………………………… 110

第三节 活塞式空压机的结构 ………………………………………………… 111
一、L型空压机的结构 …………………………………………………… 111
二、空压机的安全和保护装置 …………………………………………… 118

第四节 空压机的辅助设备 …………………………………………………… 120
一、空气过滤器 …………………………………………………………… 120
二、冷却器 ………………………………………………………………… 124
三、油水分离器 …………………………………………………………… 126

第五节 空压机的安装、启动、运转和停车 ………………………………… 128
一、空压机的安装 ………………………………………………………… 128
二、压气机的启动、运转和停车 ………………………………………… 129

第六节 空压机的使用与维护 130
一、空压机的使用与维护 130
二、空压机的故障分析及排除方法 131
习题 133

下篇 矿山运输设备

第五章 刮板输送机 137
第一节 概述 137
一、刮板输送机的组成和工作原理 137
二、刮板输送机的类型、特点和应用 138
第二节 刮板输送机主要部件的结构 139
一、减速器 139
二、液力偶合器 140
三、链轮组件 144
四、溜槽 144
五、紧链装置 145
六、推移装置 146
第三节 刮板输送机的安装、调试与维护 147
一、刮板输送机安装与调试 147
二、刮板输送机的维护 154
三、刮板输送机的润滑 156
四、刮板输送机常见的机械故障 156
习题 158

第六章 带式输送机 160
第一节 概述 160
一、带式输送机的工作原理及适用条件 160
二、带式输送机的主要类型 161
第二节 带式输送机主要部件的结构 166
一、胶带 167
二、托辊 167
三、驱动装置 169

四、张紧装置 ………………………………………………………………… 170
　　五、制动器 …………………………………………………………………… 170
　　六、卷带装置 ………………………………………………………………… 172
 第三节　带式输送机的安装、使用与维护 ……………………………………… 173
　　一、带式输送机的安装 ……………………………………………………… 173
　　二、带式输送机的操作 ……………………………………………………… 176
　　三、带式输送机的维护 ……………………………………………………… 179
　　四、带式输送机常见故障及预防处理 ……………………………………… 181
 习题 …………………………………………………………………………………… 182

第七章　矿用电机车 …………………………………………………………… 184

 第一节　概述 ……………………………………………………………………… 184
　　一、矿用电机车的分类及组成 ……………………………………………… 184
　　二、矿用电机车的工作原理 ………………………………………………… 185
 第二节　矿用电机车的结构 ……………………………………………………… 186
　　一、车架 ……………………………………………………………………… 186
　　二、轮对 ……………………………………………………………………… 186
　　三、轴箱 ……………………………………………………………………… 187
　　四、弹簧托架 ………………………………………………………………… 187
　　五、齿轮传动装置 …………………………………………………………… 188
　　六、制动装置 ………………………………………………………………… 188
　　七、撒砂装置 ………………………………………………………………… 189
　　八、缓冲器及连接器 ………………………………………………………… 190
 第三节　轨道与矿车 ……………………………………………………………… 190
　　一、轨道 ……………………………………………………………………… 190
　　二、矿车 ……………………………………………………………………… 191
 第四节　列车运行理论 …………………………………………………………… 194
　　一、列车运行的基本方程式 ………………………………………………… 194
　　二、电机车的牵引力 ………………………………………………………… 196
　　三、电机车的制动力 ………………………………………………………… 198
 第五节　电机车的运输计算 ……………………………………………………… 199
　　一、原始资料和计算内容 …………………………………………………… 199
　　二、机车类型及黏着质量的选择 …………………………………………… 200
　　三、列车组成计算 …………………………………………………………… 200

四、全矿电机车台数的确定 ··· 202
　　五、蓄电池电机车的计算特点 ··· 203
第六节　电机车的操作与维护 ··· 205
　　一、电机车的操作规程 ··· 206
　　二、电机车在运行和验收时的注意事项 ··· 206
　　三、电机车的常见故障分析与预防 ·· 207
习题 ··· 209

第八章　辅助运输 ·· 210

第一节　概述 ··· 210
第二节　钢丝绳运输 ·· 210
　　一、钢丝绳运输的类型及使用条件 ·· 211
　　二、有极绳运输设备 ·· 212
　　三、无极绳运输设备 ·· 215
第三节　无轨胶轮车运输 ··· 228
　　一、无轨胶轮车的组成及分类 ··· 228
　　二、无轨胶轮车操作规定 ·· 230
第四节　其他运输设备 ··· 232
　　一、单绳索道 ·· 232
　　二、卡轨车 ··· 234
第五节　运输安全设备 ··· 236
　　一、斜井防跑车装置 ·· 236
　　二、信号、通信、信集闭 ·· 242
习题 ··· 246

参考文献 ·· 247

上篇　矿山固定机械

第一章 矿井提升设备

第一节 概 述

矿井提升设备是沿井筒提升煤炭、矸石、升降人员和设备,下放材料的大型机械设备。它是矿山井下生产系统和地面工业广场相连接的枢纽,是矿山运输的咽喉。因此,矿井提升设备在矿山生产的全过程中占有极其重要的地位。

随着科学技术的发展及生产的机械化和集中化,目前,在世界上经济比较发达的一些国家,提升机的运行速度已达 20~25 m/s,一次提升量达到 50 t,电动机容量已超过 10 000 kW,其安全可靠性尤为突出。在矿井生产过程中,如果提升设备出了故障,必然会造成停产。轻者,影响煤炭产量;重者,会危及人身安全。

此外,矿井提升设备是一套大型的综合机械-电气设备,其成本和耗电量比较高,所以,在新矿井的设计和老矿井的改建设计中,确定合理的提升系统时,必须经过多方面的技术经济比较,结合矿井的具体条件,保证提升设备在选型和运转两个方面都是合理的,即要求矿井提升设备具有经济性。

矿井提升设备的主要组成部分是:提升容器、提升钢丝绳、提升机(包括拖动控制系统)、井架(或井塔)、天轮及装卸载设备等。

由于井筒条件(竖井或斜井)及选用的提升容器和提升机类型的不同,可组成各有特点的矿井提升系统。较常见的提升系统有以下几种。

① 竖井单绳缠绕式箕斗提升系统。
② 竖井单绳缠绕式罐笼提升系统。
③ 竖井多绳摩擦式箕斗提升系统。
④ 竖井多绳摩擦式罐笼提升系统。
⑤ 斜井箕斗提升系统。
⑥ 斜井串车提升系统。

图 1-1 是单绳缠绕式箕斗提升系统示意图。处在井底车场的重矿车,由推车机推入翻车机

8(也称翻笼),把矿车内煤炭卸入井底煤仓,再经装载设备 11 把煤炭装入主井底的箕斗内。与此同时,已提至井口卸载位置的重箕斗,通过井架上的卸载曲轨的作用,箕斗底部的闸门开启,把煤炭卸入地面煤仓 6。处在井上、井下的两箕斗分别通过连接装置与两根提升钢丝绳 7 相连接,两根提升钢丝绳 7 的另一端则绕过安装在井架 3 上的天轮 2,以相反的方向固接在提升机卷筒 1 上。启动提升机,一根钢丝绳向卷筒上缠绕,使井底重箕斗向上运动;与此同时,另一根钢丝绳自卷筒上松放,使井口轻箕斗向下运动,从而完成了提升煤炭的任务。

图 1-2 是多绳摩擦式罐笼提升系统示意图。多绳摩擦轮 1 安装在提升井塔上,主绳 8 搭放在摩擦轮 1 上,其两端通过连接装置分别与处于井口和井底的两个罐笼 3,7 连接,两罐笼底部通过尾绳环与尾绳 6 连接。当启动摩擦轮时,重载罐笼 3 被提升到井口上车场(图示位置),重矿车 4 被推车机推出罐笼,经翻车机 5 卸载后,煤炭由胶带输送机运出。当升降人员或设备时,可在井口下车场进、出罐笼或装卸物料。

图 1-3 是斜井箕斗提升系统示意图。与竖井单绳缠绕式提升系统相似,在井底车场设有翻车机 1 和井底煤仓 2,地面也设有卸载设备 7 和地面煤仓 8。

当年产量和井筒倾角较小时,可采用串车提升。

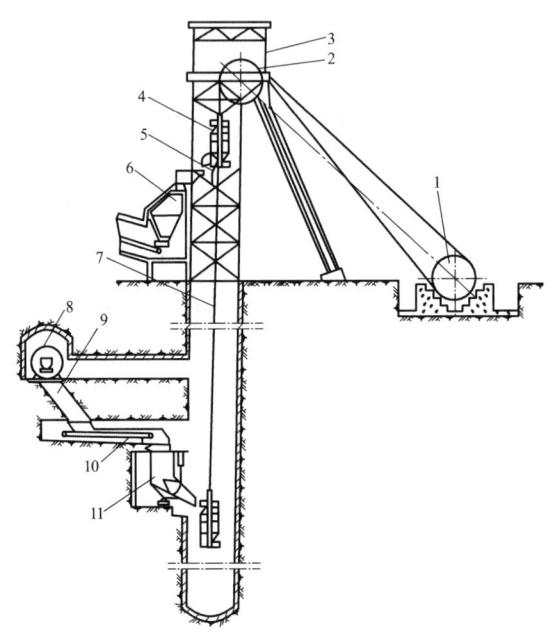

图 1-1 单绳缠绕式箕斗提升系统示意图

1—提升机;2—天轮;3—井架;4—箕斗;5—卸载曲轨;6—地面煤仓;
7—提升钢丝绳;8—翻车机(也称翻笼);9—井底煤仓;10—给煤机;11—装载设备

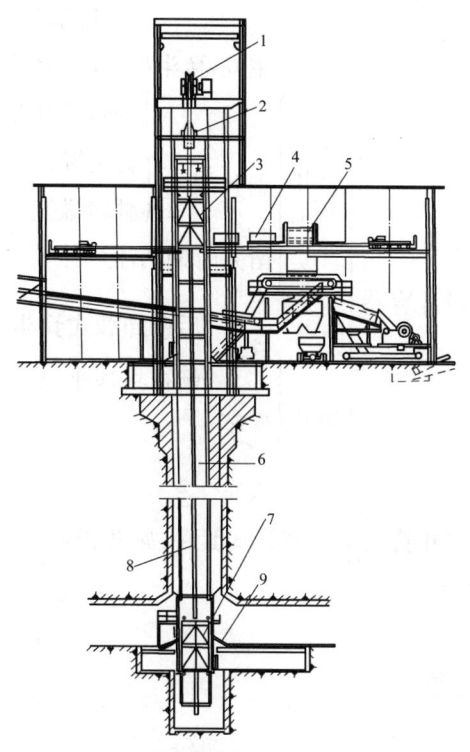

图 1-2 多绳摩擦式罐笼提升系统示意图

1—摩擦轮;2—导向轮;3—罐笼;4—矿车;5—翻车机;
6—尾绳;7—罐笼;8—主绳;9—摇台

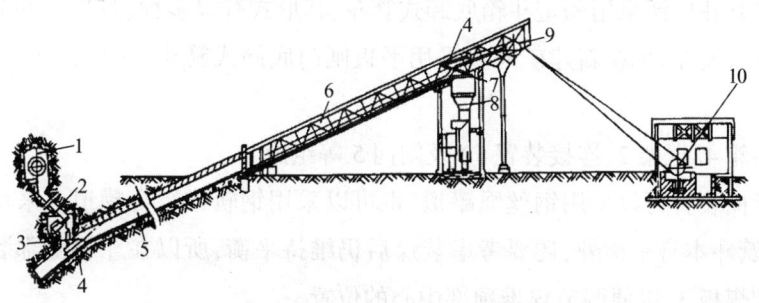

图 1-3 斜井箕斗提升系统示意图

1—翻笼硐室;2—装载仓;3—装载闸门;4—箕斗;5—井筒;6—井架栈桥;
7—卸载曲轨;8—卸载仓;9—天轮;10—提升机

第二节 提升容器

矿井提升容器是用于提升物料和升降人员的容器。按其结构可分类如下。

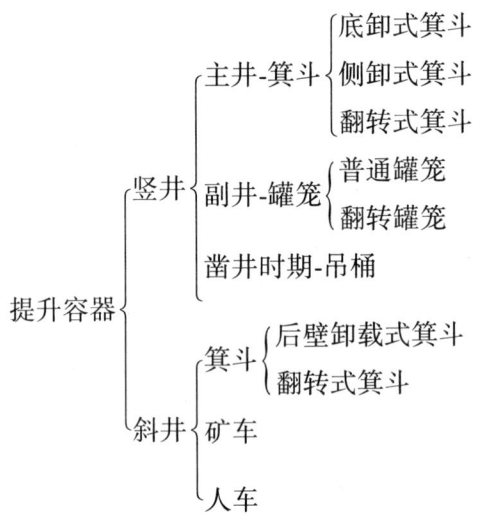

我国煤矿,竖井提升,主井普遍采用底卸式箕斗,副井普遍采用普通罐笼;斜井提升采用后壁卸载式箕斗、矿车和人车。

一、箕斗及其装载设备

(一) 竖井箕斗

(1) 箕斗。

我国煤矿立井广泛采用固定斗箱底卸式箕斗,其形式有很多种,过去一些矿井普遍采用扇形闸门底卸式箕斗,现在新建矿井多采用平板闸门底卸式箕斗,这种底卸式箕斗如图1-4所示。

箕斗由斗箱4、框架2、连接装置12及闸门5等组成。

箕斗的导向装置可以采用钢丝绳罐道,也可以采用钢轨或组合罐道。采用钢丝绳罐道时,除应考虑箕斗本身平衡外,还要考虑装煤后仍维持平衡,所以在斗箱上部装载口处安设了可调节的溜煤板3,以便调节煤堆顶部中心的位置。

我国使用的立井单绳箕斗为JL或JLY型;多绳箕斗为JDS、JDSY和JDG型。

(2) 箕斗装载设备。

我国过去广泛采用鼓形箕斗装载设备。这种装载设备的最大缺点是洒煤量很大,一般达到提煤量的10‰,有的竟高达40‰,且在装载时不能保证箕斗的装载量。因此新的箕斗装载设备采用预先定量的装载方式,其洒煤量可以大大降低,一般仅为提煤量的1‰,最大不超过3‰。定量装载方式还能保证提升工作的正常化,有利于实现提升自动化。目前在新建和改建矿井的设计中已普遍采用定量装载设备。

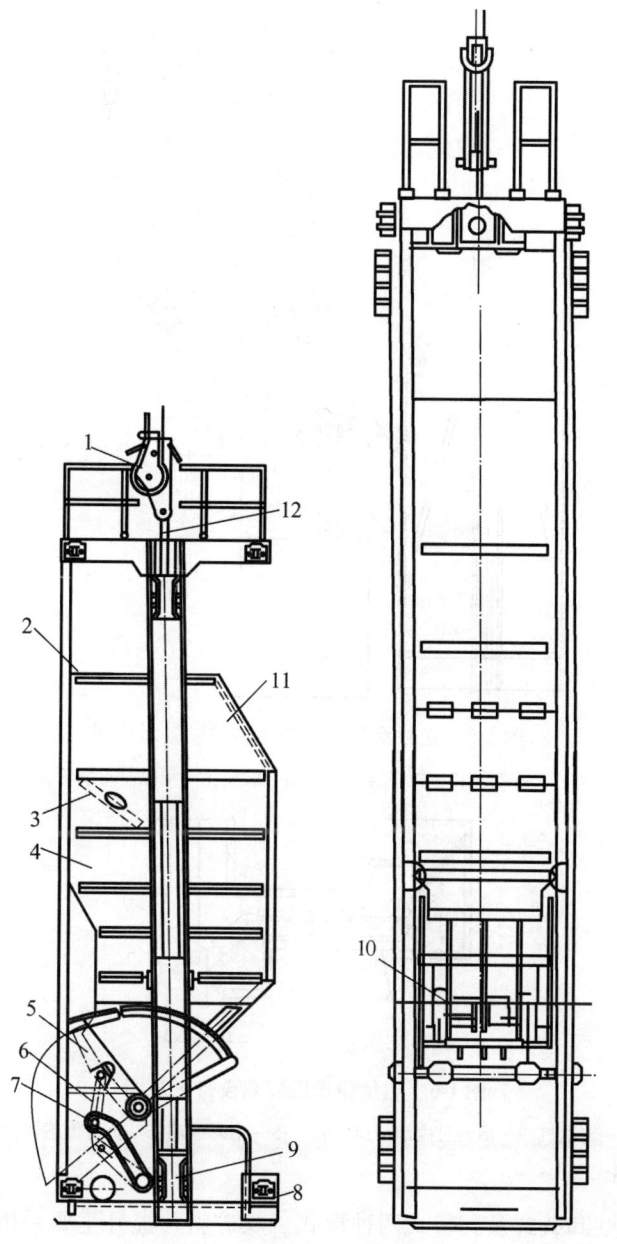

图 1-4 底卸式箕斗示意图

1—楔形绳环;2—框架;3—可调节溜煤板;4—斗箱;5—闸门;6—连杆;7—卸载滚轮;
8—套管罐耳(用于绳罐道);9—钢轨罐道罐耳;10—扭转弹簧;11—罩子;12—连接装置

目前国内外广泛采用的定量装载设备有定量斗箱式和定量输送机式两种。即立井箕斗定量斗箱装载设备(如图1-5 所示)和定量输送机装载设备(如图1-6 所示)。

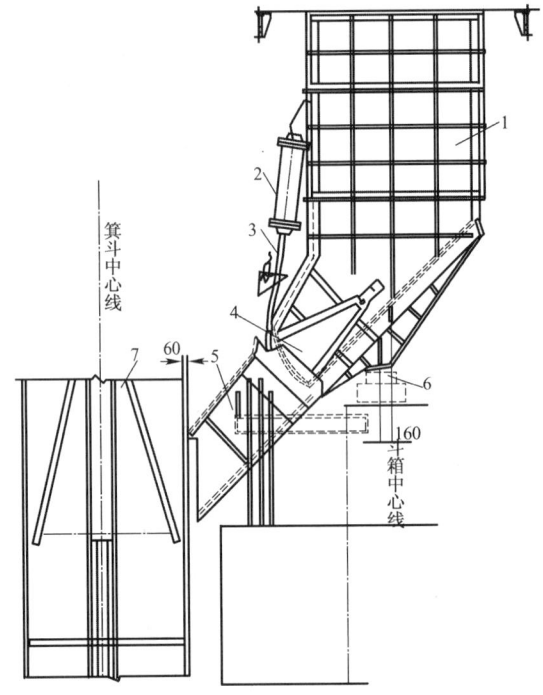

图 1-5　立井箕斗定量斗箱装载设备示意图

1—斗箱；2—控制缸；3—拉杆；4—闸门；5—溜槽；6—压磁测重装置；7—箕斗

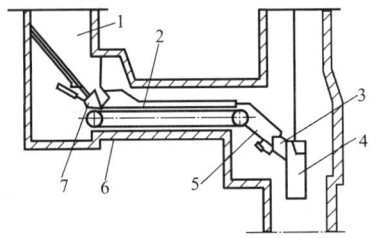

图 1-6　定量输送机装载设备示意图

1—煤仓；2—输送机；3—活动过度溜槽；4—箕斗；5—中间溜槽；6—负荷传感器；7—煤仓闸门

(二) 斜井箕斗

斜井箕斗有后壁卸载式及翻转式两种形式。煤矿斜井提升主要采用后卸式箕斗。后卸式箕斗构造如图 1-7 所示。

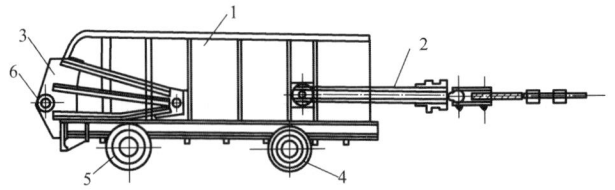

图 1-7　斜井后卸式箕斗示意图

1—斗箱；2—主框；3—扇形闸门；4—前轮；5—后轮；6—卸载滚轮

二、罐笼及其承接装置

(一) 普通罐笼

图 1-8 为单绳单层普通罐笼结构示意图。罐笼罐体是由横梁 7 及立柱 8 组成的金属框架结构,两侧包有钢板。罐体的节点采用铆焊结合的形式。罐体的四角为切角形式,这样既有利于井筒布置,制作又方便。罐笼顶部设有半圆弧形的淋水棚 6 和可打开的罐盖 14,以供运送长材料。罐笼两端装有帘式罐门 10。为了将矿车推进罐笼,罐笼底部铺设有轨道 11。为了防止提升过程中矿车在罐笼内移动,罐笼底部还装有阻车器及自动开闭装置 12。在罐笼上装有罐耳 15 及橡胶滚轮罐耳 5,以使罐笼沿装设在井筒内的罐道运行。在罐笼上部装有动作可靠的防坠器 4,以保证生产及升降人员的安全。罐笼通过主拉杆 3 和双面夹紧楔形环 2 与提升钢丝绳 1 相连。为保证矿车能顺利地进出罐笼,在井上及井下装卸载位置设承接装置。

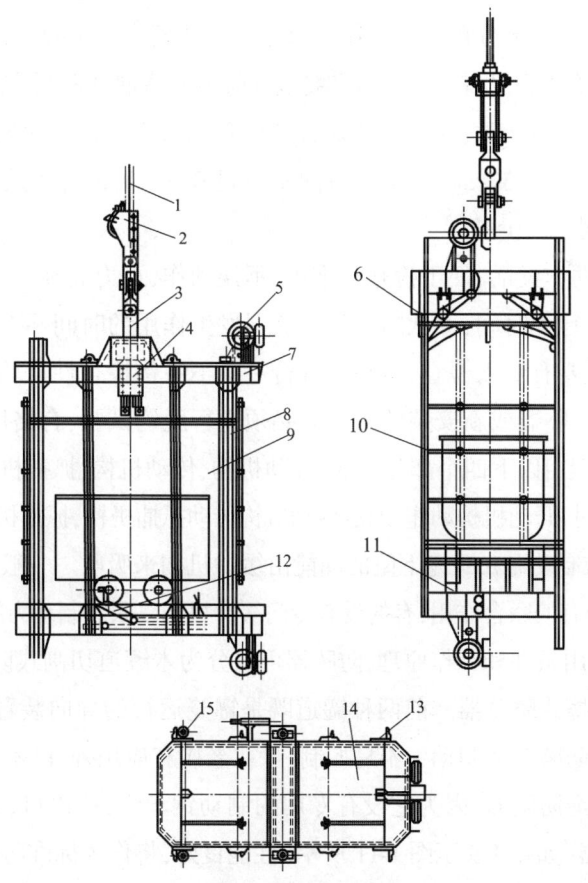

图 1-8 单绳单层普通罐笼结构图

1—提升钢丝绳;2—楔形环;3—主拉杆;4—防坠器;5—橡胶滚轮罐耳;6—淋水棚;
7—横梁;8—立柱;9—钢板;10—罐门;11—轨道;12—阻车器;
13—稳罐耳;14—罐盖;15—套管罐耳(用于绳罐道)

标准单绳普通罐笼按固定车箱式矿车名义载重确定为 1 吨、1.5 吨、3 吨三种形式,每种又有单层和双层之分。

多绳标准单绳普通罐笼与标准单绳普通罐笼结构稍有不同,其不同点为:罐笼自重较大,罐笼中留有添加配重的空间,不装设防坠器;连接装置增设钢丝绳张力平衡装置,用来自动调节各绳张力。

(二) 防坠器

防坠器是罐笼上的一个重要组成部分,为了保证升降人员的安全。《煤矿安全规程》第 332 条规定:"升降人员或升降人员和物料的单绳提升罐笼(包括带乘人员的箕斗),必须装置可靠的防坠器。"防坠器的作用是当提升钢丝绳或连接装置断裂时,可以使罐笼平稳地支承到井筒中的罐道或制动绳上,避免罐笼坠入井底,造成重大事故。

由于防坠器担负的任务重要,在井筒中运转条件较差,而且经常处于备用状态,一旦发生断绳事故又要求其动作灵活可靠,因此设计制造出良好的防坠器、正确地维护和检查以保证防坠器的可靠性是一项十分重要的工作。对立井防坠器有以下要求。

(1) 保证在任何条件下,无论提升速度和终端载荷多大,都能平稳可靠地制动住下坠的罐笼。

(2) 在制动下坠的罐笼时,为了保证人身和设备的安全,在最小终端载荷时(空罐只乘 1 人)制动减速度不应大于 50 m/s^2,延续时间不超过 $0.2 \sim 0.5 \text{ s}$,在最大终端载荷时(矸石罐)制动减速度不应小于 10 m/s^2。

(3) 结构简单,动作灵活,便于检查和维护,不误动作,重力要轻。

(4) 防坠器的空行程时间,即从断绳到防坠器发生作用的时间不大于 0.25 s。

(5) 防坠器每天要有专人检查,每半年进行一次不脱钩检查性试验,每年进行一次脱钩性试验,对大修后的防坠器或新安装的防坠器必须进行脱钩试验,合格后方可使用。

立井用防坠器一般由以下四个部分组成:开动机构、传动机构、抓捕机构和缓冲机构。其工作过程是当发生断绳时,开动机构动作,通过传动机构传动抓捕机构,抓捕机构把罐笼支承到井筒中的支承物上(罐道或制动绳),罐笼下坠的动能由缓冲机构来吸收。一般开动机构和传动机构连在一起,抓捕和缓冲有的联合作用,有的设有专门缓冲机构以限制制动力的大小。

根据防坠器的使用条件和工作原理,防坠器可以分为木罐道切割式防坠器、钢轨罐道摩擦式防坠器和制动绳摩擦式防坠器。前两种罐道既是罐笼运行的导向装置,又是断绳时防坠的支承物。由于这两种防坠器的制动力不易控制,除在老矿有应用外,已不再推广使用。目前我国新设计的均为制动绳防坠器,因为它设有专用的制动钢丝绳,所以可以用于任何形式罐道。实践证明,这种防坠器(如图 1-9 至图 1-11 所示)性能良好,将作为标准防坠器加以推广。

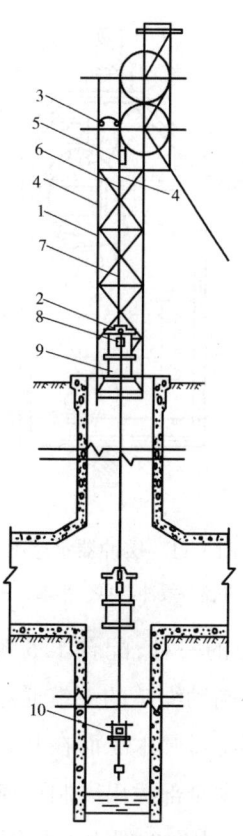

图1-9 BF-152型制动绳防坠系统布置图

1—锥形杯;2—导向套;3—圆木;4—缓冲绳;5—缓冲器;6—连接器;
7—制动绳;8—抓捕器;9—罐笼;10—拉紧装置

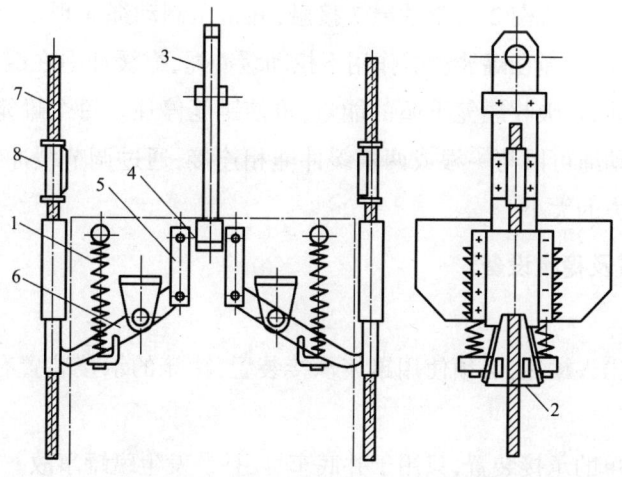

图1-10 BF-152型防坠器抓捕机构示意图

1—弹簧;2—滑楔;3—主拉杆;4—横梁;5—连板;6—拨杆;7—制动绳;8—导向套

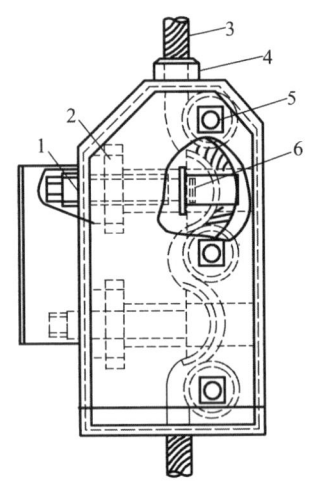

图 1-11 缓冲器示意图

1—螺杆;2—螺母;3—缓冲器;4—小轴;5—滑块;6—外壳

BF-152 型防坠器是标准防坠器的一种,配合 1.5 吨矿车双层双车单绳罐笼作用。如图 1-9 和图 1-11 所示,在缓冲器中,制动绳 7 的上端通过连接器 6 与缓冲绳 4 相连,缓冲绳通过装于天轮平台上的缓冲器 5,再绕过圆木 3 而在井架的另一边自由悬垂,绳端用合金浇铸成锥形杯 1,以防缓冲绳从缓冲器中全部拔出。制动绳的另一端穿过罐笼 9 上的抓捕器 8 伸到井底,用拉紧装置 10 固定在井底水窝的梁上。如图 1-10 所示,抓捕器的开动机构为弹簧 1,正常提升时,提升钢丝绳拉起主拉杆 3,通过传动横梁 4 和连板 5,使两个拨杆 6 的外伸端处于最低位置,滑楔 2 则在最下端位置,发生断绳时,主拉杆 3 下降。在弹簧 1 的作用下,拨杆 6 的外伸端抬起,使滑楔 2 与制动绳 7 接触,并挤压制动绳实现定点抓捕,把下坠的罐笼支承到制动绳上;制动绳在罐笼动能作用下拉动缓冲绳,靠缓冲绳在缓冲器中的弯曲变形和摩擦阻力产生制动力,吸收罐笼下坠的能量,迫使罐笼停住。每个罐笼有两根制动绳,视制动力大小每根制动绳可以与一根或两根缓冲绳相连接,通过调节缓冲绳在缓冲器中的弯曲程度来改变制动力的大小。

(三) 承接装置及稳罐设备

(1) 承接装置。

为了便于矿车出入罐笼,必须使用罐笼承接装置,罐笼的承接装置有承接梁、罐座及摇台三种形式。

承接梁是最简单的承接装置,只用于井底车场,且易发生蹾罐事故。

罐座是利用托爪将罐笼托住,故可使罐笼的停车位置准确。

过去设计的矿车,一般井口用罐座,井底用承接梁,中间水平用摇台。但在新设计的矿井中不采用罐座和承接梁,而采用摇台。

摇台是由能绕转轴转动的两个钢臂组成,如图1-12所示。它安装在通向罐笼进出口处。当罐笼停于卸载位置时,动力缸3中的压缩空气排出,装有轨道的钢臂1靠自重绕轴5转动,下落并搭在罐笼底座上,将罐笼内轨道与车场的轨道连接起来。固定在轴5上的摆杆6用销子与活套在轴5上的摆杆套9相连,摆杆套9前部装有滚子10。矿车进入罐笼后,压缩空气进入动力缸3,推动滑车8。滑车8推动摆杆套9前的滚子10,致使轴5转动而使钢臂抬起。当动力缸发生故障或因其他原因不能动作时,也可以临时用手把2进行人工操作。此时要将销子7去掉,并使配重部分4的重力大于钢臂部分的重力。这时钢臂1的下落靠手把2转动轴5,抬起靠配重4实现。

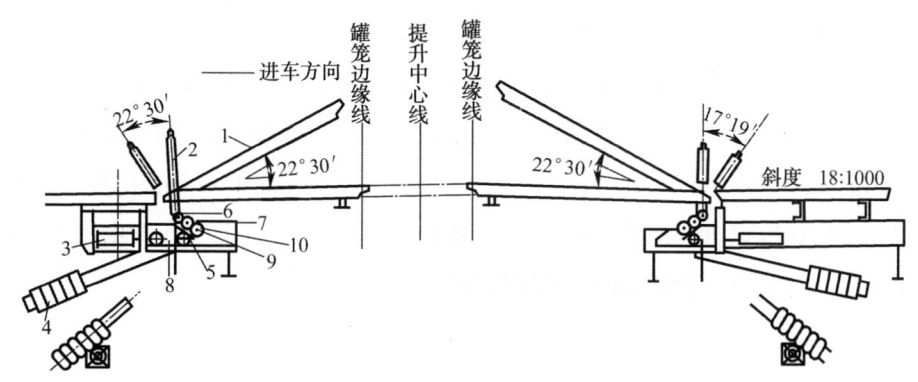

图1-12 摇台示意图

1—钢臂;2—手把;3—动力缸;4—配重;5—轴;6—摆杆;7—销子;8—滑车;9—摆杆套;10—滚子

摇台的应用范围广,井底、井口及中间水平都可使用,特别是多绳摩擦提升必须使用摇台。由于摇台的调节受摇臂长度的限制,因此对停罐准确性要求较高,这是摇台的不足之处。

（2）稳罐设备。

使用钢丝绳罐道的罐笼,用摇台作承接装置时,为防止罐笼由于进出时的冲击摆动过大,在井口和井底专设一段刚性罐道,利用罐笼上的稳罐罐耳进行稳罐。在中间水平因不能安装设置刚性罐道,必须设置中间水平的稳罐装置。稳罐装置可采用气动或液动专门设备,当罐笼停于中间水平时,稳罐装置可自动伸出凸块将罐笼抱稳。

三、容器的导向装置

提升容器在井筒内运行需设导向装置,提升容器的导向装置（罐道）可分为刚性和挠性两种。挠性罐道采用钢丝绳,刚性罐道一般用钢轨、各种型钢和方木。刚性罐道固定在型钢罐道梁上。以前的提升罐道多用木罐道,木罐道具有变形大、磨损快、易腐烂和提升不平稳等缺点,因此逐渐被钢罐道和钢丝绳罐道所代替。钢罐道的形式有钢轨罐道和用型钢焊接而成的矩形组合罐道。钢轨罐道的主要缺点是侧向刚度小,易造成容器横向摆动,刚性罐耳磨损太大,所以钢轨罐道一般用于提升速度和终端载荷都不大的提升容器。

(1) 刚性组合罐道。

刚性组合罐道的截面是空心矩形,一般由槽钢焊接而成。国外也有采用整体轧制型钢的。其主要优点是侧向弯曲和扭转强度大,罐道刚性强,可配合使用摩擦系数小的橡胶滚动罐耳(由一个端面橡胶滚轮和两个侧面橡胶滚轮组成一组橡胶滚轮罐耳)。这种罐遭使容器运行平稳,罐道与罐耳磨损小,因此服务年限长。近年来国内外使用这种罐道的矿井逐渐增多,尤其是在终端负荷和提升速度都很大时,使用这种罐道更为合适。

(2) 钢丝绳罐道。

钢丝绳罐道与刚性罐道相比具有安装工作量小、建设时间短、维护简便、高速运行平稳、无罐道梁可适当减小井壁厚度、通风阻力小等优点。但使用钢丝绳罐道时,容器之间及容器与井壁之间的间隙要求较大,因此就必须增大井筒净断面积,且使井塔或井架的荷重增大,这些都限制了钢丝绳罐道的使用。特别是当地压较大,井筒垂直中心线发生错动。甚至井筒发生弯曲时,不能采用钢丝绳罐道,此时应采用刚性罐道。

第三节 提升钢丝绳

提升钢丝绳是矿井提升设备的一个重要组成部分,提升钢丝绳的选择是否合理是关系到提升设备安全可靠性和经济性的重要环节,应引起足够的重视。

一、提升钢丝绳的结构

矿用提升钢丝绳都是丝→股→绳结构,即先由钢丝捻成绳股,再由绳股捻成绳,提升钢丝绳各部分名称如图 1-13 所示。

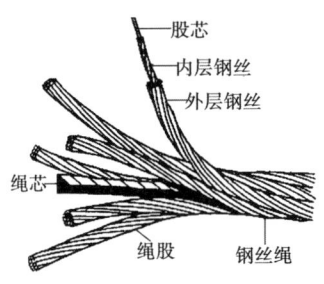

图 1-13　提升钢丝绳结构图

制造提升钢丝绳的钢丝是由优质碳素结构圆钢冷拔而成的。再由钢丝捻成股时有一个股芯,在由股捻成绳时有一个绳芯。股芯一般为钢丝,绳芯有金属绳芯和纤维绳芯两种,前者由钢丝组成,后者可用剑麻、黄麻或有机纤维制成。绳芯的作用是支持绳股,使绳富于弹性,并可贮存润滑油,防止内部钢丝腐蚀生锈。

二、提升钢丝绳的分类

提升钢丝绳有很多种,结构不同,性能也不相同。根据不同的特点有不同的分类方法,实际上都是从不同的角度来说明钢丝绳的结构特点,了解这些特点,对于认识不同钢丝绳的性能,正确选择和合理使用钢丝绳都是有益的。图1-14展示了各种不同类型的钢丝绳。

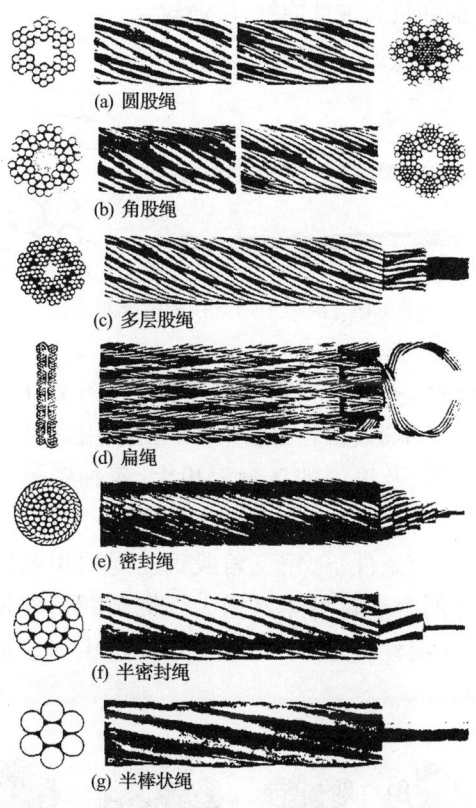

图1-14 不同类型的提升钢丝绳示意图

（1）绳股在绳中的捻向分。

有左捻钢丝绳(S捻),即股在绳中以左螺旋方向捻绕;右捻钢丝绳(Z捻),即股在绳中以右螺旋方向捻绕。

（2）依钢丝在股中和股在绳中捻向的关系分。

有同向捻(顺捻)钢丝绳,即股和绳的捻制方向相同;交叉捻(逆捻)钢丝绳,即股和绳的捻制方向相反。同向捻钢丝绳比较柔软,表面比较光滑,弯曲应力较小,因而寿命较长,但有较大的恢复力,容易旋转打结;交叉捻钢丝绳则与上述情况相反。习惯上又把以上两种分类方法结合起来,分为右同向捻、左同向捻、右交叉捻、左交叉捻四种。

(3) 依钢丝在股中的接触情况分。

钢丝在绳股中的接触形式有点接触、线接触和面接触三种。点接触式钢丝绳,股中内外层钢丝以等捻角不等捻距(跨越捻)来捻制,一般以相同直径的钢丝来制造,钢丝间呈点接触状态,如图1-15(a)所示。线接触式钢丝绳,股中内外层钢丝以等捻距不等捻角(等距离)来捻制,一般以不同直径的钢丝来制造,线间呈线接触状态,如图1-15(b)所示。两种绳相比,线接触绳比较柔软,无压力集中现象,寿命较长。为了改善丝间的接触状态,将线接触式钢丝绳的绳股经特殊碾压加工,使钢丝产生塑性变形,形成钢丝间呈面接触状态,然后再捻制成绳,称为面接触式钢丝绳,所有线接触钢丝绳均可制成面接触式钢丝绳。面接触式钢丝绳结构紧密,表面光滑,抗磨损和抗腐蚀性能好,寿命较长。

图1-15 绳股中钢丝接触情况示意图

(4) 依绳股断面形状分。

股的断面形状有圆形股、三角股和椭圆股三种,如图1-16所示,后两者又称异形股钢丝绳。圆形股钢丝绳易于制造、价格低,所以矿山常用这种钢丝绳。三角股钢丝绳比圆形股表面圆整平滑,与天轮及滚筒的接触面积大,每根钢丝分担的压力小、耐磨损,寿命要比点接触圆股绳长2~3倍,但价格高50%左右。另外,三角股钢丝绳有效金属断面较大,因此在同样终端载荷条件下,用三角股钢丝绳比用圆形股钢丝绳其绳径可以减小,丝径也可以减小,滚筒的容绳量可相对增大。椭圆股钢丝绳也具备三角股钢丝绳的特点,但较三角股钢丝绳稳定性稍差,不易承受较大挤压力。这种绳股多用来与其他绳股制成多层不旋转钢丝绳。

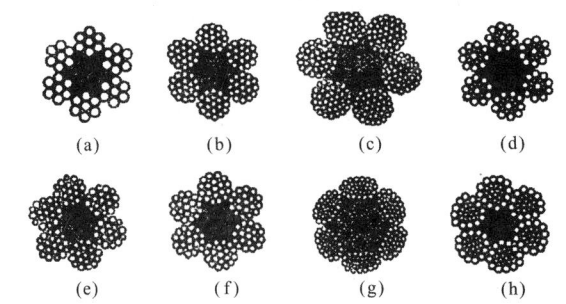

$a-6\times7;b-6\times19;c-6\times37;d-6X(19);e-6W(19);f-6T(25);$
$g-6Q(33)+6\Delta(21);h-6\Delta(30)$

图1-16 钢丝绳断面图

三、钢丝绳的选择、使用、维护及试验

（一）钢丝绳的选择

选择钢丝绳时根据使用条件和钢丝绳的特点来考虑。我国提升钢丝绳多用同向捻绳，至于是左捻还是右捻，选择原则是：绳的捻向与绳在滚筒上的缠绕螺旋线方向一致。我国单绳缠绕式提升机多为右螺旋缠绕，顾应选右捻绳，目的是防止钢丝绳松捻。多绳摩擦提升为了克服绳在工作中的旋转给容器导向装置造成磨损，一般选左、右捻各一半。

此外，还应考虑如下因素。

① 以磨损为主要损坏原因时，如斜井提升，采区上、下山运输等，应选用外层钢丝较粗的钢丝绳或面接触钢丝绳。如 6×7 和三角股等。

② 在井筒淋水大，水的酸碱度较高且处于出风井中的提升钢丝绳，如因腐蚀严重应选用镀锌钢丝绳。

③ 以弯曲疲劳为主要损坏原因时，应优先选用线接触或三角股钢丝绳，如 6W(19)、6T(25) 等。

④ 用于高温和有明火的地方，如煤矿矸石山等，应选用金属绳芯钢丝绳。

⑤ 灌道绳最好用半密封钢丝绳或三角股绳，表面光滑，比较耐磨。

（二）钢丝绳的使用和维护

提升钢丝绳在使用中一定要符合《煤矿安全规程》规定的滚筒直径与钢丝绳直径的比值，以控制其弯曲疲劳强度。绳槽直径必须符合有关规定的要求，如果绳槽过小，则会使钢丝绳因过度挤压而提前断丝；绳槽过大，则使钢丝绳在绳槽中支承面积减小，增大其接触应力，导致绳与绳槽的加速磨损。

严禁用布条、棉纱之类的物品捆缚在钢丝绳上作提升深度指示标记，因为这样会影响此处钢丝绳的润滑，易发生锈烛而导致断丝。

多层缠绕时，内下层转到上层的一段绳，由于磨损严重，必须加强检查，并且每 3 个月移绳 1/4 圈。

钢丝绳要小心地运输、存放及悬挂。司机开车时要平稳启动、加速和停止，要注意观察钢丝绳在滚筒上的排列是否整齐，衬垫及木衬的磨损是否超限。对使用中的钢丝绳要定期涂油。多绳摩擦提升机应涂戈培油或麻芯脂；单绳缠绕提升机要涂表面脂或润滑脂，以便保护钢丝绳不锈蚀，减小磨损量。

对钢丝绳的使用、检查有如下的规定和要求。

(1) 提升钢丝绳必须每天检查 1 次，平衡钢丝绳和井筒悬挂钢丝绳至少每周检查 1 次。

对易损坏和断丝、锈蚀较多的一段钢丝绳,应停车详细检查。断丝的突出部分应在检查时剪下,检查结果应记入钢丝绳检查记录簿内。验绳时的绳速度为 0.3 m/s。

(2) 检查时应注意在 1 个捻距内的断丝情况。一般来说,断丝有 2 种,一种是表面的断丝翘起来、容易发现;另一种则是绳股内部断丝,其断丝不翘起,用眼看不易发现,必须注意绳径的变化情况或用钢丝绳探伤仪检查。发生断丝的原因很多,主要有疲劳断丝、磨损断丝、锈蚀断丝、拉断断丝、扭拉断丝等几种,其断丝形状也不尽相同。各种钢丝绳在 1 个捻距内断丝的断面积与钢丝绳总断面积之比达到下列数值时,必须更换。

① 专为升降物料用的钢丝绳、平衡钢丝绳、防坠器的制动绳和兼作运人的钢丝绳牵引带式输送机的钢丝绳为 10%。

② 罐道钢丝绳为 25%。

③ 升降人员或升降人员和物料用的钢丝绳为 5%。

(3) 若发现绳径变细,应注意观察分析绳径变细的原因。造成绳径变细的原因有的是由于长期磨损使钢丝绳直径均匀地变细,这种情况一般在斜井用绳中较普遍;有的是由于紧急停车、坠罐情况造成钢丝绳局部突然变细,这种现象是由于内部断丝或绳芯被拉断所造成;此外还有因局部锈蚀严重造成绳径变细。其中,绳芯被拉断对钢丝绳的强度影响不大,但会因绳股失去支撑而易变形,导致绳的使用寿命大大降低。绳径因磨损变细,说明有效金属断面积减小,钢丝绳强度就会降低。不论哪种原因造成钢丝绳直径减小,当减小到下列数值时,必须更换。

① 提升钢丝绳或制动钢丝绳减小 10% 时。

② 罐道钢丝绳减小 15% 时。

使用密封钢丝绳,当外层钢丝厚度磨损量达到 50% 时,必须更换。如遇到突然卡罐、坠罐和非常载荷及紧急制动时,必须对绳径的变化及断丝情况及时进行检查。检查绳径变化时,应首先清洗较细部位的泊迹和杂物,用游标卡尺测量钢丝绳外接圆直径。

(4) 检查钢丝绳时,应特别注意绳的锈蚀状况。因为锈蚀对钢丝绳的强度和耐冲击性能影响很大,从某种意义上讲,它要比断丝和磨损更为重要。《煤矿安全规程》规定:钢丝绳的钢丝有变黑、锈皮、点蚀麻坑等损伤时,不得用作升降人员;钢丝绳锈蚀严重,或点蚀麻坑形成沟纹,或外层钢丝松动时,不论断丝数多少或绳径是否变化,必须立即更换。

如检查时发现钢丝出现"红油",说明绳芯无油,内部锈蚀,应引起注意,及时剁绳或破绳检查内部锈蚀情况。

(5) 检查钢丝绳时,如发现钢丝绳的绳股在某一段塌下绳内,即称"塌股"。这是由于各股受力不均造成的。塌股处表面油比其他股黑,这段绳易出现断丝,检查时应引起重视。

(6) 新绳在使用初期易发现有伸长现象,大约 2 周左右变化日趋稳定,这是正常现象。

如使用时绳的长度突然变化,应立即停车检查其伸长部位的伸长量、断丝数、绳径的减小值,如超过《煤矿安全规程》规定的"遭受猛烈拉力的一段的长度伸长 0.5% 以上时,必须将受力段剁掉或更换全绳"。在钢丝绳使用后期,如发现在某一捻距内每天都有断丝出现,或连续 3 天出现显著伸长,必须立即更换。

(7) 绳头与绳卡的检查。要特别注意检查绳头处与绳卡处的断丝及锈蚀情况,因为此处钢丝绳在运行中不仅遭受冲击力,而且还产生横向振动和附加动应力,同时此处绳的润滑条件也不好,容易使钢丝绳过早地出现疲劳断丝,缩短其使用寿命。目前,为了避免绳头处断丝,普遍采用了楔形连接装置。它取代了带绳卡酌桃形环,提高了钢丝绳连接处的安全可靠性。图 1-17 为楔形连接装置示意图。

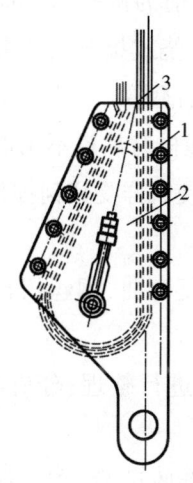

图 1-17　楔形连接装置示意图
1—外壳;2—楔形块;3—提升钢丝绳

(8) 钢丝绳的维护。对使用中钢丝绳的维护,主要是指对钢丝绳定期进行润滑和涂油。其目的是:保护外部钢丝不锈蚀;起润滑作用,减少股间和丝间的磨损;防止湿气和水分等浸入绳内,并经常补充绳芯油脂。应当指出的是,多绳摩擦提升机的钢丝绳必须涂戈培油和增摩脂,向绳芯里注油必须注麻芯脂,其他油不得使用。单绳提升机的钢丝绳的表面必须涂润滑脂,向绳芯注油必须注麻芯脂。

(三) 钢丝绳试验

《煤矿安全规程》规定,对新到货的提升钢丝绳及使用前的提升钢丝绳必须按规定进行试验;经过试验后保管期超过 1 年的刨坤绳,在悬挂前必须再进行 1 次试验,合格后方可使用。在使用过程中,除摩擦式提升机用的提升钢丝绳、平衡钢丝绳及直径在 18 mm 及其以下的专为升降物料用的钢丝绳外,都要按规定定期重复试验。

(1) 升降物料用的钢丝绳,自悬挂时起经过 1 年后进行第 1 次试验,以后每隔 6 个月试验1次。

（2）升降人员或升降人员和物料用的钢丝绳,自悬挂时起每隔6个月试验1次;悬挂吊盘用的钢丝绳,每隔1年试验1次。

新钢丝绳的试验,主要是测试新到货或贮存一定时间后的钢丝绳的物理机械性能是否合乎提升钢丝绳的要求,防止装上后发生故障;使用中的钢丝绳定期重复试验的目的是通过试验了解运转一定时间后的钢丝绳的机械性能的变化情况。通过试验还可以将受损部位的位置移动一下,使绳的受损伤严重部位不是总在某一位置(尤其是双层和多层缠绕的钢丝绳),以延长钢丝绳的使用寿命。

（3）钢丝绳试验的要求和内容。

① 试验绳样的截取。新绳在悬挂前的试验绳样应从外观检查合格的端头截取。对于使用中定期试验的钢丝绳试样:单绳缠绕式提升机立井提升时,应在容器端绳卡上部截取,斜井提升时应在容器端将危险段切除后截取。试样长度:单丝试验时应不小于1.5 m,整绳拉力试验时应不小于2 m。截取试验绳样时尽量不用加热切割,如需要用加热法切割时应在截取试样长度中加200 mm,并注意不使试样受任何损伤,做整绳拉力试验的绳样,在截取前应先将其两端捆扎牢固,然后切割。

② 试验内容有钢丝拉伸、钢丝反复弯曲、钢丝扭转、钢丝打结拉力、钢丝缠绕和钢丝绳整绳拉力试验。

记录试验数据后对所试验的结果进行整理、分析和判定,写出试验报告并提供给使用单位。

③ 新绳悬挂前的试验(包括新绳验收试验)和正在使用绳的试验,必须遵守《煤矿安全规程》的规定。

第四节 矿井提升机

一、提升机类型

矿井提升机是提升系统中最主要的组成部分。矿井提升机有多种结构形式,大致可按下列方式对其进行分类。

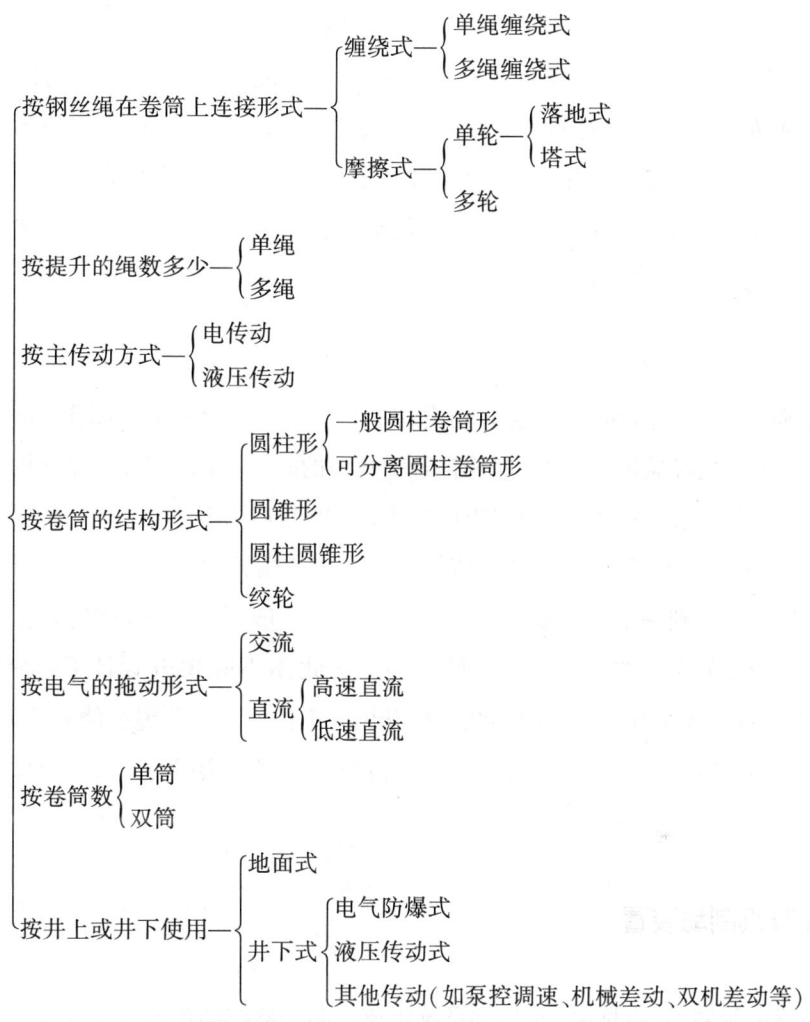

目前我国生产的提升机主要结构形式有：单绳缠绕式的有单筒和双筒矿井提升机；摩擦式的有多绳落地式和塔式多绳摩擦式提升机。另外用于井下的有液压传动矿井提升机等。

我国常用的矿井提升机形式主要是单绳缠绕式和多绳摩擦式。我国的矿井与世界上矿业较发达的国家相比，开采的井型较小、矿井提升高度较浅，煤矿用得较多，其他矿（如金属矿、非金属矿）则较少，另外斜井提升占的比重不少。因此从20世纪60年代开始使用单绳缠绕式矿井提升机较多。单绳缠绕式提升机是较早出现的一种，它工作可靠，结构简单，但仅适用于浅井及中等深度的矿井，且终端载荷不能太大。对于深井且终端载荷较大时，提升钢丝绳和提升机卷筒的直径很大，造成体积庞大，重力猛增，使得提升钢丝绳和提升机在制造、运输和使用上都有诸多不便，在一定程度上限制了单绳缠绕式提升机在深井条件下的使用。

摩擦提升机的出现及其发展,在一定程度上解决了单绳缠绕式提升机在深井条件下所出现的问题。但是,事物总是一分为二的,摩擦提升机一般均采用尾绳平衡,以减小两端张力差,提高运行的可靠性。在容器与提升钢丝绳连接处的钢丝绳断面上,静应力将随容器的位置变化而变化。当容器位于井口卸载位置时,尾绳的全部重力及容器的重力均作用在该断面上;当容器抵达井底装载位置前,该断面仅承受容器的重力。也就是说,在整个提升过程中,与容器连接处的提升钢丝绳断面中要承受一个幅值为

$$\sigma_j = \frac{qH}{A_0} \tag{1-1}$$

式中:q 为尾绳每米重力,N/m;H 为提升高度,m;A_0 为提升钢丝绳横截面积,cm²。

一些国家的使用经验证明:为了保证提升钢丝绳的必要使用寿命,在提升钢丝绳任意断面处的应力波动值一般不应大于 165 MPa,否则会影响其使用寿命。

由此可知,矿井越深,静应力的波动值越大,其许用极限值为 $\sigma_j = 165$ MPa,因此,摩擦提升在深井的使用亦受到一定的限制。而缠绕式提升机一般不设平衡尾绳,故在提升钢丝绳与容器连接处断面的应力波动值要比摩擦提升小,为此,Robert Blair 设计了一种多绳缠绕式提升机,称为布雷尔式提升机。多绳缠绕式提升机的工作原理与单绳缠绕式相同,不同的是几根提升钢丝绳同时缠绕在一个分段的卷筒上,它属于多绳多层缠绕式,主要用于深井和超深井中。

二、提升机制动装置

制动装置由制动器(也称闸)和传动系统组成。制动器按结构形式分为盘闸及块闸。传动系统控制并调节制动力矩。按传动能源分为油压、气压或弹簧制动装置。JK 系列提升机采用油压盘闸制动系统,旧型 KJ 系列采用油压和气压块闸系统。

(一)制动器的作用和对制动装置的要求

制动器的作用有以下四个。

(1)在提升机正常操作中,参与提升机的速度控制,在提升终了时可靠地闸住提升机,即通常所说的工作制动。

(2)当发生紧急事故时,能迅速地按要求减速,制动提升机,以防止事故的扩大,即安全制动。

(3)在减速阶段参与提升机的速度控制。

(4)对于双卷筒提升机,在调节绳长、更换水平及换钢丝绳时,应能分别闸住提升机活卷筒及死卷筒,以便主轴带动死卷筒一起旋转时活卷筒闸住不动(或锁住不动)。制动装置

不仅是一个工作机构,同时也是重要的安全机构,为了确保提升工作安全顺利地进行,《煤矿安全规程》对它提出了一系列要求,归纳起来主要有两点:一是制动器必须给出一个恰当的制动力矩;二是安全制动必须能自动、迅速和可靠地实现。

恰当的制动力矩包括三方面含义。

① 制动力矩应足够大。例如,对于竖井和倾角 30°以上的斜井,工作制动和安全制动的制动力矩不得小于提升系统最大静负荷力矩的三倍。即:

$$M_z \geqslant 3M_j \tag{1-2}$$

式中:M_z 为制动力矩;M_j 为提升系统最大静负荷力矩。

② 双卷筒提升机打开离合器调绳时,制动装置在各卷筒上产生的制动力矩不得小于该卷筒所悬挂提升容器和钢丝绳重力造成的静力矩的 1.2 倍,即:

$$\frac{M_z}{2} \geqslant 1.2 M'_j = 1.2 \frac{D}{2}(pH + Q_z) \tag{1-3}$$

式中:M'_j——调绳时的静力矩;Q_z——悬挂提升容器的重量。

③ 制动力矩的数值必须保证安全制动减速度在一定范围内,过大的减速度会对提升设备产生较大动负荷,对设备及运载人员健康不利;过小的减速度则不能及时制止事故的发生或扩大。

对于上提货载,如图 1-18(a)所示。

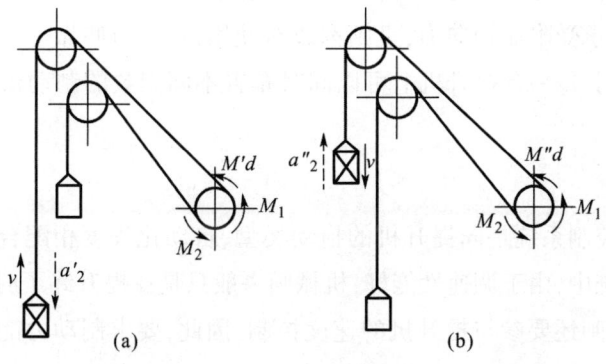

(a)上提货载;(b)下放货载

图 1-18 安全制动时的受力图

力的平衡方程式:

$$M'_d = M_j + M_z \tag{1-4}$$

式中:M'_d——上提货载安全制动动力矩;

M_j——静阻力矩；

M_z——制动力矩。

依规定 $a \leq 5 \text{ m/s}^2$，由此得出：

$$M_z \leq 5 \sum mR - M_j \tag{1-5}$$

同理，对于下放货载，根据平衡方程式：

$$M'_d = M_z - M_j \tag{1-6}$$

式中：M'_d 为下放货载安全制动动力矩。依规定 $a \geq 1.5 \text{m/s}^2$，所以：

$$M_z \geq 1.5 \sum mR + M_j \tag{1-7}$$

由式(1-5)和式(1-7)可以看出，提升系统在同一制动力矩作用下，上提货载时的减速度比下放货载时的减速度大，这是因为前者的静阻力矩与制动力矩方向一致，有利于制动，而后者则相反。

在确定提升机制动力矩时，要同时兼顾以上①，②，③三方面对制动力矩的要求，若不能同时满足，安全制动可用二级制动。对于摩擦提升机，工作制动或安全制动所产生的减速度，还要受到防滑条件的限制。

(二) 盘闸制动器

目前，我国生产的矿井提升机采用盘闸制动系统，它与块闸制动系统相比较，其主要优点是重量小，结构紧凑，动作灵敏，安全性好。

盘闸制动系统包括两部分，即盘闸制动器和液压站。

盘闸制动器的制动力矩是闸瓦沿轴向压制动盘时产生的摩擦力矩。为了使制动盘不产生附加变形，主轴不承受附加轴向力，盘闸都成对使用，每一对叫做一副制动器。依所要求的制动力矩大小不同，每一台提升机上可以同时布置不同副数的制动器。图1-19所示为制动油缸的结构图。

(三) 液压站

制动器的液压控制系统是同提升机的拖动类型、自动化程度相配合的。在直流拖动自动化程度较高的系统中，由于调速性能好，机械闸一般只是在提升终了时起定车作用。在交流拖动系统中，机械闸还要参与提升机的速度控制，因此，要求制动力能在较宽的范围内进行调节。

图1-20是2JK型提升机液压站液压系统图，该液压站主要用于交流拖动系统中，其具体作用有三点。

(1) 按实际提升操作的需要，产生不同的工作油压，调节、控制盘闸的制动力矩，从而实现工作制动。

(2) 安全制动时能迅速自动回油，并实现二级制动。

(3) 根据多水平提升换水平的需要以及钢丝绳伸长后调绳的需要，控制双筒提升机活卷筒的调绳离合器,同时闸住活卷筒。

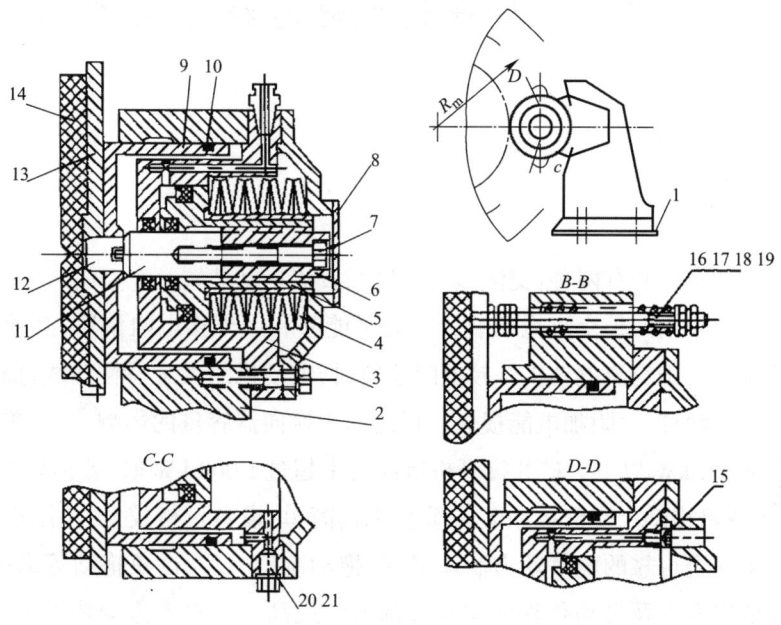

图 1-19　制动油缸结构图

1—垫板;2—支座;3—油缸;4—碟形弹簧;5—调整螺栓;7—螺钉;8—盖;9—筒体;10—密封圈;
11—柱塞;12—销子;13—衬板;14—闸瓦;15—放气螺钉;16—回复弹簧;17—螺栓;18—垫;
19—螺母;20—塞头;21—垫

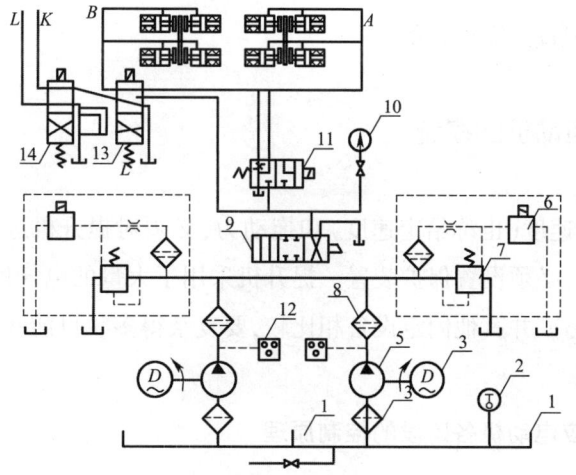

图 1-20　2JK 型提升机液压站液压系统图

1—油箱;2—电接触压力温度计;3—网式滤油器;4—电动机;5—叶片泵;
6—电液调压装置;7—溢流阀;8—纸质滤油器;9—手动换向阀;10—压力表;
11—二级制动安全阀;12—压力继电器;13—五通阀;14—四通阀

第五节　提升机拖动与控制原理

一、拖动装置

提升机的拖动装置共有两种：交流拖动装置和直流拖动装置。

目前我国广泛采用的是交流拖动装置。为了能够利用外接电阻调速，必须使用交流绕线型感应电动机。由于交流电动机外接电阻运转时，电动机的人工特性曲线过陡，低速运转时稳定性较差，调速时产生附加电能损失。目前由于换向器容量的影响，交流单机拖动装置的容量限制在 1 000 kW 以下。矿井提升机所需功率超过 1 000 kW 时，若仍想采用交流拖动装置，可以使用双机拖动。交流拖动装置系统比较简单、设备价格较低，使用经验也比较成熟。由于采用了安全可靠的电气动力制动、低频拖动制动，以及微机拖动等措施，交流拖动装置控制系统的安全性及自动化程度均有大幅度的提高。在直流拖动装置中，采用它激直流电动机拖动提升机。调速时，应改变它激直流电动机的电枢电压。由于矿井都采用交流电源，所以要增设变流设备，或者采用价格昂贵的变流机组，或者采用可控硅整流设备。若采用变流机组，需要增设两个和电动机容量相仿的大型电机。采用可控硅整流的直流拖动提升设备是有发展前途的。直流拖动装置与交流拖动装置相比较的主要优点是：调速时无附加电能损失，低速调速性能好，易于实现自动化。若提升机所需拖动装置的容量超过 1 000 kW，应尽量采用直流拖动装置。

二、交流感应电动机的控制

为了得到设计的速度（也称给定速度）和拖动力，必须对提升机进行必要的控制。为使保护提升机安全运转，必须设置保护装置。提升机采用了大量的电气保护和控制元件、相应的电气控制线路，若与矿井其他固定设备相比较，要复杂得多。目前我国生产的提升机电控制设备均已标准化。

（一）绕线型感应电动机各阶段的控制原理

以罐笼为例，分析各阶段电动机的控制原理。

（1）加速阶段。

加速阶段电动机的控制原理可用图 1-21 所示的方框图来说明。

电动机加速前，转子内串接全部附加电阻。欲使提升机正转，司机可将电动机操纵手柄自中性位置迅速推向前方极端位置,这时主令控制器的全部触头均闭合。利用已按给定速度图、力图整定好的一系列继电器,配合接触器共同控制着附加电阻。当附加电阻逐段适时地被切除时,电动机转速逐渐上升。经加速时间 t_1 后,附加电阻全部被切除,电动机获得了额定转速。

若罐笼用于副井提升其他设备时,因速度图、力图不尽相同,这时可采用手动控制。司机应根据具体情况适时前推操纵手柄。主令控制器触头的闭合情况,亦即切除电阻的时机,它完全取决于司机的控制。这种控制方式常称为手动参与,如图 1-21 所示。

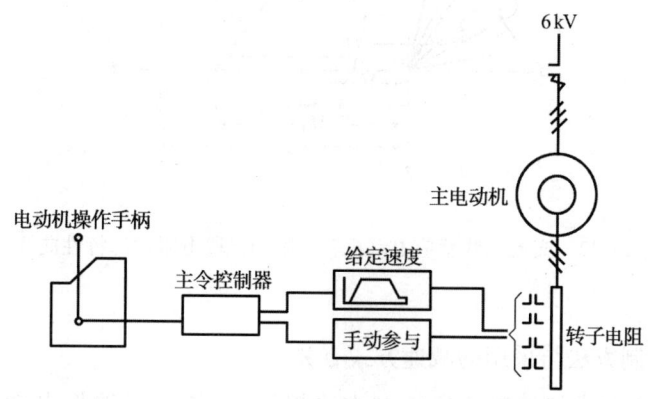

图 1-21 加速阶段手动参与控制过程方框图

为了清楚地说明正常情况下的加速控制过程,可以利用电动机的特性曲线来进行分析。图 1-22 给出了交流绕线感应电动机转子附加五段电阻时的特性曲线。图中的横轴代表电动机力矩 M,而 M 与卷筒圆周拖动力 F 成正比,纵轴代表电动机转数 n,而 n 与卷筒圆周速度 v 成正比。

如图 1-22 所示,交流绕线感应电动机转子附加五段电阻时的特性曲线有稳定部分和不稳定部分。为了能够在稳定部分运转,加速时,转子可串接附加电阻。串接电阻愈大时,特性曲线愈软。提升开始后,由于五段附加电阻全部串接在转子回路内,电动机形成人工特性曲线 R_1。由于 R_1 曲线所形成的拖动力矩尚小于提升至开始时的静阻力矩 M_j,故提升机无法加速。切除一段电阻后,电动机转入第二条特性曲线 R_2 上运转。这时的拖动力矩 $M_{11} > M_j$,电动机开始加速。随着 n 的升高,M 逐渐减小。为了产生给定的加速度 a_1,必须在 $M = M_{12}$ 时继续切除一段电阻,电动机将沿特性曲线 R_3 运转。如此重复,直至切除全部电阻,电动机转入自然特性曲线 R_z 运转为止。这个自动加速过程如图 1-22 中折线 $abcdefghijkl$ 所示。图中 1 点的转速,近似等于电机转速 nc。

(2) 等速阶段 等速阶段在电动机的自然特性曲线 m 点运转,相应的转速为 ne,由于 R_z

特性曲线硬,近于水平线,即或静阻力矩 M_j 稍有变化,转速也仍十分接近 ne。等速阶段无需任何控制。

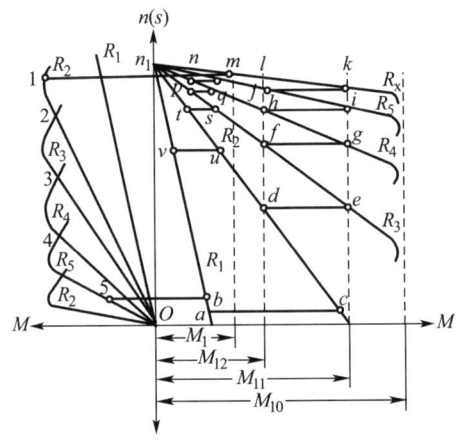

图 1-22　交流绕线感应电动机转子附加五段电阻时的特性曲线

（3）减速阶段。

减速阶段的控制方法与采用的减速方式有关。

① 电动机减速方式与加速阶段控制方法相仿,司机适时地将电动机操纵手柄逐渐移回至中性位置,各段附加电阻逐级串入。工作过程如图 1-22 所示。

② 机械制动减速方式与采用自由滑行减速方式的控制方法有些相同。减速开始后,应迅速将电动机操纵手柄移至中性位置。为了防止意外事故,另外设有减速开关。若司机未能及时移动手柄,减速开关可自动将电动机自电网断开,这与采用自由滑行减速方式的不同点在于电动机断电后应及时对提升机施以适当的制动力矩。采用机械制动的制动过程如图 1-23 所示。

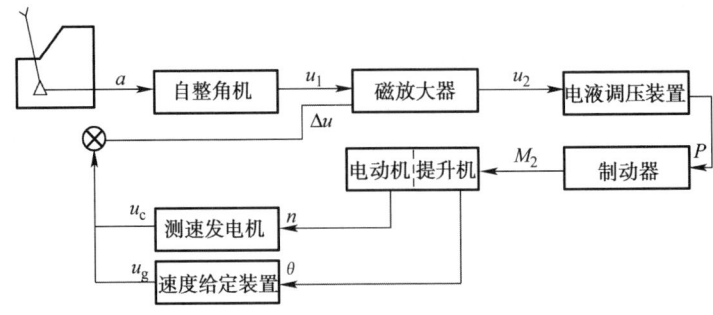

图 1-23　机械制动控制原理方框图

③ 动力制动减速方式交流电动机与电源断开后,将其中两相改接直流电。这时,电动机的定子不再产生旋转磁场。而是形成一个静止的磁场,磁场方向如图 1-23 所示。减速阶段,由于惯性力的作用,电动机转子以顺时针方向在上述磁场内旋转,从图 1-23 所示的情况可以看出,这时转子导体内必有感应电流。电流方向如图所示,转子电流与磁场相互作用的结果,必然形成制动力矩 M_z,其制动力以 F_z 表示。正因为制动力矩的方向与转子旋转方向相反。因此,提升电动机将逐渐减速直至停止。电动机处于动力制动状态运行时,经理论研究证明,特性曲线应处于 m-n 曲线图中的第二象限,如图 1-22 所示。减速阶段开始后附加电阻全部接入,然后利用整定好的继电器,再将附加电阻逐级切除,其工作过程如图 1-22 中的 12345 等线段所示。目前标准电控设备均采用带反馈的动力制动闭环控制系统,制动力矩的大小决定于实际速度和给定速度的偏差值。采用动力制动减速方式时,附加电阻将增大,增大电能损失。故常称动力制动为能耗制动。

我国生产的可控硅整流动力制动设备性能良好,目前正在各矿推广使用。

④ 爬行阶段图 1-22 中的 n_4 是与爬行速度 v_4 相对应的电动机转速。一般来说,爬行阶段的拖动力矩 M_4 都不很大。但是,专为验绳设计的第一条人工特性曲线,其 n_4 点相应的拖动力矩很小,往往小于 M_4,而特性曲线上与 n_4 相对应的拖动力矩往往又大于 M_h,为此,只能轮流交替使用 R_1,R_2 两条特性曲线,时而减速,时而加速,使其平均力矩与 M_4 相当,平均速度与 v_4 相当。我们称这种控制方式为脉动控制。当然,脉动控制是很不理想的,不仅增加了电能损失,而且使控制复杂化。但采用脉动控制时,无需增添任何设备。效果良好且控制简便的方案是采用微机拖动,其工作原理如图 1-24 所示。

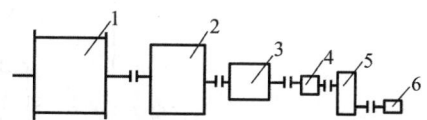

图 1-24 微机拖动工作原理示意图

1—提升机的卷筒;2—主减速器;3—提升电动机;
4—气囊离合器;5—微拖减速器;6—微拖电动机

爬行阶段开始后,提升电动机 3 自电网断开。连接气囊离合器 4,并启动微拖电动机 6。正确选用微拖减速器 5 的速比和微拖电动机的额定转速,可以在提升机卷筒 1 的圆周处获得近于 0.5 m/s 的速率。由于工作在微拖电动机的自然特性曲线上,爬行速度十分稳定。微拖电动机容量不大,约为提升电动机容量的 5%。

(二)提升机的保护

为了防止提升机发生过速、过卷等意外事故,采用了不少保护设备。将保护设备有机地联系在一起,形成了电控装置中的重要控制回路:安全回路。现以多绳摩擦提升机采用安全回路为例,分析安全回路的保护作用。安全回路如图1-25所示。安全回路中串有很多保护设备的触头,提升机工作不正常时,相应触头断开,安全接触器线圈AC失电。这时,将发生下列情况。

(1)电动机正反转回路中的AC常开触头断开(见图1-25),电动机正向(或反向)接触器ZC(或FC)失电,电动机自电网断开(如图1-25所示)。

(2)由图1-25可以看出,由于AC触头断开,安全制动电磁铁回路中的电磁铁3G失电,因而产生安全制动。

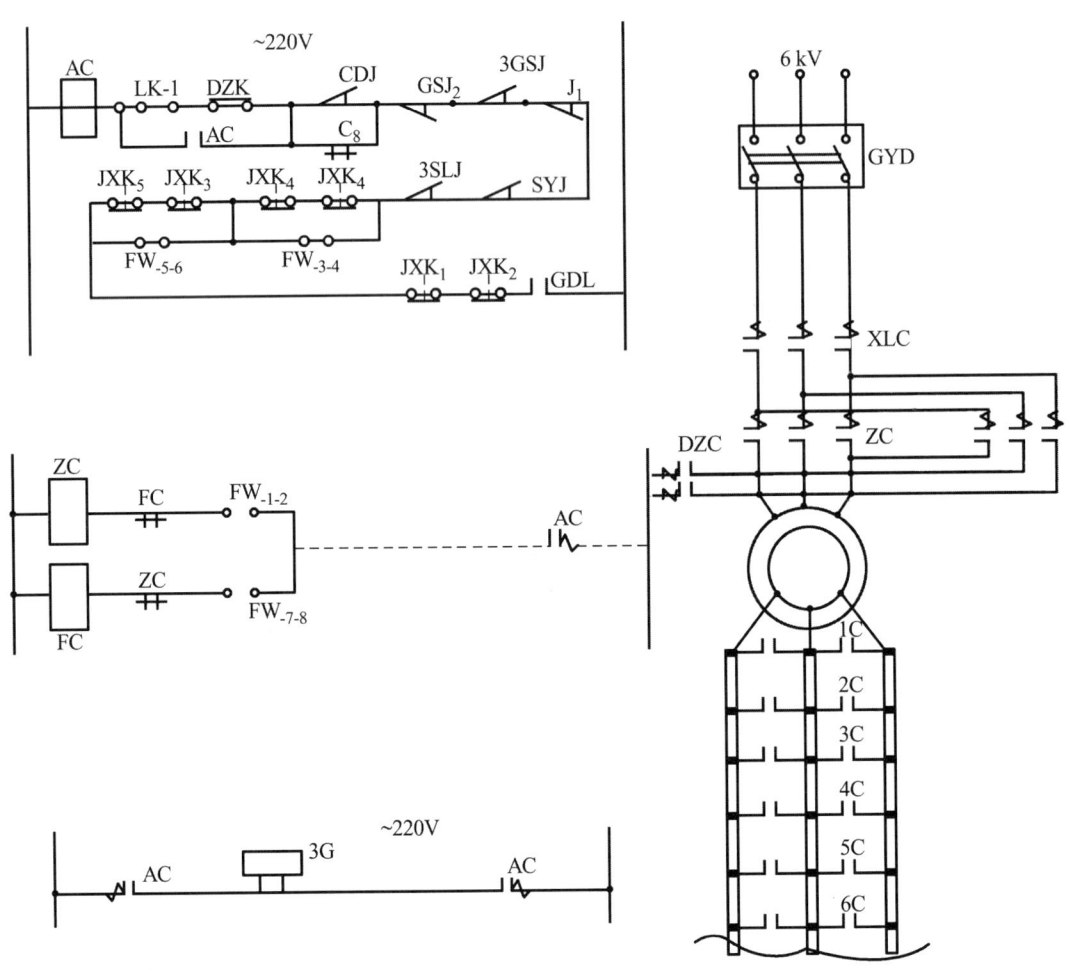

图1-25 有关提升安全保护电路示意图

第六节　提升设备的使用与维护

一、提升设备的操作

（一）一般要求

（1）绞车操作工必须经过培训考试合格后持证上岗。

（2）绞车操作工必须熟悉所操作绞车各部的结构、性能及机械电气、液压系统,熟悉绞车工作原理及操作方法,熟悉信号联系方法,会一般性的检查、维修、润滑和保养,会处理一般性的常见故障。

（3）绞车操作工必须了解斜巷长度、坡度、变坡地段、中间水平车场或甩车场、巷道支护方式、轨道状况、安全设施配置及规定牵引车数(回柱绞车除外)。

（二）齿轮传动式绞车安全操作要求

1. 开车前必须对下列各处进行详细检查

（1）绞车各连接件和锁紧件是否齐全,螺帽、销子等有无松动、脱落,特别要注意检查基础螺栓和轴承座固定螺栓的紧固情况。

（2）各制动装置的操作机构和传动杆件的动作是否灵活可靠,制动轮与闸瓦的间隙是否符合规定,施闸时操作手柄的行程不得超过全行程的深度,指示器指示是否准确,检查过卷、超速、过电流和欠电压、减速警铃、脚踏开关等保护装置的动作是否灵敏可靠。

2. 运行中的注意事项

（1）必须看准、听准声光信号,信号不清或没有听清不得开车。

（2）启动时,控制器手把向前(或向后)扳动,同时将常用闸逐步放松,随着绞车的加速,将常用手把和控制器手把逐步扳到最大位置,严禁一次性扳到最大位置。

（3）绞车运行中操作工不得与他人交谈。

（4）上提停车时,应先逐步拉回控制器,后扳常用闸,逐步把常用闸扳紧。

（5）下放停车时,应先逐步扳回常用闸,后拉控制器,使控制器手把拉到零位,直到把绞车停稳。

（6）运行中要严密注视各种仪表、指示灯、深度指示器及钢丝绳的排列和松绳情况,注意绞车各部位有无异常音响和异常气味,发现异响、异味、异状应立即停车检查。

（7）严禁电动机在不给电的情况下松闸下放重物。

（8）一般情况下不允许使用保险闸制动,只有在下列情况之一方可自动或手动使用保险闸:①绞车长时间停止运转;②电动机过负荷或线路断电;③提升容器过卷;④绞车运转不平稳,钢丝绳打卷,电流急剧增加;⑤绞车机构损坏;⑥有碍人身安全。

特殊情况使用保险闸后,必须对钢丝绳、绞车部件等进行认真检查,排除故障后,方可恢复开车。

3. 停车后

(1) 绞车正常停车后,各种手把都应放到零位;长时间停车或司机离开操作台时,必须切断电源,闸住保险闸。

(2) 司机停车后应经常检查绞车各部件情况,发现问题及时处理,处理不了的应及时汇报。

(3) 下班前必须认真填写运转日志,坚持在现场进行交接班。

(三) 防爆液压绞车安全操作要求

1. 开车前的检查

(1) 绞车各连接件和锁紧件是否齐全紧固。

(2) 油箱油位不得低于油标规定的高度,油箱前的两个球阀是否处于开启位置。

(3) 冷却水是否畅通,水压不得低于 0.3 MPa。

(4) 各液压元件、管路接头有无漏油现象。

(5) 操作台操作手把是否处于零位,转动是否灵活。

(6) 压力阀是否打开,行程应为 10 mm。

(7) 深度指示器指示是否准确,过卷过放开关、紧急脚踏开关是否灵敏可靠。

(8) 声光信号设备是否完好,信号是否清晰。

(9) 送电后,电压表应显示正常电压。

(10) 油温表读数应符合使用要求。

2. 运行中的注意事项

(1) 必须按下列顺序开车和停车。

开车时,先开辅助泵,后开主泵;停车时,先停主泵,后停辅助泵。

(2) 盘式制动闸的松闸与施闸的要求。

松闸时,操作手把位于中间位置,紧握手把上的鸭嘴把,提起拉杆,打开行程调节器,制动液压缸充油,盘式制动闸松闸。

施闸时,松开手柄上的鸭嘴把,将手柄回到零位,行程调节阀在弹簧作用下被关闭,盘式制动闸失油而施闸。

(3) 听清开车信号,将操作手把缓慢推向前(或向后拉),不可用力过猛;深度指示器指示到停车位置时,操作手把再缓慢回到零位;滚筒停止后,放松鸭嘴把,绞车即被制动。

(4) 绞车运转中随时观察各压力表的指示压力,从左到右,第一块制动压力表应为

5.5~6.0 MPa,第二块补油压力表应为 0.8~1.0 MPa,第三块主油路压力表应为 15~18 MPa,第四块操作油压表应为 1.8~2.5 MPa,第五块背压表应为 0.6~0.8 MPa。

(5) 运行中出现矿车脱轨掉道事故时,应及时停车,用复轨器(或千斤顶)处理上道后再运行,确实需要拉车复轨时,操作要缓慢平稳,当油压超过额定压力时,不允许强拉。非紧急情况不得使用紧急制动开关。如遇突然停电或紧急情况而使用紧急制动开关停车后,应对承受猛烈拉力的一段钢丝绳等受力部位进行检查,确认无损伤后,才能继续投入运行。

(6) 绞车运行中应集中精力,注视信号、深度指示器及各仪表,手不离开操作手把,不与他人交谈。

(7) 严禁在不带电、不供油的情况下下放重物。

3. 停车

(1) 绞车需较长时间停车时,应将操作手把放到零位,先停主泵,待主泵完全停止后,再停辅助泵,最后切断电源。

(2) 停车期间操作工必须巡回检查绞车各部有无异常现象,各轴承、电动机及液压油温度是否过高。轴承一般不得超过60℃,电动机一般不超过70℃,油箱液压油温度一般不超过55℃。

(3) 操作工必须在现场进行交接班,并填写运转日志。

二、提升设备的使用与维护

1. 齿轮传动式绞车日常检查与维护的主要内容

(1) 经常检查各部螺栓、铆钉、销轴等连接零件是否松动或脱落,尤其对轴承座螺栓和地脚螺栓应特别注意检查,有松动件应及时拧紧,脱落件应及时补齐。

(2) 定期检查减速箱齿轮啮合情况,检查齿轮是否有窜动,齿部磨损是否超限,有无裂纹、断齿等严重损伤。油箱中油量是否够,油是否有变质和沉淀物等情况。

(3) 经常检查润滑油泵运行是否正常,各润滑部位油流是否畅通和定量,油圈是否转动,油温是否正常,否则应及时调节和更换。

(4) 定期检查制动系统的闸轮、闸盘、闸瓦、传动机构、液压站等工作是否灵活正常,闸块与闸盘(或闸轮)之间间隙是否符合规定,保险制动闸的动作是否正常,制动操作手把在施闸时是否还留有全行程的富余行程,制动闸配重锤是否被异物垫住,盘式制动闸碟形弹簧是否失效。否则应及时处理和调整。

(5) 经常检查深度指示器丝杠、螺母传动情况,试验减速警铃和过卷保护开关,若有动作不灵敏的现象,应及时调整和紧固。

(6)检查主令控制器、保险电磁铁接触器、各种继电器和信号装置等接触触点的烧损情况。若有烧损现象,应及时修磨或更换触点。

(7)检查钢丝绳在滚筒上缠绕是否整齐,绳头固定是否牢固,查看钢丝绳断丝和磨损的检查记录。

(8)检查联轴器是否松旷、变形和缺件,检查联轴器轴向窜动和间隙、径向位移和端面倾斜是否符合要求。及时更换损坏的弹性胶圈,补齐已脱落的销子、螺母、垫圈等紧固件。

(9)经常擦拭设备,清扫浮尘杂物,保持机亮、地净。

2. 防爆液压绞车日常检查和维护的主要内容

(1)认真检查绞车各部螺栓、销子、螺母等连接件是否有松动、脱落现象,发现问题及时处理。

(2)在无提升负荷时检查盘形制动闸松闸均匀程度,保证间隙基本相同,并且不超过规定值;检查脚踏紧急制动开关动作是否正常。

(3)检查轴向柱塞油泵和叶片油泵的工作是否正常,有无振动和噪声。当正反两个方向微小扳动手柄时,看其能否实现绞车滚筒正反转动。

(4)检查油箱中油位指示是否达到规定位置(或标记),油温是否符合规定要求。检查冷却器流过的冷却水是否充足和畅通。

(5)定期清理油池和过滤器,严禁油池中有固体游离物,对液压油中的大量气泡要及时排气。

(6)检查深度指示器丝杆螺母传动情况,试验过卷保护开关。

(7)检查钢丝绳在滚筒上排列是否整齐,绳头固定是否牢固。

(8)认真检查各条管路阀组、管接头等处有无漏油现象,不合格应及时紧固和处理。

(9)认真检查操作台上指示仪表是否正常,试验各操作按钮开关是否灵活准确,检查电控开关和触点烧损情况,不合格者应及时汇报或更换。

(10)经常擦拭设备,搞好环境卫生,保持机亮、地净。

三、提升设备的故障分析及排除方法

提升设备的故障分析及排除方法见表1-1。

表 1-1 提升设备的故障分析及排除方法

故障特征	主要原因	排除方法
绞车滚筒产生异响	1. 滚筒筒壳螺栓松动 2. 筒壳和支轮(法兰盘)之间间隙过大 3. 滚筒筒壳产生裂纹 4. 焊接筒壳开焊 5. 游动滚筒和衬套的固定螺钉松动,造成游动滚筒和衬套之间有相对滑动 6. 衬套与主轴之间间隙磨损过大 7. 蜗轮螺杆式离合器有松动	根据检查情况,确定处理方法。如对松动的螺帽等,可在交接班停产时紧固;如果响声不严重,可适当减轻绞车负载,注意观察,维持到规定的停产检修时进行修理;如果响声严重,则应立即停车修理或更换,以免事故扩大
绞车滚筒上钢丝绳排列不整齐	1. 绞车布置不当,即提升钢丝绳偏角不符合要求 2. 绞车天轮(导轮)缺油,不能随钢丝绳在滚筒上缠绕时左右滑动 3. 绞车排绳装置失效或已被拆除 4. 操作不当,缠绕不紧	根据不同情况,对症处理。属安装质量和排绳装置失效等情况的,要及时汇报,请求派人处理;属操作或维护不当的,要认真按照规定精心操作和维护。斜巷绞车尤其要注意清除途中障碍,防止在下放重物时钢丝绳忽松忽紧
减速器运转中产生异响和振动	1. 齿轮啮合间隙过紧或过松 2. 轴承间隙过大,一般表现为下放空载时响声大,重载提升时响声小 3. 减速器或轴承螺栓松动 4. 减速器内掉入异物	认真检查并处理故障,调整齿轮啮合间隙至适当位置,若磨损严重,则应更换齿轮;对松弛的轴承进行修理或更换;注意紧固松动的螺钉;若有异物掉进减速器内,应立即停运,排除故障
绞车制动闸发热	1. 用闸过早、过多、过猛 2. 重物下放时经常使用制动闸,绞车没有电气动力制动系统,单滚筒绞车常有此种情况 3. 闸瓦螺栓松动或闸瓦磨损过度,螺栓头触及闸轮(或闸盘) 4. 闸瓦与闸轮(或闸盘)安装不正确,接触面积过小 5. 闸轮(或闸盘)摆动较大	不断总结操作经验,探索操作方法,提高操作技术水平;严格控制牵引负荷,严禁下放重载时电机不送电松闸放飞车;经常检查维护,注意闸瓦与闸轮(或闸盘)的接触情况

续表

故障特征	主要原因	排除方法
盘式制动闸松不开闸	1.制动操作手把丝杠拉杆长度调整不合适 2.制动操作手把摆动角度不合适 3.溢流阀密封不严或电液调压装置漏油 4.溢流阀节流堵塞或滑阀卡死失灵 5.电液调压装置的动作圈引出线焊接不牢或断线	及时调整制动操作手把动作位置,定期清洗液压系统的油过滤器,保持液压油的清洁,避免阀孔堵塞
按启动按钮,绞车电机不转	1.电源有故障,如停电、断相、电动机或线路接地,接地保护断电或电源电压过低 2.停止按钮未复原位 3.启动器内部有故障 4.操作电缆断线 5.电动机烧毁	先检查电源,如本机电源电缆上的其他机电设备都开不动,则肯定是电源停电,应及时汇报,请求送电。再检查按钮,必须把所用开关手把打到停电位置,方可拆开按钮检查,不得在检修中损坏其防爆性能。其他几项情况必须请专职电工检查处理
按停止按钮,电动机不停止	1.操作按钮失灵或过于潮湿 2.操作线短路或接地 3.磁力启动器主接点或辅助接点烧损粘连而不能离开 4.消弧罩卡住触头,不能离开 5.中间继电器接点不断开 6.磁力启动器放置不正,或被碰向后倾倒超过	应紧急扶正磁力启动器,把绞车所属磁力启动器的操作手柄打向停止位置。事先应该用调闸方法先将提升负荷停住,防止拉闸时磁力启动器内隔离刀闸产生过大的停电火花
造成电动机单相运转	1.电源缺相。这是由于一相断熔丝或一相断线以及接触器一相接触不良等原因引起的 2.电动机定子线圈有一相断线。这是由于定子线圈接线方式的不同,其影响程度有区别,即星形接线比三角形接线严重	迅速停机,查明原因,及时汇报或找维修电工进行处理

习　　题

1. 矿用提升设备的作用是什么？
2. 矿用提升设备的主要组成部分有哪些？
3. 矿用提升设备的类型有哪些？
4. 提升容器的类型有哪些？分别用于什么地方？
5. 罐笼上的罐耳和井筒中的罐道有什么作用？
6. 升降人员的单绳罐笼顶部装有防坠器，其作用是什么？
7. 钢丝绳的结构是怎样的？
8. 绳芯的作用是什么？绳芯的种类有哪些，其标记代号是什么？
9. 钢丝绳按捻法分为哪几种？其标记代号是什么？
10. 提升机由哪些部分组成？
11. 提升系统的减速方式有哪几种？

第二章 矿井排水设备

第一节 概 述

一、矿井排水设备的任务和分类

在矿井建设和生产过程中,由于地层所含水不断地涌出,雨雪和江河水的渗透,水砂充填和水力采煤的井下供水,使大量的水汇集于井下,矿井排水设备的任务就是将这些矿水及时的排送至地面。

矿井涌水量是指单位时间涌入矿井的总水量,单位是 m^3。不同的矿井位置、地形及地质条件、开采方法对涌水量的大小都有影响,同一矿井在不同季节涌水也不相同。在雨季和融雪时期涌水量大,称这时的涌水量为最大涌水量;其他时期涌水量比较均匀,称为正常涌水量。

由于溶解在水中物质的不同,矿水按氢离子浓度 pH 值分为:pH = 7 时为中性水;pH > 7 时为碱性水;pH < 7 时为酸性水。其中当 pH < 5 时,要求选用耐酸的排水设备或采取防酸措施。

矿井排水设备有固定式和移动式。固定式排水设备固定在水泵房内,是矿井的主排水设备。水泵房设置在井底车场附近。移动式排水设备用于掘进或淹没巷道的排水。

我国煤矿使用的水泵主要是离心式水泵,主要分类方法如下。

(1) 按叶轮数目分为:单级水泵—泵轴上仅装有一个叶轮;多级水泵—泵轴上装有多个叶轮。

(2) 按叶轮进水口数目分为:单吸水泵—叶轮上仅有一个进水口;双吸水泵—叶轮上两侧都有进水口。

(3) 按泵壳的接缝分为:分段式水泵—垂直水泵轴心线的平面上有泵壳接缝;中开式水泵—在通过水泵轴心线的水平面上有泵壳接缝。

(4) 按水泵轴的位置分为:卧式水泵—水泵轴呈水平位置;立式水泵—水泵轴呈垂直

位置。

二、矿山排水设备的组成及其作用

如图 2-1 所示,矿山排水设备一般由水泵、电动机、启动设备、管路及管路附件和仪表等组成。

水泵是把原动机械能传输给水的机械,叶轮是传输能量的主要零件。

滤水器 5 装在吸水管的最下端,其作用是过滤矿水中的杂物,防止杂物进入水泵。

底阀 6 用于防止水泵启动前充灌的引水及停泵后的存水漏入吸水井。底阀阻力较大,并常出现故障,所以,一些矿井采用了无底阀排水。无底阀排水就是去掉底阀,减小吸水管路的阻力,并减少了存在底阀时的故障。

调节闸阀 8 安装在靠近水泵的出水管段上,用来调节水泵的扬程和流量、关闭时启动水泵(电机启动功率最小,以免电机过载)和正常停泵时先关闭该闸阀以免水击水泵与管路。

逆止阀 9 安装在调节闸阀的上方,防止突然停泵时来不及关闭调节闸阀而发生的水击,以保护水泵和管路。

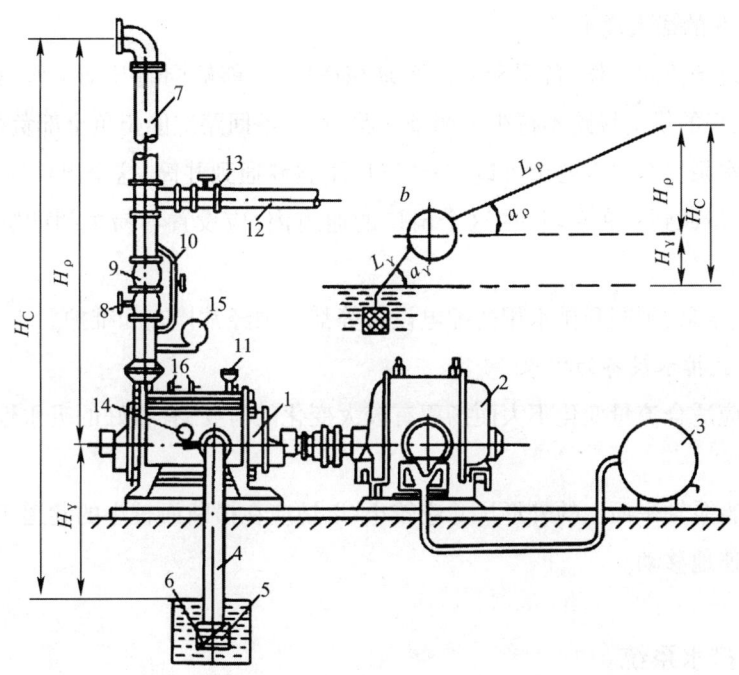

图 2-1 矿山排水设备组成示意图

1—离心式水泵;2—电动机;3—启动设备;4—吸水管;5—滤水器;6—底阀;7—排水管;8—调节闸阀;9—逆止阀;10—旁通管;11—引水漏斗;12—放水管;13—放水闸阀;14—真空表;15—压力表;16—放气栓

旁通管 10（对有底阀的水泵）跨接在逆止阀和调节闸阀两端。水泵启动前，可通过旁通管用排水管中的存水向水泵充灌引水。

压力表 15 用来检测水泵出口的压力；真空表用来检测水泵入口处的真空度。

引水漏斗 11 用来充灌引水；放气栓 16 是在充灌引水时排出水泵内的空气。

放水管 12 是在检修水泵和管路时，把排水管中的存水放入吸水井。

三、对排水设备的要求

1. 对固定排水设备的要求

（1）井下排水设备应有工作水泵、备用水泵和检修水泵。工作水泵的排水能力，应在 20 h 内排出的正常涌水量。备用水泵的能力，应不小于工作水泵能力的 70%，并且工作和备用水泵的总排水能力，应在 20 h 内排出矿井 24 h 的最大涌水量。检修水泵的能力，应不小于工作水泵能力的 25%。

（2）必须有工作和备用水管，其中工作水管的能力，应能配合工作排出水泵在 20 h 内排出矿井 24 h 的正常涌水量。工作和备用水管的总能力，应能配合工作和备用水泵，在 20 h 内排出矿井 24 h 的最大涌水量。

（3）配电设备应同工作、备用和检修水泵相适应，并能够同时开动工作、检修和备用的水泵，主排水泵房的供电线路不得少于两条回路，每一条回路应能担负全部负荷的供电。

（4）主排水泵房至少有两个出口，一个出口用斜巷通到井筒，这个出口应高于泵房 7 m 以上；另一个出口通到井底车场，在这个出口的通道内，应设置容易关闭的防火、防水的密闭门。

（5）水管、水泵、闸阀和排水用的配电设备等都必须经常检查和维护。

2. 对移动式排水设备的要求

（1）水泵应适合流量变化不大而扬程有较大变化的需要，有较好的吸水性能，以保证把水排干。

（2）在垂直泵轴平面上的外形尺寸应较小，以适应在横断面较小的巷道工作；还应做到能够方便而迅速地移动。

四、矿山排水系统

矿山排水系统一般分为直接排水系统、分段排水系统和集中排水系统。

1. 直接排水系统

直接排水系统是将矿水集中到水仓，然后，用排水设备直接排送至地面。如图 2-2(a)为单水平开采的直接排水系统;图2-2(b)为多水平开采,每个水平分别采用直接排水系统。

直接排水系统具有系统简单,泵房、水仓及管子道开拓量和基建投资小,排水设备数量少,维护、检修量小,管理方便等优点。在现有水泵扬程满足排水高度要求的情况下,一般采用直接排水系统。直接排水系统也是我国煤矿通常采用的一种排水系统。

2. 分段排水系统

如果井筒过深,现有水泵的扬程不能满足排水高度的要求时,采用分段排水系统。图2-3(a)为单水平开采的分段排水系统,是在井筒中部开设泵房和水仓,也可只开设泵房不开设水仓,采用水泵串联工作。图2-3(b)为多水平开采的分段排水系统,是把下水平的矿水先排至上水平水仓,然后由上水平排至地面。

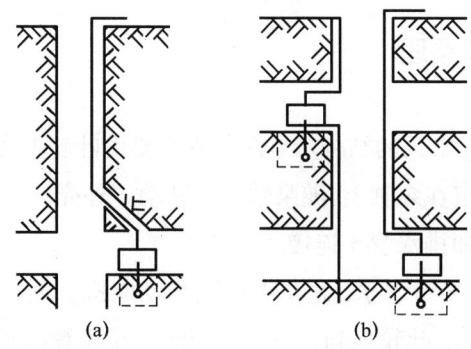

图2-2　直接排水系统示意图

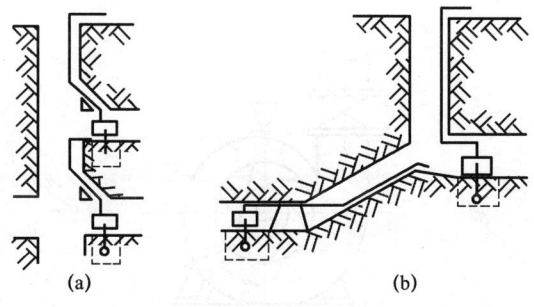

图2-3　分段排水系统示意图

3. 集中排水系统

多水平开采的矿井,可将上水平的矿水集中到下水平水仓,由下水平排至地面。图2-4为两个水平开采的集中排水系统,是将上水平的矿水下放至下水平水仓,然后,由下水平排至地面。

矿井排水采取哪种排水系统,应根据矿井的具体情况和现有可选择排水设备,经技术经济比较后确定。

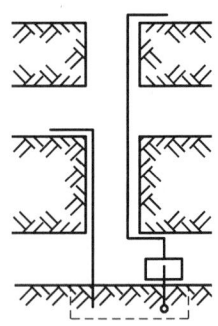

图 2-4 集中排水系统示意图

五、离心式泵的工作原理

图 2-5 为一单级离心式水泵的结构示意图。它主要由叶轮 1、泵轴、外壳 3、轴承及吸、排水管 4、5 等组成。叶轮固定在泵轴上,随泵轴一起转动。外壳 3 为一螺线形扩散室,吸水口和排水口分别与吸水管 4 和排水管 5 连接。

水泵启动前,先向水泵充灌引水,灌满引水后,启动电机。电机带动泵轴与叶轮旋转,叶轮内的水在离心力作用下,由叶轮入口流向叶轮出口,并经螺线形扩散室进入排水管被排出。此时,在叶轮进水口处形成真空(负压),吸水井中的水在大气压力作用下,通过吸水管被压入叶轮入口,形成连续流动。

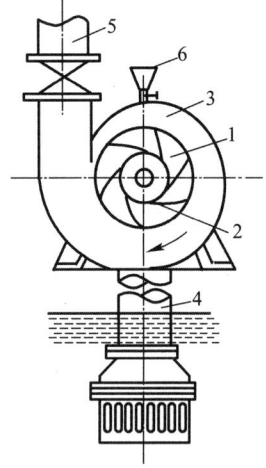

图 2-5 单级离心式水泵结构示意图

1—叶轮;2—叶片;3—外壳;4—吸水管;5—排水管;6—引水漏斗

第二节 离心式水泵的结构

离心式水泵的种类和型号很多,目前,矿山主排水泵主要用 D 型泵,而井底水窝和采区局部排水常用 IS 型水泵。有些煤矿还在采用 DA 型、B 型泵等一些老式水泵。本节主要介绍 D 型和 IS 型水泵的结构,其他型号的水泵在此不作介绍。

一、D 型离心式水泵

D 型泵是卧式单吸多级分段式离心泵,供输送清水及物理化学性质类似于清水的液体,输送液体的最高温度不超过 80℃,广泛用于矿山排水、工厂及城市给水等。为适应不同工作条件与环境,D 型泵又派生出一些产品,如 DM 型(耐磨泵)、DF 型(耐腐蚀泵)、DG 型(锅炉给水泵)等,也可用于矿山排水。它们都为卧式单吸多级分段式离心泵,除 DG 型吸水口为垂直向上(有些 DF 型水泵吸水口也为垂直向上)外,其他皆为吸水口水平、排水口垂直向上,其他结构基本相同,不同的是它们的过流部件采用的材料不同。图 2-6 为 D 型泵的外形图。

2-6 D 型泵外形图

(一) D 型泵的结构

图 2-7 为 D 型泵的结构图。D 型泵主要由转动部分、固定部分和密封部分等组成。

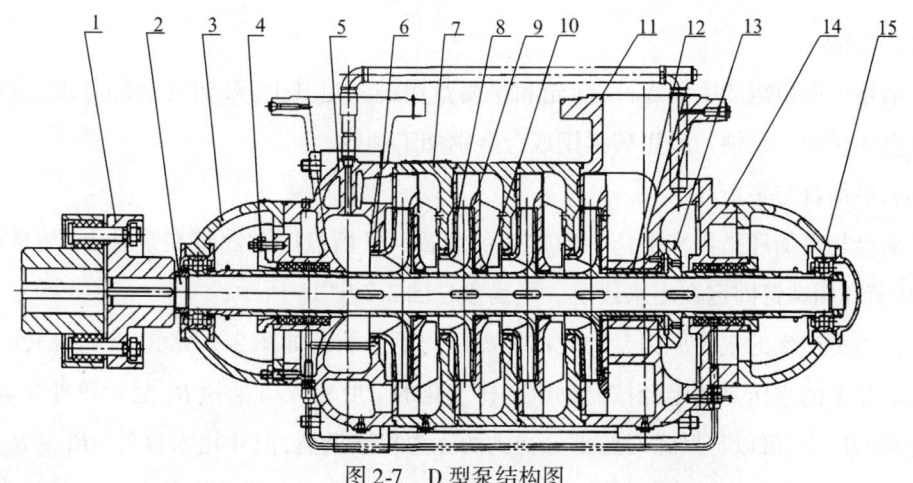

图 2-7 D 型泵结构图

1—联轴器部件;2—轴;3—轴承体;4—填料压盖;5—进水段 6—密封环;7—中段;
8—叶轮;9—导叶;10—导叶套;11—出水段;12—平衡套;13—平衡盘;14—尾盖;15—轴承

1. 转动部分

转动部分主要由泵轴、叶轮、平衡盘和轴承组成,叶轮和平衡盘装在泵轴上,泵轴支撑在两端的轴承上,在电动机带动下一起转动。

(1) 叶轮。

图 2-8 为 D 型泵采用的闭式叶轮结构示意图。叶轮由前盘、后盘、叶片和轮毂组成,由灰口铸铁或铸钢铸造加工而成。

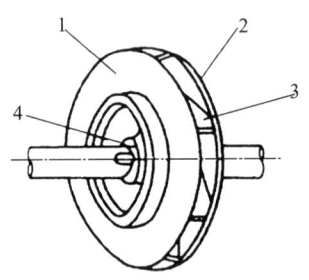

图 2-8 闭式叶轮结构示意图
1—前盘;2—后盘;3—叶片;4—轮毂

叶轮主要是靠离心力的作用把能量传递给水,以提高水的能量。D 型泵叶轮叶片数目一般为 5~8 片,并采用后弯扭曲叶片,以减小动压增大静压。第一级叶轮的入水口内径较大,目的是降低水流进入第一级叶轮的速度,提高水泵的抗汽蚀性能。其余各级叶轮入口直径相同。叶轮的制造和加工精度对水泵的效率有重要的影响,是水泵的易损件。

(2) 泵轴。

泵轴是传递扭矩的主要零件,叶轮和平衡盘用键固定其上,泵轴其余部分加装轴套,以防止磨损和锈蚀。泵轴一般用碳素钢或合金钢加工制成。

(3) 平衡盘与平衡环。

平衡盘与平衡环是用来平衡轴向推力的装置。平衡盘用键固定在泵轴上,随泵轴一起转动,平衡环用螺钉固定在出水段上。平衡盘见图 2-7 中 13 所示。

轴向推力产生的主要原因是叶轮前后盘压力不平衡。如图 2-9 所示,叶轮旋转时,叶轮前盘和后盘上的水压是依半径按抛物线规律变化的。叶轮入口半径 R_1 至叶轮外缘 R_2 环形部分受到的压力,可以与后盘对应部分受到的压力相互抵消,但叶轮入口处($R_1 - R_g$)环形部分压力小于后盘对应环形部分的压力,这样就产生了一个由后盘向前盘方向的推力,该推力称为轴向推力。由于 D 型泵为多级泵,轴向推力为多个叶轮产生的推力之和。D 型泵的轴向推力很大,如不进行平衡,转子部分将向吸水段窜动,造成转动部分与固定部分摩擦磨损、轴承发热、电机过载等,水泵将不能正常工作。

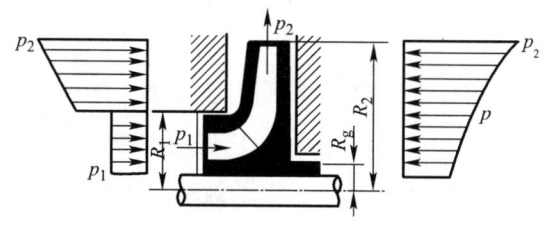

图 2-9　轴向推力产生原理图

图 2-10 为平衡装置示意图。平衡盘与平衡环之间的间隙 l_2 为平衡室,l_2 经过窜水间隙 l_1 与最后一级叶轮的高压水 p_2 相通,平衡盘右侧空腔用回水管与吸水管连通。因此,平衡盘左侧(平衡室)压力 p_2 高于右侧压力 p_0,产生一个和轴向推力相反的平衡力。平衡过程是,当水泵启动时,平衡室 l_2 内水的压力较低,平衡力较小,这时的轴向推力大于平衡力,平衡盘随泵轴向左移动,平衡室 l_2 间隙减小,排出流量减小,平衡室内压力增大(向右),平衡力增大;当平衡力大于轴向推力时,平衡盘右移,平衡室 l_2 间隙增大,排出流量增大,平衡室压力降低,平衡力减小;当平衡力小于轴向推力时,平衡盘又向左移动,不停重复上述过程。由以上分析可知,平衡装置能自动平衡轴向推力。

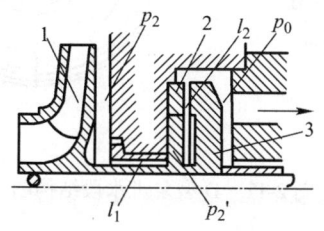

图 2-10　平衡装置示意图

1—末级叶轮;2—平衡座;3—平衡盘

平衡盘平衡轴向推力应注意以下几个问题。首先,要尽量减少水泵的起动、停止次数,以减少平衡盘和平衡环及叶轮和固定部分的磨损,并防止轴承的损坏,这是因为,水泵在启动过程中,流量小、扬程大,平衡力较小,轴向推力较大,会使泵轴向吸水侧窜动,使平衡盘与平衡环摩擦、叶轮与固定部分摩擦而造成磨损。其次,要保证回水管的畅通,如果回水管堵塞,平衡盘两侧没有压力差,平衡盘将失去作用。再者,应使泵轴有一定的轴向窜量,因为平衡盘在平衡轴向推力的过程中是随泵轴左右移动的。

（4）轴承。

作用是支撑水泵的转动部分,减少转动部分的摩擦阻力,降低运转负荷,提高了水泵的效率。

D型泵的轴承采用单列向心滚柱轴承,用润滑脂润滑。这种轴承允许有少量的轴向位移,以利于平衡盘平衡轴向推力。轴承两侧用"O"型耐油橡胶密封圈和挡水圈防水。D型泵采用滚动轴承也减小了摩擦阻力,提高了水泵的效率。装在泵轴两端的轴承支架内。

2．固定部分

如图2-7所示,固定部分主要包括进水段(前段)5、中段7和出水段(末段)11等部件。它们之间用拉紧螺栓连接。吸水口为水平方向并位于进水段,出水口为垂直方向并位于出水段。

（1）进水段。

图2-11为D型泵进水段结构图。进水段内的吸水室接受来自吸水管内的水,并把水均匀的导入第一级叶轮入口,以降低流动损失。进水段一般由灰口铸铁铸造加工而成。

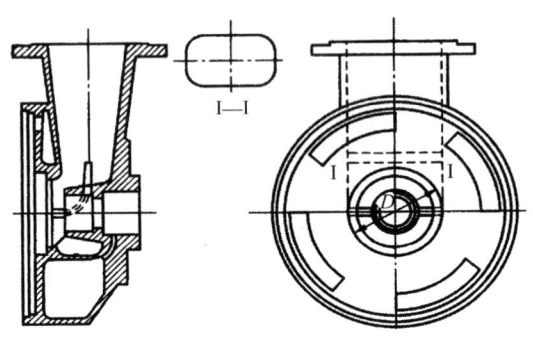

图2-11　D型泵进水段结构图

（2）中段。

图2-12为D型泵中段结构图。中段又称导叶,主要由导水叶片2和返水叶片3组成。导水叶片间的导水流道和返水叶片间的返水流道,把上一级叶轮流出的高压水以最小的损失导入下一级叶轮入口。导水叶片和叶轮叶片数目相差一个,以避免产生冲击和振动。中段一般由灰口铸铁铸造加工而成。

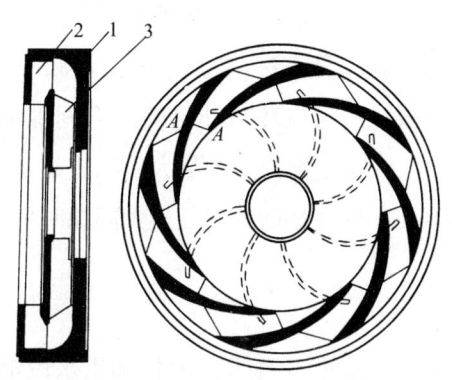

图 2-12　D 型泵中段结构图

1—中段；2—导水叶片；3—返水叶片

（3）出水段。

图 2-13 为 D 型泵出水段的结构示意图。出水段主要是一螺线形扩散室，其作用是收集最后一级叶轮流出的高压水，并以最小的损失把水均匀的引至出口。由于扩散室的流道是逐渐扩大的，水在流动时，流速逐渐降低，除产生扩散损失外，有一部分动压转变成了静压，提高了水泵的效率。

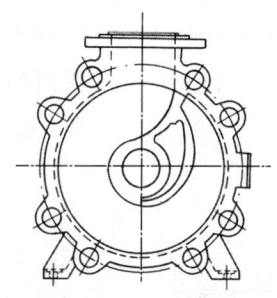

图 2-13　D 型泵出水段结构示意图

3. 密封部分

水泵的密封包括固定段之间静止结合面的密封和转动部分的密封。固定段之间静止结合面采用纸垫进行密封。转动部分的密封包括叶轮密封、轴封（吸水侧轴封和出水侧轴封）。

（1）叶轮密封。

叶轮与固定段之间采用密封环进行密封。密封环又称为口环，叶轮进水口采用大口环密封，叶轮背面轮毂采用小口环进行密封。密封环（大口环）见图 2-7 中 6。

叶轮是高速旋转零件，不可避免地与固定部分产生摩擦磨损。为避免叶轮和固定部分的磨损，在叶轮入口与固定段配合处加装大口环，在叶轮背面轮毂与固定部分配合处加装小口环,以便于磨损后更换密封环,而不必更换固定段和叶轮。叶轮与密封环之间有环行间隙,高压区的水会通过环行间隙流入低压区,使水泵的流量减小、效率降低。在保证叶轮正常转动的情况下,为提高密封效果,大口环与叶轮的配合间隙应尽量小,如大口环直径为 200 mm 时,装配间隙应小于 0.35 mm,磨损后的最大间隙不超过 0.7 mm。小口环两侧的压力差不大,要求没有大口环严格。密封环磨损超过最大间隙时应及时更换,以保证水泵的流量和效率。

（2）轴封。

如图 2-7 所示,泵轴是穿过泵体的,泵轴与进水段和出水段都有间隙,所以,必须进行密封。轴封包括进水段密封和出水段密封,常采用填料密封,有些也采用机械密封,并在密封腔中通入一定的压力水,起水封、冷却和冲洗作用。

进水段填料密封的主要目的是防止空气进入水泵。由于泵轴与进水段之间有环形间隙,而吸水室的压力小于大气压力,如果不进行密封或者密封不好,外界大气将进入吸水室,影响水泵的正常工作,严重时会产生断流。

图 2-14 为 D 型泵进水段填料密封结构图。它由填料箱、填料、水封环及填料压盖等组成。填料一般用浸油石棉绳,弯成圆形装入填料箱,水封环装在填料箱中间。水封环上一般有 4 个小孔,由水泵引入的压力水进入水封环形成水封,并起到冷却、润滑作用。填料压盖不能压得太紧或太松,一般以滴水不成线为宜(一般为 3 秒 1 滴水)。

出水段填料密封结构与进水段结构相同,其主要目的是防止高压水的泄露,并起冷却、润滑作用。

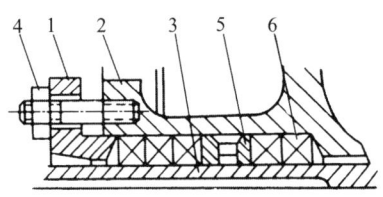

图 2-14 D 型泵进水段填料密封结构图
1—填料压盖;2—进水段;3—轴套;4—压盖螺栓;5—水封环;6—填料

（二）D 型泵型号的意义

新型号：D280 - 43 × 5　　DF(M、G)280 - 43 × 5

D——单吸多级分段式清水泵;DF——单吸多级分段式耐酸离心泵;DM——单吸多级分段式耐磨离心泵;DG——单吸多级分段式锅炉给水泵;280——额定流量,m^3/h;43——平均单级额定扬程,m;5——水泵级数。

老型号:200D43×5

200——吸水口的直径,mm;D——单吸多级分段式清水泵;43——平均单级额定扬程,m;5——水泵级数。

(三) D 型离心式水泵的特点

D 型离心式水泵,是我国目前设计制造效率最高的多级离心泵,该泵流量、扬程范围较大,多级离心泵包括清水泵、耐酸泵和耐磨泵等,适合于矿山排水。D 型泵采用了单列向心滚柱轴承,减小了摩擦阻力,提高了水泵的效率,采用的平衡装置(平衡盘和平衡环)具有自动平衡轴向推力的特点。

二、IS 型水泵

图 5-15 为 IS 型水泵外形图。IS 型水泵系单级单吸轴向吸入式离心泵,是根据国际标准所规定的性能和尺寸设计的,输送液体温度不超过 80℃的清水或物理化学性质类似于水的液体。它具有结构简单、性能可靠、体积小、重量轻、效率高、振动小、汽蚀余量低等特点。该型号水泵采用"后开式"结构,检修方便。IS 型水泵共有 26 个基本型号,126 个规格,零部件通用化程度高达 92%以上,使用维修方便。IS 型水泵在矿山主要用于井底水窝和采区局部排水等。

图 2-15　IS 泵的外形图

(一) IS 型水泵的结构图

图 2-16 为 IS 型水泵的结构图。IS 型水泵主要由泵体和泵盖、叶轮、泵轴、轴承、密封环、填料密封部分和悬架轴承部件等组成。

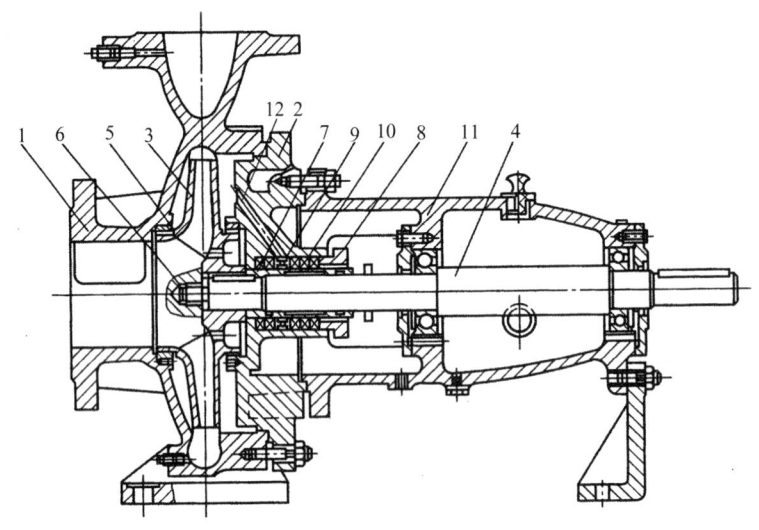

图 2-16 IS 型水泵的结构图

1—泵体;2—泵盖;3—叶轮;4—泵轴;5—密封环;6—叶轮螺母;7—轴套;
8—填料压盖;9—填料环;10—填料;11—悬架轴承部件;12—窜水孔

1. 泵体和泵盖

泵体和泵盖一般由灰口铸铁铸造加工而成。泵体内有螺线形流道,用来收集叶轮排出的水,在螺线形扩散流道内把一部分动能转化为压力能。泵体下部加工有放水孔。泵盖中主要有填料室和窜水孔,少量的高压水通过窜水孔进入填料室,起到密封、冷却和润滑作用。

2. 叶轮

叶轮一般由灰口铸铁铸造加工而成。叶轮为轴向单侧进水,叶轮与泵体、泵盖之间的间隙用密封环密封。为平衡轴向推力,大多数 IS 泵叶轮前、后均设有密封环,并在叶轮后盘设有平衡孔。有些小型泵,由于轴向推力不大,叶轮背面未设平衡孔。

3. 泵轴

泵轴用优质碳素钢锻造加工而成。泵轴一端固定叶轮,另一端接联轴器部件,并由两个滚动轴承支撑在悬架上。为避免轴磨损,在轴通过填料腔的部位装有轴套保护,轴套与轴之间装有"O"型密封圈,防止进气、漏水。

4. 密封环

密封环一般由灰铁制成,用来减小叶轮与泵体、泵盖之间的摩擦磨损,并减少水的泄露,提高水泵的效率。

5. 填料密封部分

IS 泵填料密封部分由填料压盖 8、填料环 9 和填料 10 等组成。叶轮有平衡孔时,由于填料空腔通过平衡孔与叶轮入口相通,而叶轮入口为负压,空气很容易沿轴套 7 进到叶轮内部。所以,在填料腔内装有填料环,通过泵盖上的小孔(窜水孔)12,将泵室内的压力水引至填料环进行水封,并起到冷却、润滑作用。如果叶轮没有平衡孔,可不装填料环。

6. 悬架轴承部件

悬架轴承部件包括悬架、悬架支架、轴承及轴承压盖等。悬架由铸铁制成,内有轴承室,轴承室用来安装轴承,轴承用轴承压盖压紧。悬架支架用来支撑悬架,并安装在水泵的基础上。

(二) IS 泵型号的意义

以 IS80—65—160 和 IS80—65—160A 为例。

IS——国际标准离心泵;80——泵进口直径,mm;65——泵出口直径,mm;160——叶轮名义直径,mm;A——叶轮直径第一次切割。

第三节　离心式水泵的工作理论

一、离心式水泵的性能参数

1. 流量

水泵在单位时间内所排出水的体积,称为水泵的流量,用符号 Q 表示,单位为 m^3/s 或 m^3/h。

2. 扬程

单位重量的水通过水泵所获得的总能量,称为水泵的扬程。扬程有吸水扬程、排水扬程、实际扬程、水泵的总扬程。用符号 H 表示,单位为 m。

(1) 吸水扬程。

从水泵的轴线到吸水井水面的垂直距离,也称吸水高度,用符号 H_x 表示,单位为 m。

(2) 排水扬程。

从水泵的轴线到排水管的出口中心的垂直距离,也称排水高度,用符号 H_p 表示,单位为 m。

(3) 实际扬程。

排水扬程与吸水扬程之和,用符号 H_{sy} 表示,单位为 m,即

$$H_{sy} = H_x + H_p \tag{2-1}$$

(4) 水泵的总扬程。

为实际扬程、损失扬程(H_w)和水在管路中流动时产生的动扬程(H_a)之和,用符号 H 表示,单位为 m。

$$H = H_{sy} + H_w + H_a \tag{2-2}$$

3. 功率

单位时间内水泵所做功称为水泵的功率。

(1) 水泵的轴功率。

电动机传递给水泵轴的功率,即水泵的输入功率。用符号 N 表示,单位为 kW。

(2) 水泵的有效功率。

水泵传递给水的实际功率,即水泵的输出功率,用符号 N_x 表示,单位为 kW。

$$N_x = \frac{\gamma Q H}{1000} \tag{2-3}$$

式中:N_x 为水泵的有效功率,kW;γ 为矿水的重度,N/m³;Q 为水泵的流量,m³/s;H 水泵的扬程,m。

4. 效率

水泵的效率是指有效功率与轴功率的比值,用 η 表示。

$$\eta = \frac{\gamma Q H}{1000} \times 100\% \tag{2-4}$$

5. 转速

转速是指水泵轴和叶轮每分钟的转数,用 n 表示,r/min。

6. 允许吸上真空度

在保证水泵不发生汽蚀的情况下,水泵吸水口处所允许的真空度,称为水泵的允许吸上真空度。用符号 H_s 表示,单位为 m。

二、离心式水泵的气蚀和吸水高度

为了使低于水泵轴线下的水有可能进入水泵,水泵入口与水面的垂直高度(吸水高度)在理论上的最大值应为相当于大气压的水柱高度(约为 10 m)。而实际上由于吸水管和水泵入口处的各种水力损失以及饱和水蒸气压力(即所谓水泵的汽蚀现象)的限制,水泵的实

际吸水高度远远小于 10 m。

水经吸水管进入水泵的过程中压力逐渐降低,到工作轮的叶片入口附近达到最小值。为了使水泵能够正常工作,此压力最小值应该大于水在该温度时的饱和蒸汽压力,水温不同时饱和蒸汽压力也不同,否则水就会局部的发生气化形成气泡,同时溶于水中的气体也要析出。在低压区形成的气泡随水流至高压区将突然凝结,气泡周围水的质点以极高的速度进入气泡中心而产生巨大的水力冲击,压力可达 30 MPa(300 大气压)左右。这种凝固过程如果发生在工作轮或其他流通部分的金属表面,就会使其受到机械破坏,同时由于氧的析出和伴随气泡凝固过程所产生的局部高压和较高的温度,化学腐蚀作用也会出现。上述现象叫做气蚀。气蚀现象在其他水力机械中也会发生。

气蚀现象的出现不仅会使工作轮和其他流通部分的金属表面受到破坏,而且会使水泵在运转时产生噪声和振动。气蚀现象严重时就会使水泵吸水中断。所以不允许离心式水泵在气蚀情况下长时间工作。为了使水泵能够正常的工作,其吸水高度就有一定的限制。现在来讨论吸水高度受哪些条件的限制。得出水池表面和水泵入口接管水平面间(如图 2-17 所示)的伯努利方程:

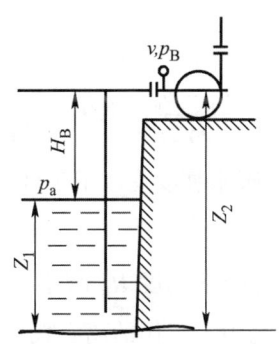

图 2-17　吸水高度的决定

$$\frac{p_a}{\gamma} + Z_1 = \frac{p_B}{\gamma} + Z_2 + \frac{v^2}{2g} + \Delta H_B \tag{2-5}$$

式中:p_a 为大气压力;p_B 为水泵入口真空表处的绝对压力;Z_1, Z_2 为水面和水泵入口处的标高;v 为水泵入口接管处的水流速度;ΔH_B 为吸水管道中的水力损失。

压力最低的地方在第一级工作轮叶片入口处附近,为了防止发生气蚀现象,该处的绝对压力必须大于水在该温度下的饱和蒸汽压力 p_n,因此,水泵入口接管处水的单位能量(全压)应有一定的富余,即

$$\frac{p_B}{\gamma} + \frac{v^2}{2g} \geq \frac{p_n}{\gamma} + \Delta H_k \tag{2-6}$$

式中：ΔH_k 为剩余压头。考虑叶片入口处流速分布不均匀和水流速度改变等因素引起的压头降,它与水泵的转速、流量和构造有关。由实验知,其值随水泵的流量和转速的增加而增加。

于是离心式水泵最大允许的吸水高度 $H_B = Z_2 - Z_1$,可由式(2-5)和式(2-6)联立求得：

$$H_B \leq \frac{p_a - p_n}{\gamma} - \Delta H_B - \Delta H_k \tag{2-7}$$

在离心式水泵的产品目录上通常是给出最大允许吸水真空高度 H_s,此高度等于装在水泵吸水接管上真空计的读数(以 m 水柱高度表示)。

$$H_s = \frac{p_a}{\gamma} - \frac{p_B}{\gamma} = \frac{p_a}{\gamma} - \left(\frac{p_a}{\gamma} - H_B - \Delta H_B - \frac{v^2}{2g}\right) \tag{2-8}$$

$$= H_B + \Delta H_B + \frac{v^2}{2g}$$

将式(2-7)左右两端各加入 ΔH_B 及 $\frac{v^2}{2g}$ 两项得

$$H_B + \Delta H_B + \frac{v^2}{2g} \leq \frac{p_a - p_n}{\gamma} - \Delta H_B - \Delta H_k + \Delta H_B + \frac{v^2}{2g} \tag{2-9}$$

将上式代入式(2-8)得

$$H_s \leq \frac{p_a - p_n}{\gamma} - \Delta H_k + \frac{v^2}{2g} \tag{2-10}$$

由式(2-7)可见离心式水泵最大允许吸水高度受以下条件的限制。

(1) 大气压力 p_a。

大气压力降低就要引起最大允许吸水高度 H_B 减小。大气压力和海拔高度之间的关系见表2-1。可见当其他条件不变时,高山上工作的离心式水泵的最大允许吸水高度比在海平面工作的低。

表2-1 大气压力与海拔高度的关系

海拔高度/m	−600	0	100	300	500	1000	2000
大气压力 $\frac{p_a}{\gamma}$/kPa	110.74	100.94	99.96	97.91	95.06	90.16	79.38

(2) 饱和水蒸气压力 p_n。

饱和水蒸气压力和水温度之间的关系见表2-2。可见当其他条件不变时,吸热水的离心式水泵的最大允许吸水高度比吸冷水的水泵低。

表 2-2　饱和水蒸气压力与水温度的关系

水温度	10	20	30	40	50	60	70	80	90	100
饱和水蒸汽压力 $\dfrac{p_n}{\gamma}$/kPa	1.176	2.352	4.214	7.448	12.446	20.286	31.850	47.726	72.618	105.644

（3）吸水管中的水力损失 ΔH_B。

ΔH_B 的增加最大允许吸水高度减小，所以应当尽可能减少吸水管道中的阻力损失，为此离心式水泵的吸水管往往比排水管径粗一些。有时因过滤罩被堵塞，其阻力过大，致使水泵的吸水真空高度超过了最大允许值，因此严重时使水泵吸水中断。

（4）剩余压头 ΔH_k。

ΔH_k 的增加会使最大允许吸水高度降低，可见水泵的流量和转速的增加都会使离心式水泵的最大允许吸水高度降低，所以高比转数的离心式水泵的吸水高度往往很低，甚至变成负值。

三、离心式水泵的特性曲线

图 2-18 为 D 型泵 200D43 型单级特性曲线，因为，D 型泵现场使用仍然较多，在此，作简单介绍。老型号 D 型泵和新型号 D 型泵特性曲线不同之处在于，老型号 D 型泵给出的是允许吸上真空度特性曲线 H_s。它们的其他特性曲线都相同。

允许吸上真空度曲线（H_s—Q）同样反映了水泵的抗汽蚀能力。随水泵流量的增加，允许吸上真空度降低，水泵抗汽蚀能力下降。

水泵的特性曲线包括扬程特性曲线 H、轴功率特性曲线 N、效率特性曲线 η 和必需汽蚀余量特性曲线。特性曲线是反映水泵在额定转速下，扬程 H、轴功率 N、效率 η，以及必需汽蚀余量随流量 Q 变化的规律的曲线。水泵的特性曲线是由生产厂家通过对水泵性能测试而绘制的。通常，现场也需要进行性能测试绘制水泵的特性曲线。水泵的特性曲线能较全面地反映水泵的特性，在水泵的选择和使用中具有重要作用。

扬程特性曲线（H—Q）反映了水泵的扬程 H 与流量 Q 之间的关系。从图中可以看出，当流量为零时，扬程最大，这时的扬程称为初始扬程（或零扬程），用 H_0 表示。水泵的扬程 H 随流量 Q 的增加而逐渐降低。离心式水泵叶轮的叶片形式有后弯、径向和前弯三种，在实际中常使用后弯叶片叶轮。后弯叶片叶轮水泵的扬程特性曲线是随流量增加而单调下降的。

轴功率特性曲线（N—Q）反映了水泵的轴功率 N 与流量 Q 之间的关系。从图中可以看出,轴功率 N 随流量 Q 的增大而增大。流量为零时,轴功率 N 最小,所以,水泵应在调节闸阀全部关闭时启动,使启动功率最小,避免损坏电机。

效率特性曲线($\eta - Q$)反映了水泵的效率 η 与流量 Q 之间的关系。效率曲线类似于抛物线状,中间高,两边低。这是因为,水泵在额定流量下(如 D280-43 额定流量为 $280\text{m}^3/\text{h}$),水流方向与叶片相切,冲击损失最小,接近于零,效率最高。当流量大于或小于额定流量时,冲击损失都会增加,效率降低,使效率曲线中间高,两边低。

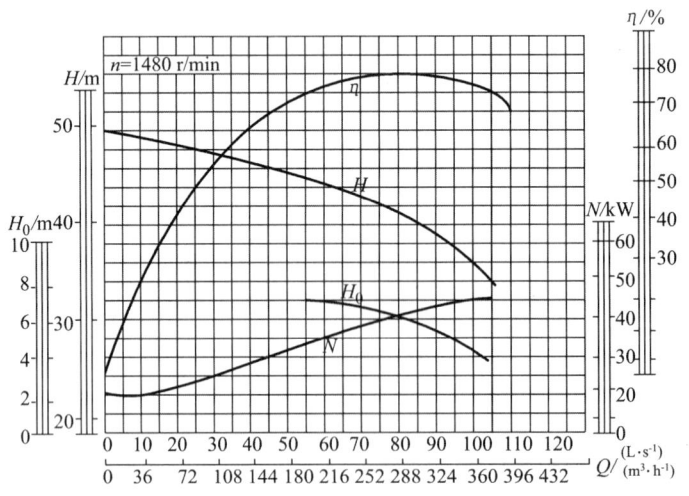

图 2-18　200D-43 型水泵单级特性曲线

四、离心式水泵的管路特性

水泵和管路是联合工作的,水泵产生的扬程不仅用于提高水位,还要用于克服水在管路中的流动损失(包括沿程损失、局部损失和速度水头)。因此,水泵的工作状况不仅与水泵本身的性能有关,而且与管路的配置情况有关。

图 2-19 为一台水泵和一趟管路联合工作的排水系统示意图。H 为水泵的扬程,1—1 断面为吸水井水面,2—2 断面为出水口断面。根据伯诺里方程或水泵扬程的概念,则有:

$$H = H_\text{c} + \left(h_\text{x} + h_\text{p} + \frac{v_\text{p}^2}{2g} \right) \tag{2-11}$$

式中:v_p 为排水管的流速,m/s;h_x 为吸水管路的阻力损失,m;h_p 为排水管路的阻力损失,m。

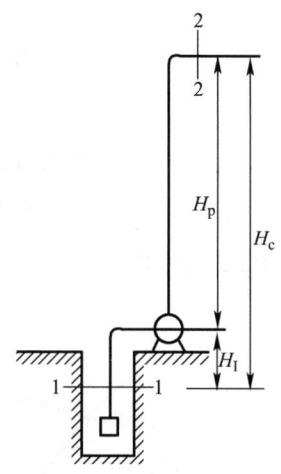

图 2-19 排水系统示意图

根据管路阻力损失计算公式,公式(6-4)可变化为

$$H = H_C + (8/\pi^2 g)\left[\sum \xi_x/d_x^4 + (\lambda_x l_x)/d_x^5 + (\sum \xi_p + 1)/d_p^4 + (\lambda_p l_p)/d_p^5\right]Q^2$$

令:$R = (8/\pi^2 g)\left[\sum \xi_x/d_x^4 + (\lambda_x l_x)/d_x^5 + (\sum \xi_p + 1)/d_p^4 + (\lambda_p l_p)/d_p^5\right]$,则

$$H = H_c + RQ^2 \tag{2-12}$$

式中:R 为管路阻力系数,s^2/m。

式(2-12)为管路特性方程式。该特性方程式表达了通过管路的流量 Q 与所需扬程 H 之间的关系。

以 Q 为横坐标,以 H 为纵坐标,作出 $H = H_c + RQ^2$ 表示的曲线,即为管路的特性曲线。该曲线是一条二次抛物线,如图 2-20 所示。

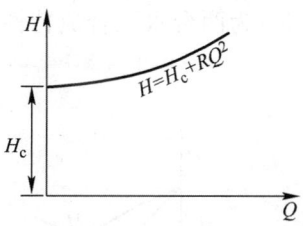

图 2-20 管路的特性曲线

五、离心式水泵的联合工作

当一台水泵的扬程或流量不能满足排水要求时,可采用两台或多台串联或并联工作。在串联或并联时,一般采用同型号的水泵。

1. 离心式水泵的串联工作

水泵串联工作的目的是增大扬程。当井筒较深,现有水泵的扬程不能满足排水高度要求时,可采用两台或多台水泵串联工作。

图2-21为两台同型号水泵串联工作的合成扬程特性曲线。Ⅰ和Ⅱ为两台同型号水泵扬程特性曲线,Ⅲ为管路的特性曲线。(Ⅰ+Ⅱ)为两台水泵串联后的扬程特性曲线,即把相同流量下Ⅰ和Ⅱ扬程相加,就可得到合成特性曲线。

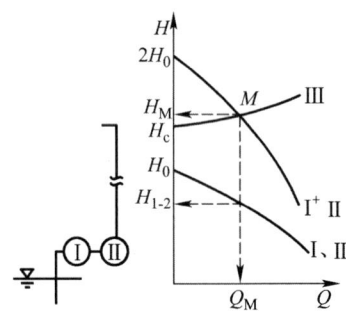

图2-21　同型号两台水泵串联工作的合成扬程特性曲线

由图2-21可以看出,两台水泵串联,每台水泵的流量和串联后的总流量相同,都为Q_M;每台水泵的扬程是总扬程的二分之一。

由于串联工作受水泵强度、排水系统及水泵之间的相互影响等,实际中很少采用。

2. 水泵的并联工作

水泵并联工作的目的是增大流量。当一台水泵流量不能满足排水量要求时,或者管路趟数少于水泵台数时,可采用水泵并联工作。

图2-22为两台同型号水泵并联工作合成特性曲线。Ⅰ、Ⅱ为同型号两台水泵的特性曲线,Ⅲ为管路的特性曲线。(Ⅰ+Ⅱ)为两台水泵合成特性曲线,即把扬程相同下的流量相加,就可得到合成特性曲线。

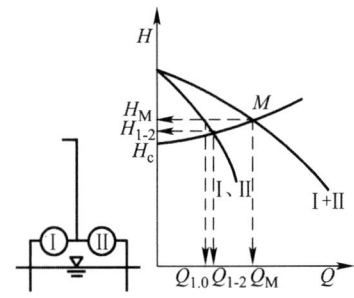

图2-22　同型号两台水泵并联工作合成特性曲线

由图 2-22 可以看出,两台同型号水泵并联工作,每台水泵的流量相等,并等于总流量的二分之一;每台水泵产生的扬程相等,并等于总扬程。

水泵的并联可以增大流量,在矿井排水中,常用这种方法增大排水量。

六、改善吸水管路的特性

改善吸水管路的特性,主要是降低吸水阻力,节约电耗,增大吸水高度,并可减少底阀存在的故障等。主要措施有选择较大直径的吸水管、正确安装吸水管路、采用无底阀排水等。

1. 选择较大直径的吸水管

采用较大直径的吸水管,可以降低流速,减小吸水管路阻力损失,增大吸水高度,节约电耗。

2. 正确安装吸水管路

(1) 正确合理地确定吸水高度,以免发生汽蚀。

(2) 尽量减少吸水管路附件,以减小吸水阻力。

(3) 在吸水管和水泵入口处应安装一段长度不小于吸水管直径 3 倍的直管,使水流以均匀的速度进入水泵。

(4) 如需安装异径管,应安装长度等于或大于大小头直径差 7 倍且为偏心的异径管。

(5) 吸水管任何部位都不能高于水泵入口,以避免吸水管中存留空气,否则吸水时,这些存气将随周围水的压力降低而膨胀,使吸水困难或中断。如图 2-23 所示。

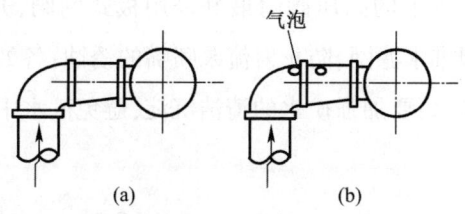

图 2-23 吸水管安装

3. 采用无底阀排水

无底阀排水就是去掉底阀,保留滤网或更换为无底阀滤网。据测定,吸水管路中的阻力约有 70% 来自底阀,阻力不仅增大了电耗,降低了吸水高度,而且常产生故障。无底阀排水采用射流泵或真空泵等充灌引水。下面以射流泵充灌引水为例,说明无底阀排水的工作原理。

图 2-24 为射流泵实现无底阀排水示意图。其工作原理是:打开高压阀门 8 和低压阀门 7,排水管 9 中的高压水,经水源管 5 从喷嘴 4 中以很高的速度喷出,并经混合室 3、颈口 2 和

扩散管 1 流入大气。混合室 3 中的空气随水流喷出,在喷嘴处形成真空,水泵和吸水管中的空气被抽出。吸水井中的水在大气压力作用下,被压入水泵,达到向水泵充灌引水的目的。

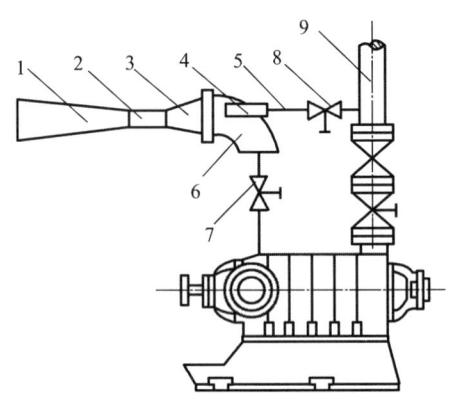

图 2-24 射流泵实现无底阀排水示意图

1—扩散管;2—颈口;3—混合室;4—喷嘴;5—水源管;
6—吸管;7—低压阀门;8—高压阀门;9—排水管

射流泵实现无底阀排水的优点:减小了吸水管路的阻力损失,提高了吸水高度;消除了因底阀存在而引起的故障,节约了电耗;射流泵结构简单、运行可靠,用排水管中的水作为工作水源,不需要增加动力设备;可配合自动阀门实现水泵工作的自动化。

采用射流泵实现无底阀排水应注意的几个问题:用射流泵实现无底阀排水时,如果没有其他水源管,泵房内至少要保留一台有底阀的水泵,以解决第一次启动或管路漏水等造成射流泵没有水源的问题;水源管上的高压阀门最好采用板式闸阀,充灌引水时注意把阀门开大;滤网最好更换为无底阀排水滤网;防止射流泵喷嘴的锈蚀;各处的密封要良好,以免射流泵工作时漏气,影响水泵吸水;要加强矿水的清洁沉淀,避免矿水中的杂物堵塞水泵吸水口。

第四节　离心式水泵的使用与维护

一、水泵的操作

1. 开车前的检查

(1) 应详细检查各部螺栓有无松动,是否齐全;联轴器的间隙是否合乎规定;润滑油质量是否合乎要求;油环转动是否灵活;管路和闸阀、逆止阀是否正常。

(2)检查填料压盖的松紧程度,并盘车2-3转,检查水泵机组转动部分是否灵活。

(3)检查吸水管路是否正常,底阀插入深度,吸水高度是否符合要求。

(4)检查电源电压是否正常,接地线是否良好。

2.水泵启动

(1)向泵内灌注引水,关闭放气阀。

(2)关闭排水管上的闸阀,以减小启动功率。

(3)水泵启动后,注意压力表、真空表、电流表的读数是否正常。如发现意外情况时,应立即停车处理。

(4)当水泵压强达到正常时,可渐渐打开闸阀,向管路供水,以免水泵发热。在闸阀关闭的情况下,运转时间不应超过 3 min。

3.水泵的停止

(1)关闭排水管上的闸阀,使水泵进入空转状态。

(2)关闭真空表旋塞。

(3)切断电源,使水泵逐渐停止。

(4)关闭压力表旋塞。

(5)停泵后,在工作中出现的问题要及时解决。如停泵时间长,为避免锈蚀和冻裂,应将泵内的水放空,并对泵进行油封。

二、水泵的使用与维护

水管、水泵、闸阀和排水用的配电设备等都必须经常检查和维护。每年雨季前,必须全面检查修理一次,所有零件应补充齐全,并对全部工作水泵和备用水泵进行一次同时运行试验,发现问题,及时处理。

1.水泵运转

为保证水泵正常运转需要注意以下事项。

(1)水泵吸水高度不超过设计允许值。滤水器最上端距离吸水井面不能小于 1 m,以防止吸入空气造成水泵不上水。

(2)水泵上装置的压力表、真空表指示数要正常,如指针有大幅度不正常的摆动,立即停车。

(3)水泵运转正常,响声无异常,如有异常声音要立即停泵检查。

(4)轴承温度不得超过环境温度;电动机温度不得超过电动机的额定温度;填料完好,松紧合适,运行中应陆续滴水;填料箱与外壳不烫手。

（5）水泵主闸阀应能全部敞开。

（6）主水泵每年至少进行一次技术测定,排水系统效率不得低于50%,测定记录有效期一年。

2．排水设备检修的完好标准

（1）泵体和管路。

① 泵体无裂纹。泵体与管路不漏水、防腐良好。

② 排水管路每年进行一次清扫,水垢厚度不超过管径的2.5%。

③ 吸水管管径不小于水泵吸水口径。

④ 水泵轴向窜量应符合有关技术规定或按厂家规定调整。

⑤ 填料箱不过热,滴水不成线。

⑥ 每年校验一次真空表、压力表,指示应正确。

（2）闸板阀、逆止阀、底阀。

① 齐全、完整、不漏水。

② 闸阀操纵灵活,动作可靠。

③ 吸水井无杂物,底阀不淤埋和堵塞。自灌满水后 5 min 能启动水泵。无底阀水泵的引水装置应能在内启动水泵。

（3）其他。

① 设备与泵房应整洁,工具、备件存放整齐。

② 泵房内有排水管路系统图、供电系统图,有运行日志和检修、检查记录。

三、离心式水泵常见故障分析及排除方法

离心式水泵的主要故障及其原因与处理方法见表2-3。

表2-3　离心式水泵的主要故障及其原因与处理方法

故障现象	原因	处理方法
水泵启动后吸不上水	1．启动前未灌水或未灌满水 2．吸水高度过高 3．吸水罩堵塞 4．吸水管或吸水管侧填料漏气 5．转数过低或旋转方向错误	1．停泵重新灌满水 2．降低吸水高度,使吸水真空高度不超过允许值 3．清理吸水罩 4．检查并加垫圈或检修填料 5．检查电机及重新接线

续表

故障现象	原因	处理方法
水泵在工作中排水量减少	1.水泵的转数降低 2.工作轮流道局部堵塞或吸水罩局部堵塞 3.填料箱漏气,吸水罩没入水中深度不够 4.工作轮与导流器流道的中心没对准,密封环间隙过大 5.排水管道阻力增大,可能排水管道被积垢淤塞,管件安装不合理	1.检查原动机转数是否符合水泵所需的转数 2.拆开水泵清理工作轮或吸水罩 3.更换填料,检查水位 4.拆开水泵检修或换部件 5.检查,清理,重新安装
电动机启动电流过大	1.启动时排水闸阀没关 2.平衡盘安装不正或有的转动部件与固定部分摩擦过大或有卡住现象 3.电网中电压降过大	1.关闭后再启动 2.检查内部,进行修理 3.等电压稳定后再启动
运转时电流超过额定电流	1.排水管道破坏有漏水处 2.启动时排水闸阀没关 3.平衡盘安装不正或有的转动部件与固定部分摩擦过大或有卡住现象	1.检修管道或换装新管 2.检查内部,进行修理 3.等电压稳定后再启动
水泵机组震动	1.电动机轴和水泵轴不同心 2.地脚螺丝松弛,基础不合适 3.水泵转子与电机转子不平衡 4.支架轴承过度磨损,间隙过大 5.轴弯曲	1.重新找正,安装固定 2.扭紧螺丝,修整基础 3.检查,作平衡实验 4.检修加垫 5.更换报废的弯轴
轴承温度过高	1.润滑油不干净或油量不足 2.轴瓦装得过紧和轴瓦过度磨损 3.油圈不转或不灵活 4.水泵轴与电机轴不同心	1.清洗轴承,换油或加油 2.适当调整轴瓦(加垫或研瓦) 3.检查修理或换装新件 4.重新找正并紧固地脚螺钉
填料箱发热	1.填料装的过紧或没浸油 2.填料失水	1.调整或更换 2.检修水路并调换填料
外壳发热	水泵在关闭阀门时或无水时的工作时间太长	冷却水泵后再启动

习 题

1. 排水设备的作用是什么?
2. 排水设备的种类有哪些?
3. 排水设备的组成部分有哪些?
4. 排水设备的管路附件有哪些?各自的作用是什么?
5. 离心式水泵的工作部件有哪些?
6. 说明离心式水泵的工作原理。为什么在启动离心式水泵前,要先灌水?
7. 离心式水泵的性能参数有哪些?

第三章 矿井通风设备

第一节 概 述

一、通风设备的作用

在煤矿井下开采时,不但煤层中所含的有毒气体会大量涌出,而且伴随着采煤过程还会产生大量易燃、易爆的煤尘;同时,由于地热和机电设备散发的热量,使井下空气温度和湿度也随之增高。这些有毒的气体、过高的温度,以及容易引起爆炸的煤尘和瓦斯,不但严重影响井下工作人员的身体健康,而且对矿井安全构成很大的威胁。

矿井通风设备的作用是向井下输送新鲜空气,供人员呼吸,并使有害气体的浓度降低到对人体安全无害的程度;同时,调节温度和湿度,改善井下工作环境,保证煤矿生产安全。

二、通风方式及通风系统

矿井通风设备包括通风机组、电气设备、通风网路及辅助装置。矿井通风分为自然通风和机械通风两种方法。机械通风可分为抽出式和压入式两种。

图3-1为抽出式通风方式示意图。装在地面的通风机9运行时,在其入口处产生一定的负压,由于外部大气压力的作用,迫使新鲜空气进入风井1,流经井底车场2、石门3、运输平巷4,到达采煤工作面5,与工作面的有害气体及煤尘混合变成污浊气体后,沿回风巷6、出风井7、风硐8,最后由通风机9排出地面。通风机连续不断地运转,新鲜空气不断流入矿井,污浊空气又不断地排出,在井巷中形成连续的风流,从而达到通风目的。

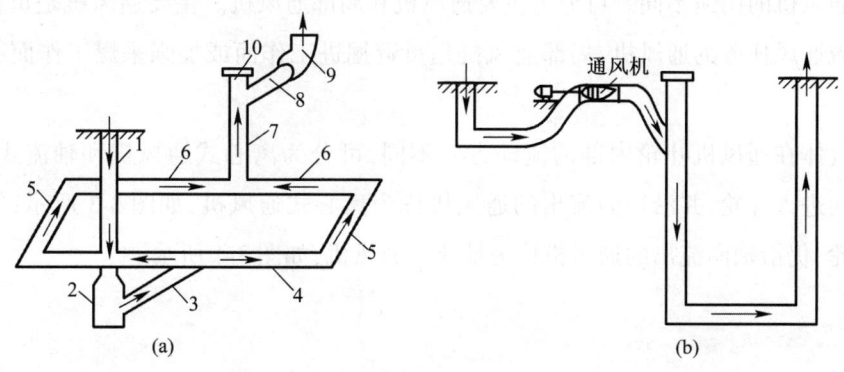

图3-1 矿井通风方式示意图

1—风井;2—井底车场;3—石门;4—运输平巷;5—采煤工作面;6—回风巷;7—出风井;8—风硐;9—通风机;10—风门

压入式通风方式,图 3-1(b)是将地面的新鲜空气由通风机压入井厂巷道和工作面,再由风井排出。目前,煤矿通常采用抽出式通风方式。

连接在一起的所有通风巷道及通风机构成了矿井通风系统。按通风机和巷道布置方式的不同,有 3 种通风系统,其示意图如图 3-2 所示。

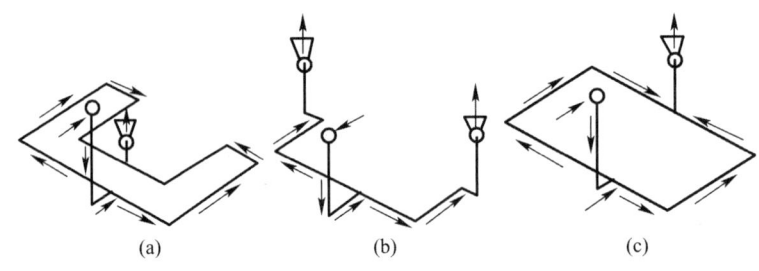

(a)中央并列式;(b)对角式;(c)中央边界式

图 3-2　矿井通风系统示意图

图 3-2(a)为中央并列式通风系统。其特点是进风井和出风井均在通风系统中部,一般布置在同一工业广场内。

图 3-2(b)为对角式通风系统。它是利用中央主要井筒作为进风井,在井田两翼各开一个出风井进行抽出式通风的通风系统。

图 3-2(c)为中央边界式通风系统。它是利用中央主要井筒作为进风井,在井田边界开一个出风井进行抽出式通风的通风系统。

三、矿井通风机的分类

根据通风机的用途不同。可分为主要通风机和局部通风机。主要通风机是负责全矿井或某一区域通风任务的通风机,局部通风机是负责掘进工作面或加强采煤工作面通风用的通风机。

根据气体在通风机叶轮内部的流动方向不同,可分为离心式通风机和轴流式通风机。气体沿轴向进入叶轮,并沿径向流出的通风机称为离心式通风机,如图 3-3 所示;气体沿轴向进入叶轮,仍沿轴向流出的通风机称为轴流式通风机,如图 3-4 所示。

第二节 矿井通风机概述

一、通风机工作原理

1. 离心式通风机的工作原理

图3-3 为离心式通风机的结构示意图。由叶轮1、轴2、进风口3、螺线形机壳4、前导器5及锥形扩散器6等组成。叶轮固定在轴上,轴支承在轴承上,组成风机的转子。

当电动机带动转子旋转,叶轮流道中的空气在叶片作用下,随叶轮一起转动。空气在离心力的作用下,由叶轮中心沿径向流向叶轮外缘,经螺线形机壳和锥形扩散器排至大气。同时,在叶轮进口和中心形成真空(负压),外部空气在大气压力作用下,经进风口进入叶轮,形成连续流动。

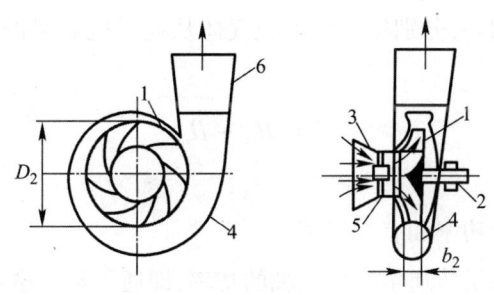

图3-3 离心式通风机结构示意图
1—叶轮;2—轴;3—进风口;4—机壳;5—前导器;6—锥形扩散器

2. 轴流式通风机的工作原理

图3-4 为轴流式通风机的结构示意图。它主要由叶轮(由轮毂1和叶片2组成)、轴3、外壳4、进风口(由集流器5和流线体6组成)、整流器7和扩散器8等组成。

轴流式通风机的叶片为机翼形扭曲叶片,并以一定的角度安装在轮毂上。当电动机带动轴和叶轮旋转时,叶片正面(排出侧)的空气在叶片的推动下,能量升高,通过整流器整流,并经扩散器被排至大气。同时,叶轮背面(入口侧)形成真空(负压),外部空气在大气压力作用下,经进风口进入叶轮,形成连续风流。

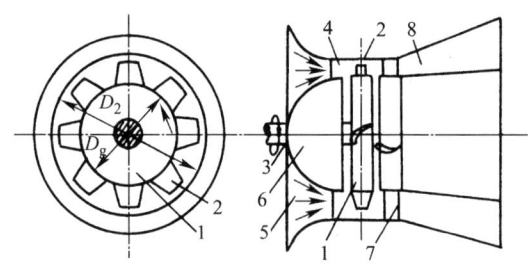

图 3-4 轴流式通风机结构示意图

1—轮毂;2—叶片;3—轴;4—外壳;5—集流器;6—流线体;7—整流器;8—扩散器

二、通风机的特性参数

1. 风量

风量是指单位时间内通风机排出气体的体积,一般用 Q 表示,单位为 m^3/s 或 m^3/h。

2. 风压

风压表征介质通过通风机所获得的能量大小,单位为 Pa。通风机风压又可分为全压(H)、静压(H_{st})和动压(H_d),分别指单位体积气体从通风机获得的全部能量、势能和动能,三者的关系为

$$H = H_{st} + H_d \tag{3-1}$$

3. 功率

通风机的功率分为轴功率和有效功率。

(1) 轴功率是指电动机传递给通风机轴的功率,即通风机的输入功率,用 N 表示,kW。

(2) 有效功率是指单位时间内气体从通风机获得的能量,即通风机的输出功率,用 N_x 表示,kW。

$$N_x = \frac{QH}{1\,000} \tag{3-2}$$

4. 效率

效率是指有效功率 N_x 和轴功率 N 的比值,用 η 表示。

$$\eta = \frac{N_x}{N} \times 100\% = \frac{QH}{1\,000 N} \times 100\% \tag{3-3}$$

5. 转速

转速是指通风机叶轮每分钟的转数,用 n 表示,r/min。

第三节　通风机的结构及性能

一、轴流式通风机的结构及性能

矿用轴流式主要通风机的型号很多，在此，主要介绍矿井常用的 FBCZ、FBCDZ 系列及 2K 系列主要通风机的构造。

（一）FBCZ、FBCDZ 系列轴流式通风机

1. FBCZ、FBCDZ 系列轴流式通风机的结构特点

FBCZ、FBCDZ 系列通风机，是我国 20 世纪 90 年代研制的防爆轴流式主要通风机，电机内置于风机主体风筒，适合我国大、中、小型煤矿的通风。

图 3-5 为 FBCZ 系列防爆轴流式主要通风机结构图。该系列通风机为单级叶轮，是根据中、小型煤矿的通风网络参数设计，适用于通风阻力较小的中、小型矿井通风。

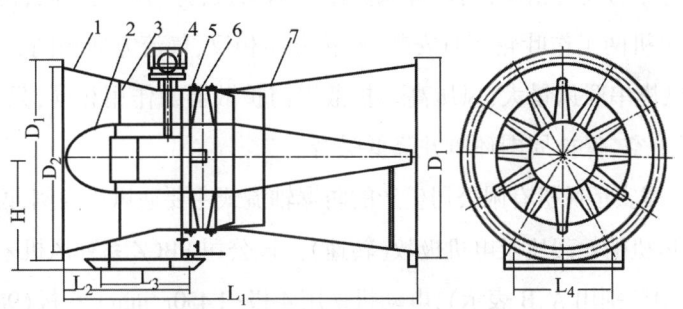

图 3-5　FBCZ 通风机结构图
1—集流器；2—导流体；3—进风管；4—电动机；5—铜环；6—叶轮；7—扩散器

图 3-6 为 FBCDZ 系列通风机的结构图。该系列风机为防爆对旋轴流式主要通风机。该系列通风机是根据大、中型煤矿的通风网络参数设计的，适用于通风阻力较大的大、中型矿井通风。

FBCZ 系列风机主要由集流器 1、导流体 2、进风管 3、电动机 4、铜环 5、叶轮 6 和扩散器 7 等组成。FBCDZ 系列风机与 FBCZ 系列结构不同之处主要是 FBCDZ 系列风机具有二级电动机和二级叶轮以及扩散塔等，其他结构基本相同。

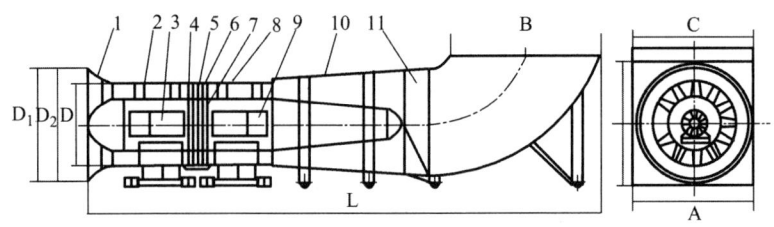

图 3-6 FBCDZ 通风机结构图

1—集流器;2—前主体风筒;3—一级电机;4—一级中间筒;5—一级叶轮;6—二级中间筒;
7—二级叶轮 8—后主体筒;9—二级电机;10—扩散器;11—扩散塔

集流器 1 与流线型导流体 2 的作用是使空气均匀地沿轴向进入叶轮,以减小气流冲击。叶轮 6 是由轮毂、叶片和叶柄等组成,是传递能量的重要零件,叶片为中空钢板结构的机翼扭曲形,减小了气流在叶轮内的径向流动与环流,减小了损失,气动效率高。铜环 5 设置在风机筒体内叶轮回转部分,以防止叶片在高速运行中与筒体摩擦产生火花,使风机运行安全、可靠。扩散器 7 的作用是减小风机出口动能,使一部分动压转化为静压,提高风机效率。电动机 4 为专用防爆电机,安装在主体风筒中与瓦斯污风相隔绝的隔流腔内,隔流腔的进风道和排风道与机壳外的大气相通,用新鲜风流冷却电动机,并与叶轮直联,传动效率高。

FBCDZ 系列风机两工作叶轮相对安装,旋转方向相反,气流方向相同。它比两台同型号的单级轴流式通风机串联风量大,风压高。扩散塔与扩散器的作用相同,只是扩散塔向上排风,可将污风排至上空,保护周围环境并降低噪音。

下面以山西运城安运风机有限公司生产的防爆轴流式主要通风机为例,说明 FBCZ 系列风机与 FBCDZ 系列风机的轮毂比及电机极数(转速)。该公司 FBCZ 系列风机采用 40、54 两种轮毂比(在风机型号中分别用 A、B 表示),电动机采用 4 极(1 450 r/min)、6 极(980 r/min)两种转速;FBCDZ 系列风机采用 40、54、60、65 四种轮毂比(在风机型号中分别用 A、B、C、D 表示),电动机采用 6 极(980 r/min)、8 极(740 r/min)、10 极(580 r/min)和 12 极(490 r/min)四种转速。

FBCZ、FBCDZ 系列风机的电动机安装在风机主体风筒内,减少了长轴传动的传动损失和"S"型流道的通风阻力损失,提高了运行效率。该型通风机刹车后可直接反转反风,反风量可达 60%,满足《煤矿安全规程》对反风量不小于正常供风量 40% 的要求。通风机的叶片安装角可调,用户可以根据矿井前后期所需风量进行调整,使工况点始终保持在高效区。现在一些风机生产厂家可根据用户要求,安装变频调速电机,以实现无级调速。

2. 型号意义

以运城安运风机有限公司生产的防爆轴流式主要通风机的两个型号为例说明型号意义。

型号 FBCZ-6-No16A:

F——风机;B——防爆;C——抽出式;Z——主要通风机;6——电机极数;No——机号前冠用符号;16——叶轮直径 1 600 mm;A——轮毂比的 100 倍为 40。

型号 FBDCZ-10-No32B:

D——对旋式;10——电机极数;32——叶轮直径 3 200 mm;B——轮毂比的 100 倍为 54。其他符号意义同 FBCZ-6-No16A。

3. FBCZ、FBCDZ 轴流式通风机的特性曲线

（1）FBCZ 轴流式通风机的个体特性曲线。

图 3-7 为 FBCZ-6-No20B 通风机的个体特性曲线。中图给出了叶片安装角度在 30°、33°、36°、39°、42°时的静压特性曲线、轴功率曲线以及等效率曲线。

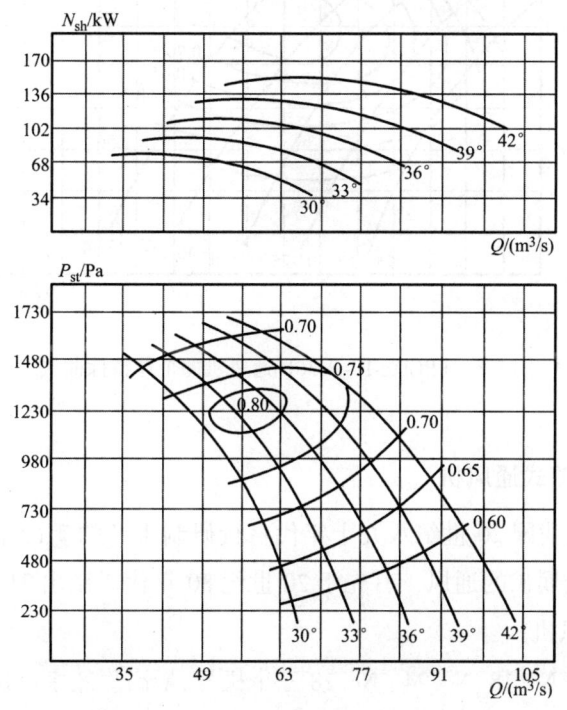

图 3-7　FBCZ-6-No20B 通风机的个体特性曲线

（2）FBCDZ 轴流式通风机的个体特性曲线。

图 3-8 为 FBCDZ-10-No36D 通风机的个体特性曲线。图中给出了一级和二级风机在不同叶片安装角度下的静压特性曲线、轴功率特性曲线和等静压效率曲线。

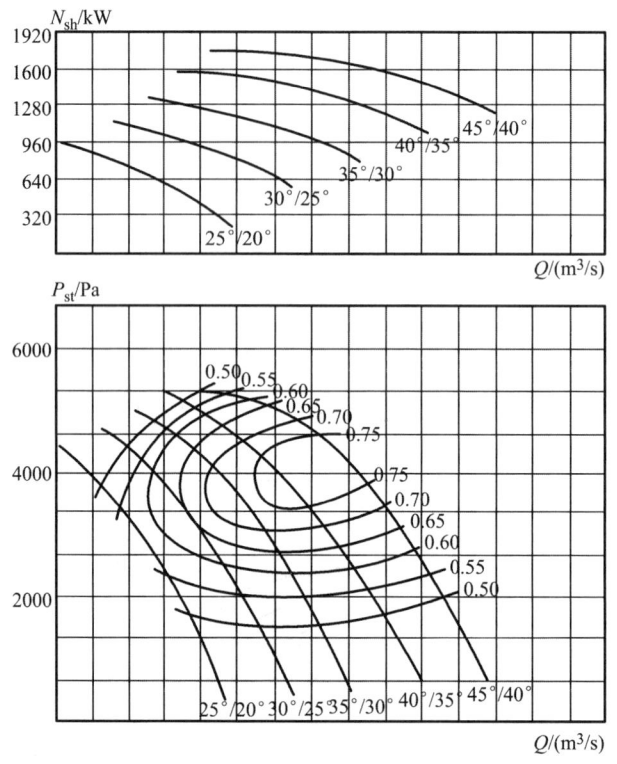

图 3-8 FBCDZ-10-No36D 通风机的个体特性曲线

（二）2K 系列轴流式通风机

2K 系列通风机是我国 20 世纪八九十年代自行研制生产的矿山主要通风机,用于煤矿矿井通风,也适用于金属矿的通风。首先于 20 世纪 80 年代研制出 2K60 型通风机,90 年代又研制出 2K56 型通风机。

2K60 型通风机有 No.18、No.24、No.28 三个机号,最高静效率可达 84%。

2K56 型通风机有 No.12、No.18、No.24、No.30 四个机号,最高静效率接近 85%。

2K60 与 2K56 主要不同之处在于 2K60 叶片可在 15°~45°之间调整,2K56 叶片可在 20°~50°之间进行调整;2K60 装有导叶可调装置,反风时需要改变导叶的角度,而 2K56 中、后导叶为板型,不可调,反风时不需要改变导叶角度,操作简单。它们的其他结构基本相同。在此,主要介绍 2K60 型通风机的结构特点。

1. 2K60 型轴流式通风机的结构特点

图 3-9 为 2K60 型轴流式通风机的结构图。它主要由进风口(集流器 1 和流线体 2)、叶轮 3、中导叶 4、后导叶 5、传动部分(轴、轴承、支架和联轴器)和扩散器等组成。

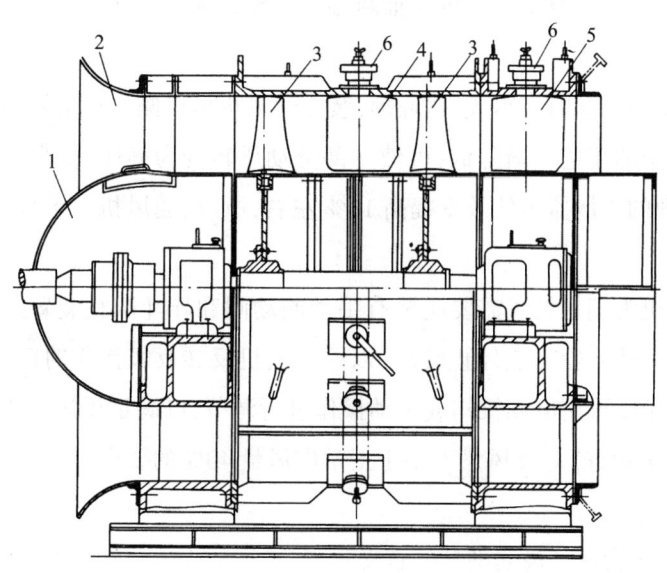

图 3-9 2K60 型轴流式通风机结构图
1—集流器;2—流线体;3—叶轮;4—中导叶;5—后导叶;6—传头部分

(1) 进风口。

进风口由集风器和流线体组成,其作用是把空气沿轴向均匀的导入叶轮,以减小气流的冲击损失,提高风机效率。

(2) 叶轮。

2K 型通风机有两个叶轮,叶轮有轮毂和叶片组成,风压和风量较大。每个叶轮上有 14 片机翼型扭曲叶片,机翼型扭曲叶片可以减小气流在叶轮内的径向流动和环流,损失较小,效率较高。叶片安装角可在 15°~45°范围内进行调整,叶片数目也可以调整,两个叶轮可都装 14 片叶片或 7 片叶片,也可装成一级叶轮 14 片叶片和二级叶轮 7 片叶片,调节范围较大。

(3) 中、后导叶。

导叶也叫整流器。中导叶安装在一、二级叶轮之间,有 14 片机翼型扭曲状叶片;后导叶安装在二级叶轮后,有 7 片机翼型扭曲状叶片。中导叶的作用是改变从第一级叶轮流出气流的方向,提高第二级叶轮产生的压力;后导叶的作用是将从第二级叶轮流出的气流调整为轴向流动,以减小损失、提高效率。中、后导叶固定安装在主体风筒上,导叶角度可利用电动机构或手动操作装置进行调节,以便于反转反风。

(4) 传动部分。

传动部分由轴、轴承、支架和联轴器等组成。轴承采用滚动轴承,并装有测温装置,接二次仪表可做遥测记录和超温报警。传动轴两端用齿轮联轴器分别与通风机和电机连接。

（5）扩散器。

扩散器由锥型筒芯和筒壳组成，呈环形，装在通风机出口侧。扩散器过流断面是逐渐扩大，气流在扩散器中的流速逐渐降低，可使一部分动压转变为静压，提高了风机的效率。有文献报道设计合理的扩散器可使效率提高10%左右，所以，通风机一般要加装扩散器，以提高通风机的效率。

另外，该通风机为满足反风需要还装有手动制动闸和导叶调整装置。需要停止电机反转反风时，制动闸可使叶轮迅速停止转动，以缩短电机反转反风操作时间。反风时，需要改变导叶角度，导叶角度可用电动机构或手动操作进行调节，以满足反风要求。该通风机的反风量满足《煤矿安全规程》对反风量不小于正常供风量40%的要求。

2. 型号意义

以2K60-4-No28为例子说明型号的意义。

2——两级叶轮；K——矿用通风机；60——通风机轮毂直径与叶轮直径比的100倍；4——设计序号；No——机号前冠用符号；28——通风机叶轮直径2 800 mm。

3. 2K60轴流式通风机的特性曲线

2K60型轴流式通风机可在不同叶片安装数目和不同叶片安装角度下运行。图3-10、图3-11和图3-12为该风机在不同叶片数目和不同叶片安装角度下的个体特性曲线，同时也给出了类型曲线。特性曲线中的轴功率曲线及效率曲线均已包括了通风机的机械传动损失，在计算电动机功率和效率时，不需再考虑传动效率。

图3-10为2K60型通风机在一级叶轮和二级叶轮叶片安装数目都为14、叶片安装角度分别为15°、20°、25°、30°、35°、40°、45°时的特性曲线。该特性曲线包括No.18转速为985 r/min、No.24转速为750 r/min和No28转速为600 r/min三个机号的个体静压特性曲线、轴功率特性曲线和等静压效率曲线，同时也给出了类型曲线。

图3-11为2K60型通风机在一级叶轮叶片安装数目为14和二级叶轮叶片安装数目为7、叶片在安装角度分别为15°、20°、25°、30°、35°、40°、45°时的特性曲线。该特性曲线包括No.18转速为985 r/min、No.24转速为750 r/min和No28转速为600 r/min三个机号的个体静压特性曲线、轴功率特性曲线和等静压效率曲线，同时也给出了类型曲线。

图3-12为2K60型通风机在一级和二级叶轮叶片安装数目都为7时、叶片安装角度分别为15°、20°、25°、30°、35°、40°、45°时的特性曲线。该特性曲线包括No.18转速为985 r/min、No.24转速为750 r/min和No.28转速为600 r/min三个机号的个体静压特性曲线、轴功率特性曲线和等静压效率曲线，同时也给出了类型特性曲线。

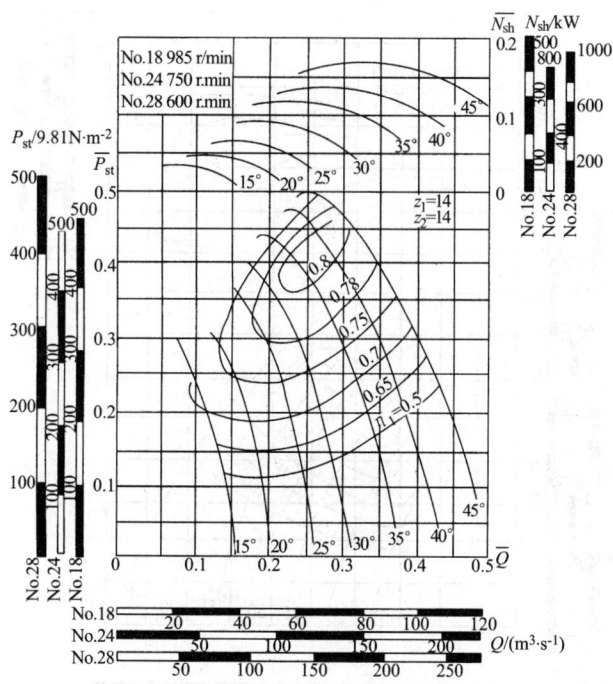

图 3-10　2K60 型通风机（$z_1 = z_2 = 14$）特性曲线

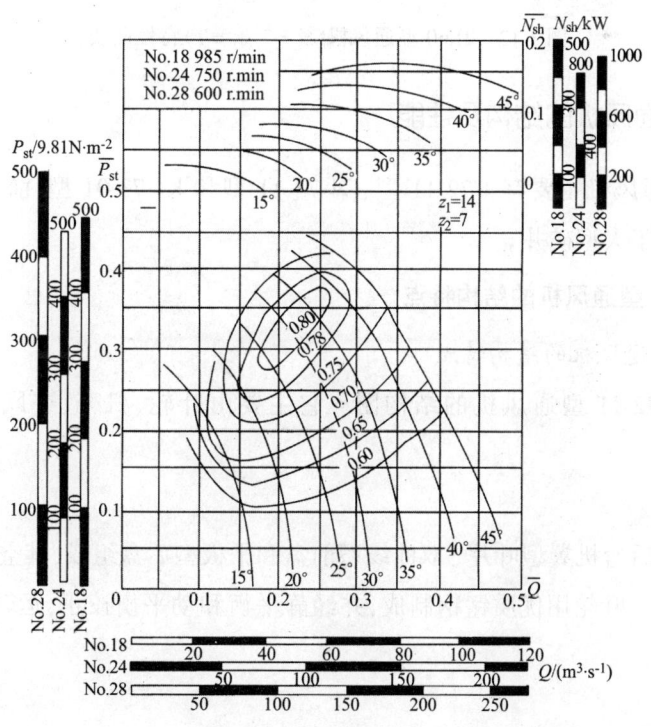

图 3-11　2K60 型通风机（$z_1 = 14、z_2 = 7$）特性曲线

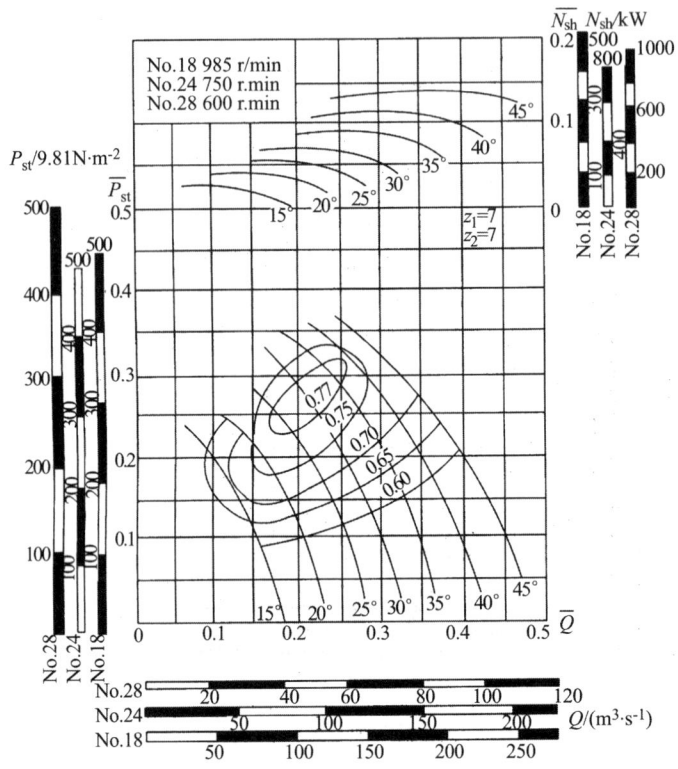

图 3-12　2K60 型通风机（$z_1=7$、$z_2=7$）特性曲线

二、离心式通风机的结构及性能

矿用离心式通风机主要有 4-72-11 型、G4-73-11 型和 K4-73-01 型，前两者多用于中、小型矿井，后者常用于大型矿井。

（一）4-72-11 型通风机的结构特点

1. 4-72-11 型通风机的结构特点

图 3-13 为 4-72-11 型通风机的结构图。它主要由叶轮、机壳、进风口和传动部分等组成。

（1）叶轮。

叶轮由 10 个后弯机翼型叶片、双曲线型前盘和平板型后盘组成，其空气动力性能良好，运转平稳，噪音低。叶轮用优质锰钢制成，并经静平衡和动平衡校正，运转平稳、高效，全压效率可达 91%。

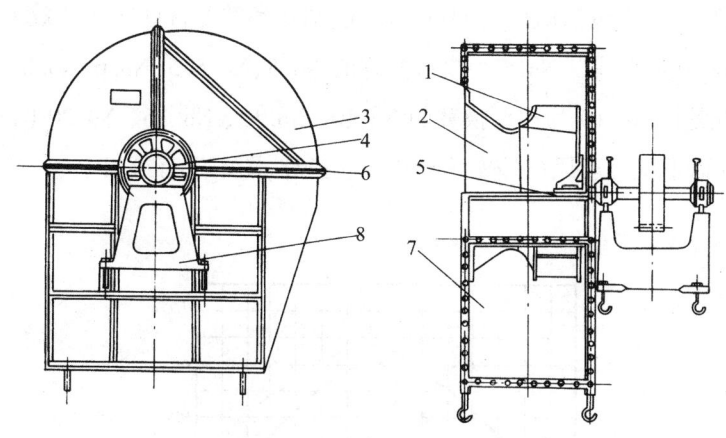

图 3-13 4-72-11 型通风机结构图

1—叶轮;2—进风口;3—机壳;4—皮带轮;5—轴;6—轴承;7—出风口;8—轴承座

(2) 机壳。

为收集从叶轮甩出的气体,并使此气流中的一部分动压转变成静压,设置蜗壳形机壳。这种风机效率高、最高效率可达 91% 以上。这种通风机的机壳有两种型式:No.2.8-No.12 的机壳制成整体式;No.16-No.20 的机壳制成 3 开式。即上、下可分,上半部分又左、右可分,各部分之间用螺栓连接,所以拆装方便,易于检修。机壳的断面均为矩形。通风机的出风口位置,可根据生产需要进行调整。

(3) 进风口。

装在通风机侧面的进风口是整体的,为减小气流进入叶轮的阻力,采用锥弧形进风口。进风口与叶轮联结部分为套接配合,气密性较好,这也是 72 型通风机效率较高的又一结构特点。

(4) 传动部分。

4-72-11 型通风机的传动方式有 A、B、C、D 四种方式。旋向有"左旋"和"右旋"两种形式。从电机皮带轮一端正看,叶轮按顺时针方向旋转的叫"右旋通风机",以"右"表示;叶轮按逆时针方向旋转的叫"左旋通风机",以"左"表示。

2. 型号意义

以 4-72-11No20B 右 90°说明其型号的意义。

4——通风机最高效率点全压系数为 0.4;72——通风机的比转数为 72;1——叶轮为单侧进风;1——设计序号;No——机号前冠用符号;20——叶轮直径为 2 000 mm;B——传动方式为 B 式;右-右旋;90°——出风口方向。

3. 4-72-11 型通风机的特性曲线

图 3-14 为 4-72-11 型通风机的类型特性曲线。该类型特性曲线反映了该类通风机在相

似工况下的共同特性。它包括风压类型特性曲线、轴功率类型特性曲线和效率曲线。

说明:图 3-14 中实线是以 No.5 为模型换算的 No.5、No.5.5、No.6、No.8 四种机号的类型特性曲线;虚线是以 No.10 为模型换算的 No.10、No.12、No.16、No.20 四种机号的类型特性曲线。No.5 以下机号通风机按实测样机性能换算,图中没有绘出。

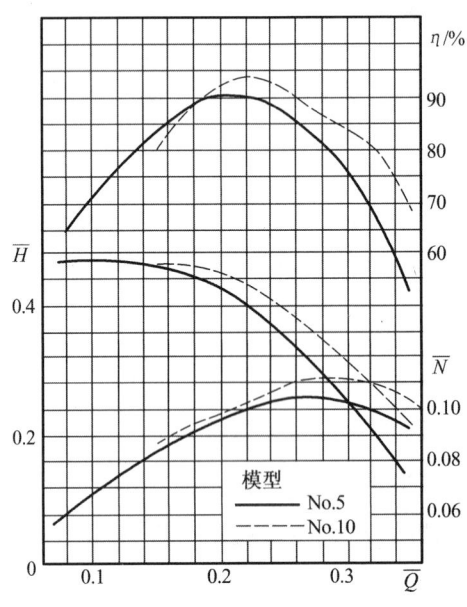

图 3-14 4-72-11 型通风机的类型特性曲线

(二) G4-73-11 型离心式通风机

1. G4-73-11 型离心式通风机的结构特点

G4-73-11 型通风机主要是为锅炉通风设计,单侧进风,也可用于中、小型矿井的通风。

图 3-15 为 G4-73-11 型通风机结构图。它主要由叶轮、机壳、进风口、前导器和传动部分组成。

(1) 叶轮。

叶轮由 12 个后弯机翼型叶片、弧锥形前盘和平板形后盘组成,并经静、动平衡校正(静、动平衡校正由厂家在静、动平衡校正机上进行),运转平稳,噪音低,全压效率高,可达 93%。

(2) 机壳。

机壳用普通钢板焊接而成,并制成三种不同形式,No.8-No.12 机壳为整体焊接形式,No.14-No.16 机壳为两开式,No.18-No.28 机壳为三开式。

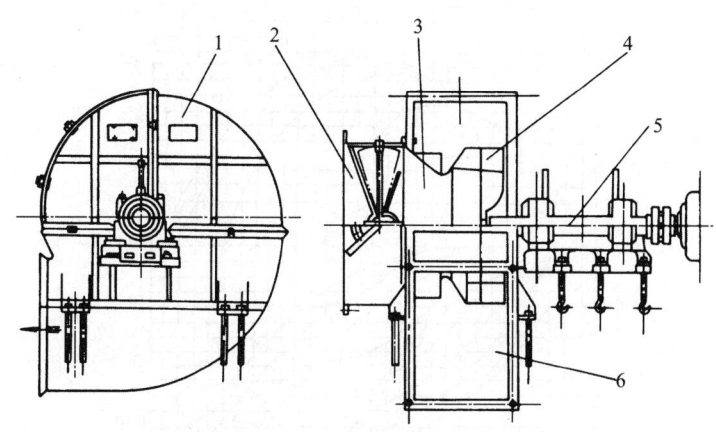

图 3-15　G4-73-11 型离心式子通风机的结构
1—机壳；2—前导器；3—进风口；4—叶轮；5—轴；6—出风口

（3）进风口与前导器。

G4-73-11 型风机进风口为锥弧形，与 4-72-11 型相同，用螺栓固定在通风机入口侧。

如图 3-15 所示，前导器装在进风口前面。前导器上的叶片可在 0°（全开）到 90°（全闭）范围内进行调整，以改变通风机进风的方向，调节通风机的风压和风量。

（4）传动部分。

G4-73-11 型通风机的传动部分由轴、轴承、联轴器等组成。传动方式为 D 式（弹性联轴器）传动，传动效率较高。

2. 型号意义

以 G4-73-11No25D 为例说明其型号的意义。

G——锅炉通风机；4——通风机最高效率点全压系数为 0.4；73——通风机的比转数为 73；1——叶轮为单侧进风；1——设计序号；No——机号前冠用符号；25——叶轮直径为 2 500 mm。

3. G4-73-11 型通风机的特性曲线

图 3-16 为 G4-73 型通风机的类型特性曲线。它同样包括了风压特性曲线、轴功率特性曲线和效率曲线，与 4-72 型不同的是，G4-73 型通风机加装有前导器，图中给出了前导器在不同开启角度下的类型特性曲线。图中不仅给出了效率曲线，而且给出了等效率曲线。

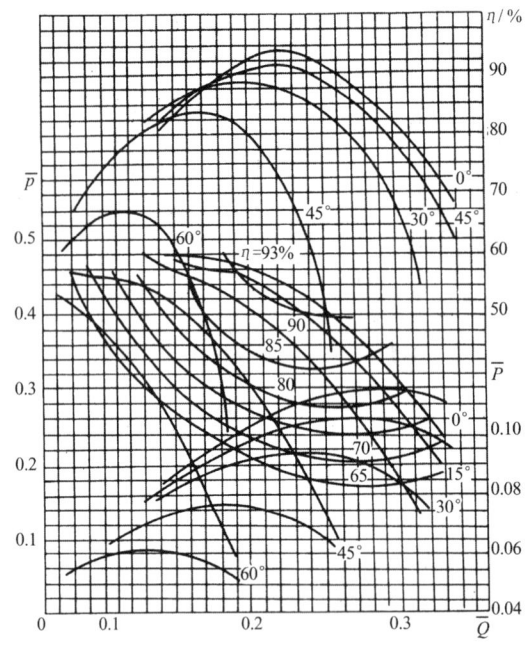

图 3-16　G4-73-11 型通风机(前导器)类型特性曲线

(三) K4-73-01 型通风机

1. K4-73-01 型通风机的结构特点

图 3-17 为 K4-73-01 型离心式通风机结构图。它是为大型矿井通风设计生产的大风量通风机,双侧进风,有 No.25、No.28、No.32 和 No.38 四个机号。该风机主要部件叶轮由前盘、中盘和中盘两侧各 12 个后弯机翼型叶片组成,并焊接成整体。传动轴为实心短轴,两端用滚动轴承支承,轴两端均可与电动机连接。机壳上部用钢板焊接而成,下部由混凝土制成。进风口为收敛式流线型,并制成三开式,便于拆装。该通风机具有强度高,运转平稳,高效等特点。

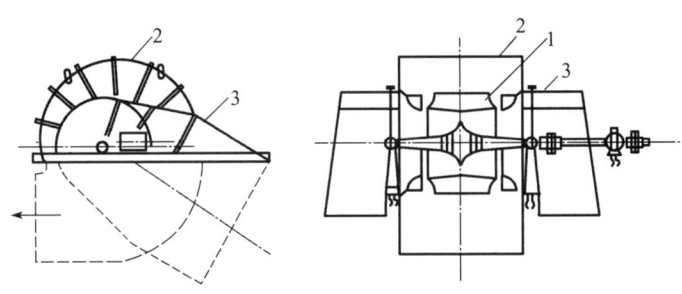

图 3-17　K4-73-01 型离心式通风机结构图

2. 型号意义

以 K4-73-01No32 为例说明其型号意义。

K——矿用通风机;4——通风机最高效率点全压系数为0.4;73——通风机的比转数为73;0——叶轮为双侧进风;1——设计序号;No——机号前冠用符号;32——叶轮直径为 3 200 mm。

3. K4-73-01 型通风机类型特性曲线

图 3-18 为 K4-73-01 型通风机的类型特性曲线。图中给出了该类型通风机 4 个机号 No.25、No.28、No.32、No.38 的风压类型曲线、轴功率类型曲线和效率曲线。

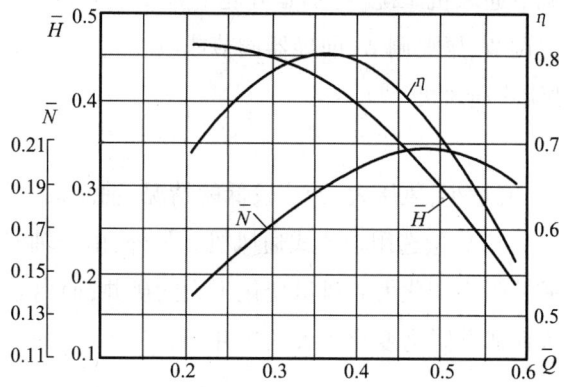

图 3-18　K4-73-01 型通风机类型特性曲线

三、轴流式与离心式通风机的比较

离心式通风机与轴流式通风机在矿井通风中均广泛使用,它们各有不同的特点,现从以下几方面做一简单比较。

(1) 结构。

轴流式结构紧凑,体积较小。重量较轻,可采用高转速电动机直接拖动,传动方式简单,但结构复杂,维修困难;离心式通风机结构简单,维修方便,但结构尺寸较大,安装占地面积大,转速低,传动方式较轴流式复杂。目前,新型的离心式通风机由于采用机翼形叶片,提高了转速,使体积与轴流式接近。

(2) 性能。

一般来说,轴流式通风机的风压低,流量大,反风方法多;离心式通风机则相反。在联合运行时,由于轴流式通风机的特性曲线呈马鞍形,因此可能会出现不稳定的工况点,联合工作稳定性较差;而离心式通风机联合运行则比较可靠。轴流式通风机的噪声较离心式通风机大,所以应采取消声措施。离心式通风机的最高效率比轴流式通风机要高一些,但离心式通风机的平均效率不如轴流式高。

(3) 启动、运转。

离心式通风机启动时,闸门必须关闭,以减小启动负荷;轴流式通风机启动时,闸门可半开或全开。在运转过程中,当风量突然增大时,轴流式通风机的功率增加不大,不易过载,而离心式通风机则相反。

(4) 工况调节。

轴流式通风机可通过改变叶轮叶片或静导叶片的安装角度,改变叶轮的级数、叶片片数、前导器等多种方法调节通风机工况,特别是叶轮叶片安装角的调节,既经济,又方便、可靠;离心式一般采用闸门调节、尾翼调节、前导器调节或改变通风机转速等调节通风机工况,其总的调节性能不如轴流式通风机。

(5) 适用范围。

离心式通风机适应于流量小、风压大、转速较低的情况,轴流式通风机则相反。通常,当风压在 3 kPa~3.2 kPa 时,应尽量选用轴流式通风机。另外,由于轴流式通风机的特性曲线有效部分陡斜,适用于矿井阻力变化大而风量变化不大的矿井;而离心式通风机的特性曲线较平缓,适用风量变化大而矿井阻力变化不大的矿井。

(6) 反风。

轴流式通风机反风方法很多,现主要采用反转反风法,操作简单、方便;离心式通风机需采用反风道反风,要建反风道,反风操作复杂。

一般来讲,大、中型矿井的通风应采用轴流式通风机;中、小型矿井应采用叶片前弯式叶轮的离心式通风机,因为这种通风机的风压大,但效率低;对于特大型矿井,应选用大型叶片后弯式叶轮的离心式通风机,主要因为这种通风机的效率高。

第四节 通风机在网络中的工作分析

风机是和通风网络联合工作的,通风机的工作状况(工况),不仅取决于通风机本身,同时也取决于通风网络状况,即网络的长度、断面的大小及网络的配置等。下面对抽出式矿井通风机在网络中的工作进行分析。

一、风机在网络中的工作分析

图 3-19 为通风机在网络中工作的简化示意图。在通风网路上取进风井断面Ⅰ—Ⅰ、通

风机入口断面 Ⅱ—Ⅱ 和出口断面 Ⅲ—Ⅲ 三个断面。Ⅰ—Ⅰ 断面的压力为大气压 p_a、风速 $v_1 \approx 0$;Ⅱ—Ⅱ 断面的压力为 p_2、风速为 v_2;Ⅲ—Ⅲ 断面压力也为大气压 p_a、风速为 v_3。下面利用伯诺里方程进行分析。

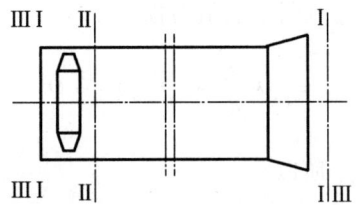

图 3-19　通风机在网路中工作示意图

列 Ⅰ—Ⅰ 和 Ⅱ—Ⅱ 断面的伯诺里方程,并化简得

$$p_a = p_2 + \frac{\rho}{2}v_2^2 + h \tag{3-4}$$

式中:h 为通风网络阻力损失,Pa。

列 Ⅱ—Ⅱ 和 Ⅲ—Ⅲ 断面的伯诺里方程,并化简得

$$H + p_2 + \frac{\rho}{2}v_2^2 = p_a + \frac{\rho}{2}v_3^2 \tag{3-5}$$

式中:p 为通风机产生的风压,Pa。

将上两式联立,并化简得

$$H = h + \frac{\rho}{2}v_3^2 \tag{3-6}$$

由式(3-6)可知,风机产生的全压 H,一部分用于克服通风网络的阻力 h,称为静压,用 H_{st} 表示,一部分以速度能的形式 $\frac{\rho}{2}v_3^2$ 损耗在大气中,称为动压,用 H_d 表示。

在通风过程中,通风机产生的全压全部消耗在通风网络中,通风网络的全部损失($h + \frac{\rho}{2}v_3^2$)等于通风机产生的全压 H。

所以

$$H = H_j + H_d \tag{3-7}$$

二、通风网络的特性曲线

1. 通风网络的特性方程

通风网络的特性方程包括网络静阻力特性方程和全阻力特性方程,下面分别讲述。

(1) 通风网络的静阻力特性方程。

通风网络的损失包括沿程阻力损失和局部阻力损失,设网络的风量为 Q、通风过流断面积为 A、通风巷道的长度为 L、当量直径为 d_i、沿程阻力系数为 λ、局部阻力系数之和为 $\sum \xi$,根据阻力损失计算公式,通风网络的阻力损失 h 为

$$h = (\lambda \frac{L}{d_i} + \sum \xi) \frac{\rho}{2A^2} Q^2 \tag{3-8}$$

令 $R_j = (\lambda \frac{L}{d_i} + \sum \xi) \frac{\rho}{2A^2}$,所以

$$h = R_j Q^2 \tag{3-9}$$

式中:R_j——通风网络静阻力系数。

式(3-9)为通风网络静阻力特性方程。因为,该方程只包括通风网络阻力损失 h,不包括出口动压损失 $\frac{\rho}{2} v_3^2$,所以,称为静阻力特性方程。

(2) 通风网络的全阻力特性方程。

因为通风网络的全部损失 H 包括通风网络阻力损失 h 和出口动压损失 $\frac{\rho}{2} v_3^2$,设通风机的出口面积为 A_3,所以

$$H = h + \frac{\rho}{2} v_3^2 = R_j Q^2 + \frac{\rho}{2A_3^2} Q^2 = \left(R_j + \frac{\rho}{2A_3^2} \right) Q^2 \tag{3-10}$$

令 $R = \left(R_j + \frac{\rho}{2A_3^2} \right)$,所以

$$H = RQ^2 \tag{3-11}$$

式(3-11)为通风网络全阻力特性方程。因为,该方程不仅包括了通风网络的阻力损失 h,而且包括出口动压损失 $\frac{\rho}{2} v_3^2$,所以,称为全阻力特性方程。

2. 通风网络的特性曲线

通风网络的特性曲线包括静阻力特性曲线和全阻力特性曲线,下面分别讲述。

(1) 通风网络的静阻力特性曲线。

静阻力特性方程式(3-9)所表示的曲线称为通风网络静阻力特性曲线。该曲线为通过坐标原点的二次抛物线。如图 3-20 所示,$R_j Q^2$ 即为通风网络的静阻力特性曲线。

对于轴流式通风机,厂家一般给出静压特性曲线,所以,在选择和使用轴流式通风机时,应使用静阻力特性方程和静阻力特性曲线。

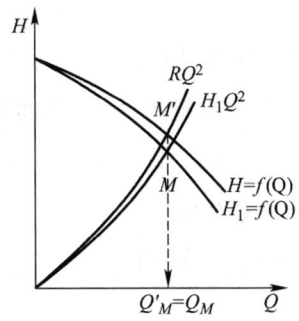

图 3-20　通风机工况点

（2）通风网络全阻力特性曲线。

全阻力特性方程式(3-11)所表示的曲线称为通风网络全阻力特性曲线。该曲线也是通过坐标原点的二次抛物线。如图 3-20 所示，RQ^2 即为通风网络全阻力特性曲线。

对于离心式通风机，厂家一般给出全压特性曲线，所以，在选择和使用离心式通风机时，应使用全阻力特性方程和全阻力特性曲线。

三、风机工况点与工业利用区

1. 风机工况点

通风机是和通风网络联合工作的，通风机产生的风量就是通风网络中的风量，通风机产生的风压要全部消耗在通风网络中。通风机的风压特性曲线是单调下降的，而通风网络的特性曲线是单调上升的，所以，通风机只能在两条曲线的交点处进行工作。风压特性曲线与网络特性曲线的交点称为风机工况点。

如图 3-20 所示，把通风网络特性曲线与风机风压特性曲线按同一比例绘制在同一坐标下，网络特性曲线与风压特性曲线的交点即为工况点。图中 M 为轴流式通风机工况点，M' 为离心式通风机工况点。工况点对应的参数称为工况参数。工况参数包括通风机的风量、全压(或静压)、轴功率和全压效率(或静压效率)。

实际中，工况点的作法是，把通风网络特性方程所表示的曲线绘制在厂家提供的风机特性曲线(或测试得到的性能曲线)上，网络特性曲线与风压特性曲线的交点即为工况点，并查出对应的工况参数。应注意，轴流式通风机一般用静阻力特性曲线，离心式通风机用全阻力特性曲线。

2. 通风机的工业利用区

通风机的工业利用区是为保证通风机的稳定性和经济性而划定的工作区域。

（1）稳定工作条件。

如图 3-21 所示，轴流式通风机的风压特性曲线最高风压左侧部分呈马鞍形，当风机工况点在马鞍形区间运行时，风压、功率发生较大波动，从而引起风机发生强烈振动。为使风机稳定工作、防止发生振动，风机工况点应工作在最高风压右侧。考虑到由于转速降低，规定工况点的风压不得超过最高静压的 0.9 倍。

所以，通风机的稳定工作条件为 $H_{jM} \leq 0.9 H_{j\max}$。

（2）经济工作条件。

风机是矿山耗电较大的设备，为保证通风机经济性，国家标准规定，工况点的运行效率不得低于最佳工况点的 85%，改造后应达到 90%。

所以，轴流式通风机的经济工作条件为 $\eta_{jM} \geq (0.8 \sim 0.9)\eta_{j\max}$；离心式通风机的工作条件为 $\eta_{jM} \geq (0.8 \sim 0.9)\eta_{\max}$。

风机特性曲线上，既满足稳定工作条件又满足经济工作条件的区域，称为通风机的工作利用区。通风机工况点应在工业利用区内。

图 3-21 为轴流式通风机的工业利用区，图 3-22 为离心式通风机的工业利用区。

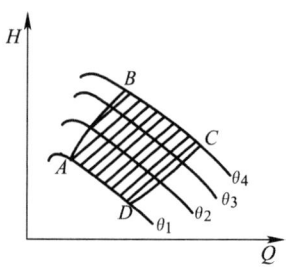

图 3-21　轴流式通风机工业利用区

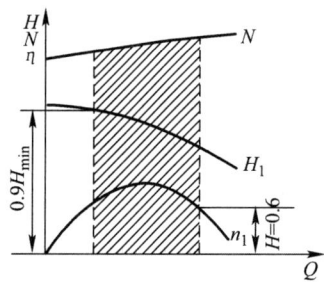

图 3-22　离心式通风机工业利用区

四、风机的经济运行与工况调节

通风机在矿山生产中耗电较大,保持通风机的经济运行,对节约电耗具有重要意义。

(一) 风机的经济运行

1. 合理选用高效风机

新建矿井或改扩建矿井,在风机的选择时,应根据矿井需要的风量、风压,合理选用高效风机,并使风机在整个服务年限内保持高效运行。如选用我国生产的 FBCZ、FBCDZ 系列或 2K60 系列风机,这些风机最高静效率都在 84% 左右,效率较高。

2. 对旧风机进行改造或更换

有些矿井还在使用一些效率较低的旧风机,对这些效率较低的风机进行改造或更换为高效风机。如 20 世纪 90 年代生产的 2K60 风机存在一定不足,用现在研制的新型 2K60 风机动叶片和导叶片代替原风叶,能较大地提高风机的效率,并能从声源上降低通风机的噪音。

3. 配置合理的扩散器

扩散器能使一部分动压转变为静压,提高风机的效率。扩散器有多种不同形式,合理的扩散器具有良好的效果,如果设计、安装不当,将失去其作用。

4. 减少漏风

漏风将使风机的风量增大,降低风机的有效风量,并使电耗增加。据调查,地面反风门漏风量占总风量的 5% 以上。所以,应加强风门密封,或采用反转反风的轴流式风机,以减少漏风损失。

5. 加强维护、定期测试风机性能

根据实际情况制订合理、有效地维护、检修制度和计划,提高维护、检修质量,使风机始终处于良好的运行状况。定期测试风机的性能,并绘制风机特性曲线,掌握风机的性能和运行工况,以便采取措施,使风机保持高效运行。

6. 合理调节工况

根据矿井通风的具体情况,合理调节风机工况点,使风机风压、风量既满足通风要求,又能运行在高效区。合理调节工况点,是保证风机经济运行的重要措施之一。风机工况调节的方法很多,下面单独讲述。

(二) 风机工况调节

一般来讲,矿井开采初期,通风网络阻力较小。随着开采深度的增加,网络阻力不断增大,所需风量有时也要增加。为满足通风要求和稳定、经济工作条件,风机工况点需要进行调节。在实际中,往往设计风量大于需要风量,为降低电耗,也需要进行工况调节。调节的途径有两种:一是改变网络特性曲线调节法,二是改变通风机特性曲线调节法。

1. 改变网络特性曲线调节法

改变网络特性曲线调节法也叫闸门节流法。这种方法是适当关闭竖直风门,使通风网络的阻力增大,使网络特性曲线上移,工况点左移,达到减小流量、降低电耗的目的。随开采深度增加,网络阻力增大,逐渐提起风门,使风量逐渐增大。

如图3-23,1为开采初期通风网络特性曲线,此时网络阻力较小,风量 Q_1 大于实际需要风量 Q_2,如不进行调节将会造成能量损失。这时,适当关闭闸门,使工况点左移,风量减小为 Q_2,对应的轴功率减了 (N_1-N_2),节约了电能。随开采深度的增加,将闸门逐渐开大,使网路特性曲线右移,工况点右移,风量增大。

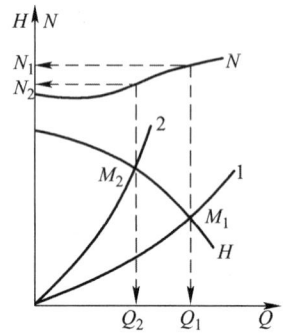

图3-23 闸门节流法调节示意图

这种调节方法设备简单、操作简便,但在风门处有附件损失,是一种不经济的调节方法。一般仅作为暂时的应急方法使用。

对于轴流式通风机,轴功率随风量的减小而增大,所以,采用闸门节流法减小风量不仅不能节约电耗,反而会造成浪费。因此,一般不宜用闸门节流法调节轴流式通风机的风量。

2. 改变通风机特性曲线调节法

(1) 改变通风机叶轮转速调节法。

同水泵改变转速调节的原理相同,调节原理为比例定律。公式(3-12)为同一台风机比例定律数学表达式。

$$\frac{Q'}{Q} = \frac{n'}{n} \qquad \frac{H'}{H} = \left(\frac{n'}{n}\right)^2 \qquad \frac{N'}{N} = \left(\frac{n'}{n}\right)^3 \tag{3-12}$$

式中:Q、Q' 分别为调节前、后的风量,m^3/s;H、H' 分别为调节前、后的风压,N/m^2;n、n' 分别为调节前、后的转速 r/min。

如图 3-24 所示,由比例定律可知,改变通风机的转速,特性曲线将会相应地上下移动。矿井开采的各个时期所需风压、风量不同。根据每个时期实际风压和风量,用比例定律计算出需要调节的转速,并作出调节后的特性曲线,把通风机的转速调节为需要的转速。开采初期采用额定转速 n_{max} 时,对应的风量为 Q_1,大于初期需要风量 Q_2。这时,可根据比例定律计算出需要转速 n_{min},然后把转速调节至 n_{min}。随开采深度增加,网络阻力逐渐增大和风量的增加,逐渐增大转速。

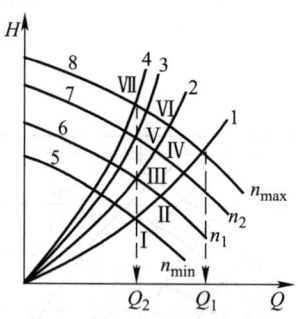

图 3-24 改变叶轮转速调节法示意图

风机转速调节的方法有阶段调速和无级调速。对于阶段调速,可采用多速电机、更换电机、更换皮带轮等实现;对于无级调速可采用变频电机、调速液力耦合器、串级调速系统等实现。

(2)前导器调节法。

通风机产生的风压与风机叶轮出口处的圆周速度、圆周分速度及叶轮入口处的圆周速度、圆周分速度有关。可以从理论上推导出风机的理论风压方程式(欧拉方程),公式(3-13)为风机理论风压方程式。

$$H_1 = \rho(u_2 c_{2u} - u_1 c_{1u}) \qquad (3\text{-}13)$$

式中:H_1 为风机理论风压,Pa;ρ 为气体密度,kg/m^3;u_2、u_1 为别为叶轮出口、入口处的圆周速度,m/s;c_{2u}、c_{1u} 分别为叶轮出口、入口处的圆周分速度,m/s。

由式(3-13)知,叶轮在转速不变的情况下,出口和入口处的圆周速度 u_2 和 u_1 是一定的,但改变叶轮入口处的圆周分速度 c_{1u},可使风机风压发生变化。

装在风机入口处的前导器可以改变叶轮入口处气流的方向,从而改变入口处的圆周分速度 c_{1u},达到增大或减小风压的目的。当前导器叶片角度为负值时,c_{1u} 为正,风压减小;当前导器叶片角度为正时,c_{1u} 为负,风压增大。风压发生变化,风量也相应发生变化,从而达到调节的目的。调节时,根据需要的风压和风量,利用特性曲线,把前导器调节到需要的角度。这种调节方法操作方便,但调节范围较窄,常适用于辅助调节。

(3) 改变轴流式风机叶片安装角度调节法。

轴流式风机叶片安装角一般可调,在不同安装角度下,风机的特性曲线不同,厂家一般都给出了叶片在不同安装角度下的特性曲线。把通风网络特性曲线作在通风机的特性曲线上,和不同角度的风压特性相交,根据矿井需要的风量,把叶片安装角调节到需要的角度。

如图3-25所示,初期网络特性曲线为1,叶片安装角度调节到26°,工况点为M_1,随开采深度的增加,网络阻力增大,网络特性曲线上移动,可采用29°,工况点为M_2。随矿井开采深度的增加,逐步进行调节。角度调节一般应大一些,以免随开采深度的增加,网络阻力稍有增加而产生风量不足的现象。

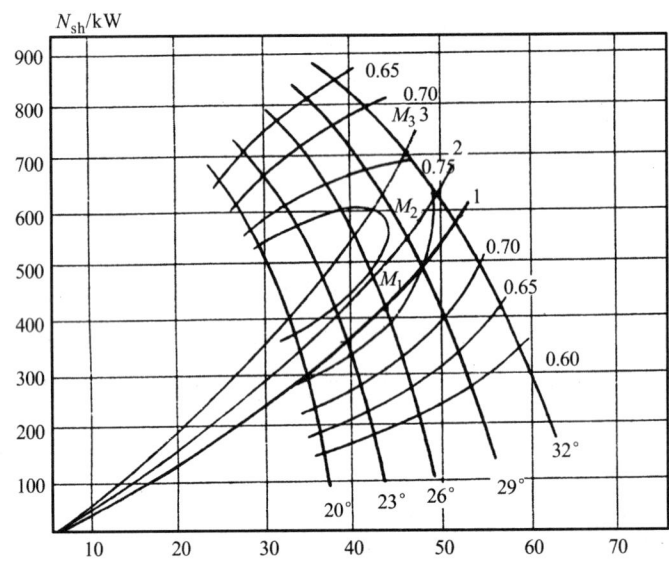

图3-25 改变轴流式风机叶片安装角度调节法

(4) 改变轴流式通风机级数和叶片数目调节法。

如果矿井通风采用两级轴流式风机,在开采初期,风压又大于实际需要,可以把最后一级叶轮叶片全部拆下,以降低风压,达到降低能耗的目的。

轴流式风机也可拆除部分叶片进行调节。在叶片数目为偶数时,可把叶轮叶片均匀对称的拆下几片,以降低风压和能耗。如2K60型轴流式风机,叶片数目可以装成两级均为14片、一级14片二级7片和两级均为7片。矿井开采初期风压、风量较小,可以两级都装成7片,中期可以装成一级14片二级7片,末期可装成两级均为14片。

风机是矿井耗电量多的设备,为保证矿井通风安全和风机的经济运行,风机应进行调节。调节时,上述调节方法不是单一的,可以采用几种方法进行综合调节。调节后应对风量进行测试,风量应满足矿井通风要求。

第五节 通风机的安装与运行

一、通风机安装简介

主通风机设备的布置对于各种通风机大都有标准的设计图纸,可以直接采用,或作必要的修改。布置设计必须满足气动力要求,才能保证产品样本上规定的性能。例如,通风机入口前有急转弯,或是闸门位置过于靠近通风机的入口等,都将降低通风机的性能。

通风机基础的尺寸必须与制造厂所给的图纸相符合。机器基础不得打在浮土上,在北方应打在冻结线以下。

通风机进行安装前须进行一系列的准备工作:检查土建工程的质量与尺寸;检查机器的零件是否缺少或损坏,以便及早修配;准备安装用的工具并且组织安装工作。

基础灌好后,约两星期后即可进行安装。安装的细节随机器的不同须作详尽的安排,这里仅作简单介绍。离心式通风机的安装是从机座和机壳的下部开始。机座放到基础的垫铁上,并穿上放在地脚螺钉孔里的地脚螺钉找正机座的中心线并摆平其水平位置,安装轴承(去掉轴承盖)并检查其中心线和水平;安装通风机轴和工作轮并找正轴的中心线,同时检查其工作轮与入风口之间的间隙;将机座、轴承座和轴承上的螺栓固定好,并作最后一次检查;若正确无误,则可浇灌地脚螺钉孔和机座,然后安装机壳上部、扩散器等;同时安装电动机及电气设备,调节装置及风门装置等。通风机与电动机若是用联轴节连接的,则两者的轴必须同心;如采用胶带传动,而两个胶带轮应在同一平面内。

轴流式通风机的安装是从扩散器开始,而后安装机壳下部,机壳经过操平找正后,在其轴承座上安装轴承壳并校正其中心,在通风机的转子轴上装上滚动轴承和联轴节的一半。然后将它装到轴承壳上并检查工作轮与机座之间的间隙(工作轮叶片在 $\theta = 40°$),安装机壳上部、轴承盖与润滑系统,同时,可安装传动轴和电动机,三根轴应在同一轴线上。通风机整个安装好后再一次检查然后灌浆。而后进行电气及其他部分的安装。待各部分安装完毕和水泥也凝结坚固之后,进行试运转。其准备工作是:拧紧地脚螺钉和各处的连接螺栓;轴承浇油;检查机电全套设备各部分,并再次校正轴线,清除材料和工具;用手转动工作轮试其有无阻碍,然后可以短暂地启动一下机器,试其转动正确与否和有无故障。准备工作完成后开始试运转。

二、通风机的基础要求

通风机牢固地安装在坚实的基础上,才能保证运行时稳定可靠。因此基础需有足够的重量和适当的尺寸,使通风机转子剩余不平衡所产生的离心力和通风机重量或皮带压轴力的合力方向能落在基础的基底以内。基础大小一般应比通风机底座加宽 200 mm～250 mm。

电动机与通风机最好安装在同一底架或同一基础上。否则两者的变形差异会导致两轴偏心或歪斜,恶化轴承工作或引起振动。

足够坚实的基础能稳定或缓和机器的振动,维持安全运转。一些有精密设备的车间为减小通风机基础的振动影响,在通风机与基础之间增设减振装置(如弹簧或橡胶减振器等),可使振动影响显著下降。机器底架则应具有足够的刚度并进行时效处理,以保证不易变形。

三、通风机的组装及装配的主要要求

(1) 严格保证通风机的主要间隙。

离心通风机中叶轮与进气口之间的间隙,对口形式的轴向间隙 δ_a 一般应小于通风机叶轮直径的 1%;套口形式的轴向重叠搭接长度 A 应大于或等于叶轮直径的 1%,而径向间隙 δ_r 常选为标准公差 13-14 级。

在轴流通风机中应保证动叶与导叶间的轴向间隙 δ_a 小于叶轮直径的 1%,而动叶和机壳间的径向间隙 δ_r 应不大于动叶长度的 1.5%。

上述间隙越大(轴流风机的 δ_a 除外),泄漏越大,损失亦大,严重影响通风机气动性能品质。因此,在保证不发生碰撞的前提下,间隙愈小愈好。

(2) 叶轮的径向跳动和端面跳动一般不应超过行业提出的"离心通风机技术条件"规定值,可参照表 3-1 所列要求。

表 3-1　离心式通风机(叶轮的)径向和端面跳动值

叶轮直径/mm	≥200~600	>600~1000	>1000~1400	>1400~200	>2000~2600	>2600~3200
轮盘、轮盖径向跳动/mm	1.5	2.0	3.0	3.5	4.0	5.0
轮盘端面跳动/mm	1.5	2.5	3.5	4.5	5.0	6.0
轮盖端面跳动/mm	2.0	3.0	4.0	5.0	6.0	7.0

(3) 通风机转子的剩余不平衡力矩值,一般皆用剩余动不平衡力矩 $M(\mathrm{N\cdot m})$ 表示,其值不许超过下式计算值:

$$M \leqslant 0.01Ge \quad (3\text{-}14)$$

式中: G 为转子重量,N; e 为转子重心至旋转轴几何中心的距离,即偏心距,μm。

"离心式通风机技术条件"规定通风机允许的偏心距,一般不应大于表 3-2 中的数值。

表 3-2　离心式通风机转子允许的偏心距

转子转速 $n/(\mathrm{r\cdot min^{-1}})$	≤375	≤500	≤600	≤750	≤1000	≤1450	≤3000	>3000
允许偏心距 $e/\mathrm{\mu m}$	18	16	14	12	10	8	6	4

(4) 通风机轴承振幅要求。

通风机转子结构刚度和同心度等因素均引起转子振动,除对精度予以控制外,仍需对通风机试运转,检查轴承处的振幅是否符合"离心式通风机技术条件"规定值,一般不超出表 3-3 所列数值。

表 3-3　离心式通风机轴承允许的最大径向振幅

转子转速 $n/(\mathrm{r\cdot min^{-1}})$	≤375	≤500	≤600	≤750	≤1000	≤1450	≤3000	>3000
允许最大径向振幅/mm	0.18	0.16	0.14	0.12	0.10	0.08	0.06	0.04

(5) 通风机安装中,如需在进、出气口连接管道时,必须考虑与管道的连接状况,输气管道的重量切忌加在机壳上,应另设支撑。此外,通风机主轴和电动机轴的不同心度应不大于 0.05 mm,两半联轴节端面跳动量应不大于 0.1 mm。

四、通风机的启动与运转

从通风机启动到正常转速需一定的时间。电动机启动所需功率超过正常运转功率,离心式通风机性能曲线说明:风量接近于零(闸门全闭)时功率较小,风量最大(闸门全开)时功率较大。为保证电动机安全启动,应将通风机进口全闭启动,待其升到正常工作转速后再将闸门逐渐打开,避免因启动负荷过大而危及电动机的安全运转。轴流式通风机则没有离心式通风机启动功率小的特点,因此不宜关闭启动。

锅炉或高温通风机启动之前,气体介质温度难以达到其工作温度,甚至有待通风机运转输入炉内加热。而电动机额定功率系按输送介质的正常工作温度选定的。当介质温度低,其密度大,耗功大,这样正常功率与启动功率就相差甚多,因此,这类通风机的启动应严格对待,除全闭闸门启动外,还要考虑电动机的过载。当介质的工作温度与启动时的温度相差悬殊,而设计时未能采用多速电动机或液力联轴节时,要考虑是否直接启动。

主通风机不能间断其工作,短时的停歇也会破坏通风而可能造成事故。为了保证通风机可靠地工作,具体要求如下。

(1) 在重要工作面必须装备两台独立的主通风机,按期轮换使用。一般可设置一台主通风机,但必须装设有足够功率的备用电动机,并能迅速地更换。

(2) 主通风机和分区通风机的供电应有两条专用线路,其他用户不许接入。

(3) 通风机房应由耐火材料修建,室内应保持清洁,光线充足,并备有事故照明设备,同时与变电所必须有电话联系。

(4) 在通风机房中应当悬挂通风机设备图,以及消灭事故计划中有关司机的职责和发生事故时通风机的工况。

(5) 主通风机和分区通风机停止工作或改变通风机工况必须经主管工程师允许,并与工作场所进行协调。

(6) 区域变电所在超载荷时无权停止向通风机供电;必须停电时,应事先通知负责通风工作的主管人员。

(7) 当通风机被迫停止运转时,如备用通风机也不能启动,则须立即打开能起自然通风作用的有关设备。

(8) 通风机司机必须受过专门训练,并经考试合格后才能上岗。

(9) 主通风机设备应当装设风量计(流量计)和负压计(差压计),以经常检查通风机的工况,并记入专用记录簿中。

(10) 通风机设备应当每天由电钳工检查一次,每旬由机械师检查一次,每月由总工程师会同机械师检查一次。检查结果和修理应记入通风机设备工作的专用记录簿中。

(一) 通风机启动与停车

在通风机每次启动前(经过修理后或轮换),司机必须按检查或修理的记载对通风机进行检验,并须用手转动工作轮。启动前将离心式通风机的闸门关闭,而轴流式则打开,并检验控制轴承温度的装置和润滑油量。

启动过程中注意机器的声响和振动。若正常则达到额定转速后慢慢地打开离心式通风机的闸门,同时由仪表观察电动机的负载和通风机的风量和压头。若振动强烈或有敲击声,应当立即停车检查和校正。

停车前先启动备用通风机,然后停车。停止离心式通风机之前将闸门关闭,而后停车;而轴流式通风机则先停车后关闭闸门或风门。

运转中通风机的工况应当与要求的相符合,若有偏差司机应调整之。司机应当按时记录各仪表所指出的数值,以及工作中的异常现象;经常注意通风机的轴承润滑和温度,并检查电气等部分工作是否正常。

(二) 通风机设备的维护

为了保证通风机长期可靠的工作,必须正确地维护。

(1) 司机在接班时必须了解通风机在上一班的工作情况。

(2) 严格注意轴承的润滑,不允许轴承温度超过规定值。

(3) 不允许机器振动;振动对机器有严重的影响,尤其是对轴承。振动原因多是由于各轴不在一条轴线上,应立即停车校正之。

(4) 每天检查机器各连接部分,并及时紧固松动的联结件。

(5) 定期检查和调整通风机的工况,并做详细记录。

(6) 定期进行通风设备的预修,并按规定涂漆,防止部件锈蚀。

(7) 每天记录通风机设备的运转状况,记录簿由总机械工程师经常检查并及时指出应改进的问题及方法。

第六节 通风机故障分析排除

一、通风机性能方面的故障

(1) 流量减少或增大。

对于通风管网,一般均在通风机进口段或出口段装设闸门,调节风量。当闸门全闭,即使通风机正常运转,管路系统中的风量也接近于零。随闸门开度增大,风量也增大。闸门全开时,风量最大。同一通风机其管路越短,风量越大。当管路长到一定时风量亦接近于零。一般管路越长、越细或转弯越多,甚至杂物堵塞,其阻力就越大。通风机的静压能克服管路阻力。使气体输送时克服阻力的能力越大,风量通过的才会越多,因此,管路阻力计算的准确程度或变化状况如何,影响到所选用通风机的压力与管路中实际需要的压力差值大小,从而引起流量的不足或增大。

其次是泄漏损失,如叶轮与进气口的间隙太大、管法兰不严等将引起流量不足。

此外,因流量与叶轮转速成正比,当转速波动时也将引起流量的减小或增大。

(2) 压力不足或过高。

上已述及,同一通风机若压力不足,则对管路表现出流量不足。工业上对通风机的要求大都是风量,故风压是用以克服管网阻力,保证流量的要求。

风压与叶轮转速的平方成正比,当转速波动,将引起风压的不足或增大。

此外,已知气体压力及其密度与温度密切相关,且大气条件随地点、时间而变化。当通风机使用条件与设计值有出入时,就会出现压力不足或增大。另外,气体中灰尘、杂质的含量,如固体物质增加,混合密度增大,压力则增高,反之亦然。

二、机械方面的故障

(一) 机器振动异常

1. 转子不平衡引起振动

由前已知转子不平衡则引起通风机振动,不平衡惯性力越大,其振动越剧烈。通风机运转后再度出现不平衡的主要原因如下。

(1) 风机的工作叶片腐蚀或磨损不均。

(2) 通风机长期停转,因转子自重等因素使轴变形。

(3) 叶片表面出现不均匀附着物,如铁锈、污垢等。

(4) 翼形叶片因磨蚀而穿孔,杂质进入其内。

(5) 运输、安装等原因造成叶轮变形,使径向跳动或端面跳动过大。

(6) 叶轮上平衡配重脱落或检修后未校准平衡。

2. 某些固定件引起振动

通风机基础、底座、蜗壳、管路等因刚度参数使其自振固有频率小于或等于转子转速时,均将引起共振现象。或发生在启动阶段,或发生在正常运转阶段。机器的共振危害很大,甚至损坏机件而造成事故停车。

3. 其他原因

(1) 管网阻力曲线与通风机性能曲线交在喘振区。

(2) 通风机与电动机轴间的同心度偏差过大。

(3) 当采用带式传动时,两皮带轮轴不平行。

(4) 通风机的合力(不平衡惯性力、皮带压轴力和通风机自重)不在基底内。

(5) 固定在轴上的零件出现松动或变形,如叶轮歪斜与机壳或进气口碰擦。

(6) 轴承的严重磨损或松动。

(二) 轴承过热与磨损严重

在离心式通风机中大都选用滚动轴承,其正常工作温度为60℃以下。如发生下列原因将引起过热或严重磨损。

(1) 通风机润滑装置的润滑油(或脂)变质或混入杂质。

(2) 轴承元件损坏,产生阻尼或卡滞现象。

(3) 轴承部件安装不良,如固定螺栓或松或紧及中心线偏超限。

(4) 通风机产生严重的异常振动。

(5) 采用水冷轴承时其水量供给不足。

(6) 润滑装置的润滑脂过多,超过轴承座空间的 1/3 ~ 1/2。

(7) 当传动型式为 D 或 F 时,通风机轴与电机轴不同心。

(8) 轴承间隙不合理。当轴颈直径 $d = 50 \sim 100$ mm,间隙大于 0.2 mm;当 $d > 100$ mm,间隙大于 0.3 mm。当轴承外圈与轴承座内孔间间隙超过,若为剖分式轴承座则应修配轴承座上下结合面,然后修镗其内孔;若为整体式则应更换其底座或加大内孔,然后镶嵌内套。

三、通风机运转中的主要故障及其消除

通风设备在运转中,不可避免发生故障,实际中的故障是多种多样的,下面用表3-4的形式给出通风机常见故障、产生原因及排除方法,以便参考。

表 3-4 通风机的常见故障及其原因与排除方法

故障现象	产生原因	排除方法
电动机电流过大和温升过高	1. 由于短路吸风,造成风量过大 2. 电压过低或电源单相断电 3. 联轴器连接不正,皮圈过紧或间隙不均	1. 消除短路吸风现象 2. 检查电压,变换保险丝 3. 进行调整
叶轮损坏或变形	1. 叶片表面或铆钉腐蚀、磨损 2. 铆钉和叶片松动 3. 叶轮变形或歪斜,使叶轮径向跳动或端面跳动过大	1. 如个别损坏,个别更换;如损坏过半数,更换叶轮 2. 重新铆紧或更换铆钉 3. 卸下叶轮,对叶轮进行矫正
轴承箱振动剧烈	1. 通风机轴与电动机轴不同心,联轴器装歪 2. 基础的刚度不够或不牢固 3. 机壳或进口风与叶轮摩擦 4. 叶轮铆钉松动或轮盘变形 5. 叶轮、联轴器或皮带轮与轴松动 6. 机壳与支架、轴承箱与支架、轴承盖与座等连接螺栓松动 7. 皮带轮安装不正,两皮带轮轴不平行 8. 转子不平衡	1. 调整或重新安装 2. 进行修补或加固 3. 修理叶轮或进风口 4. 修理 5. 修理机轴、叶轮、联轴器或皮带轮、或重新配键,重新装配 6. 紧固螺栓 7. 进行调整,重新找正 8. 重新找平衡
轴承温升过高	1. 轴承箱振动剧烈 2. 润滑油质量不良或充填过多 3. 轴承箱盖与座连接螺栓过紧或过松 4. 机轴与滚动轴承安装歪斜,前后两轴承不同心 5. 滚动轴承损坏	1. 查明原因,进行处理 2. 更换或去掉一些,滚动轴承的注油量为容油量的2/3 3. 调整螺栓的松紧度 4. 重新安装或调整找正 5. 更换轴承
发生不规则的振动,且集中于某一部分,噪音与转速相符,在启动或停机时可以听到金属弦声	通风机内部有摩擦 1. 叶轮歪斜与机壳内壁相碰,或机壳刚度不够,产生左右摇晃 2. 叶轮歪斜,与进风口相碰	1. 修理叶轮和止推轴承,对机壳进行补强 2. 修理叶轮与进风口

习　　题

1. 通风设备的作用是什么?
2. 通风设备的组成部分有哪些?

3. 通风机的分类有哪些？
4. 说明离心式通风机的工作原理。
5. 说明轴流式通风机的工作原理。
6. 通风机的性能参数有哪些？
7. 通风机的风压分静压、动压、全压，它们三者有何不同？
8. 轴流式通风机为什么要在打开风门的情况下启动？
9. 离心式通风机有"左旋"和"右旋"两种形式，如何区分"左旋"和"右旋"？
10. 轴流式通风机的中、后导叶有何作用？
11. 通风机产生的风压用来干什么了？
12. 什么是通风机的工况点？

第四章 空气压缩设备

第一节 概 述

空气压缩设备是指压缩和输送气体的整套设备。包括空气压缩机(简称空压机)、输气管路和附属设备等。

空气压缩设备是煤矿必备的动力设备。空压机站一般设在地面,用管道把压缩空气送入井下,沿大巷、上山或下山到工作面,驱动凿岩机(风钻)、风镐等风动机具工作。

目前,在我国矿山主要使用L系列活塞式空压机。这种机型是我国60年代的产品,用以取代卧式和立式老型号空压机。80年代初期,我国引进了新技术,贯彻执行国际标准,使我国活塞式空压机有了长足的进步,研制出井下用的无基础空压机,同时改进了L型空压机,提高了易损件的寿命和设备的安全性,降低了机器的噪声,特别是在比功率方面已经达到或接近世界先进水平。

一、矿山空压机站的组成

矿山空压机站主要包括:空压机、电动机及电控设备、冷却泵站、附属设备、管路等,如图4-1所示。

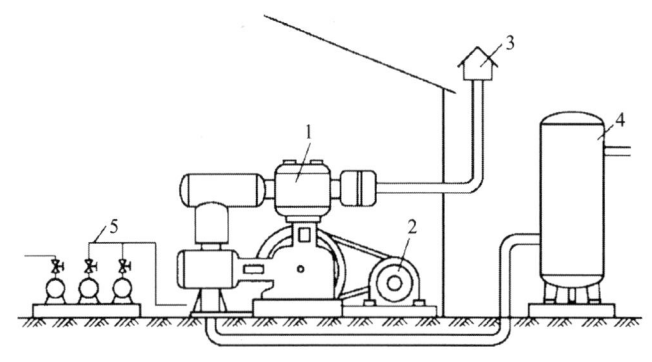

图4-1 空压机站示意图

1—空压机;2—电动机;3—滤风器;4—储气罐;5—冷却水泵站

二、空压机的分类

常见空压机有往复式、回转式、螺杆式和离心式等几种不同型式(如图 4-2 至图 4-9 所示)。大多数工厂都使用往复式空压机。回转式空压机一般用于移动式压气设备系统。螺杆式和离心式空压机的排气量和压力较大,适用于空气消耗量和压力较大的设备网路。

往复式空压机又可按照不同特征进行分类。

(1)按压缩级数分。

① 单级空压机,如图 4-2 所示。

② 双级空压机,如图 4-3 所示。

③ 多级空压机。

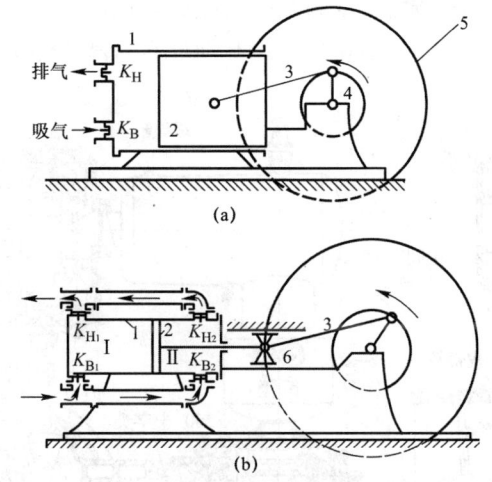

(a)单作用式;(b)双作用式

图 4-2　活塞往复式单级空压机简图

1—气缸;2—活塞;3—连杆;4—曲轴;5—电动机;6—十字头

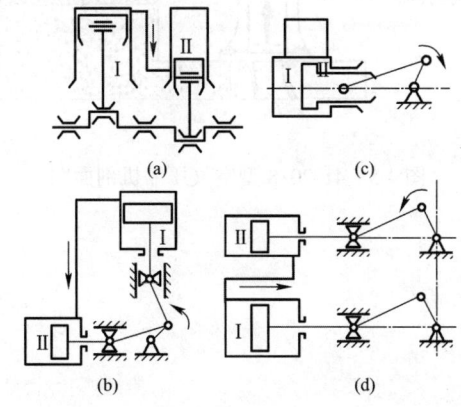

图 4-3　活塞往复式双级空压机简图

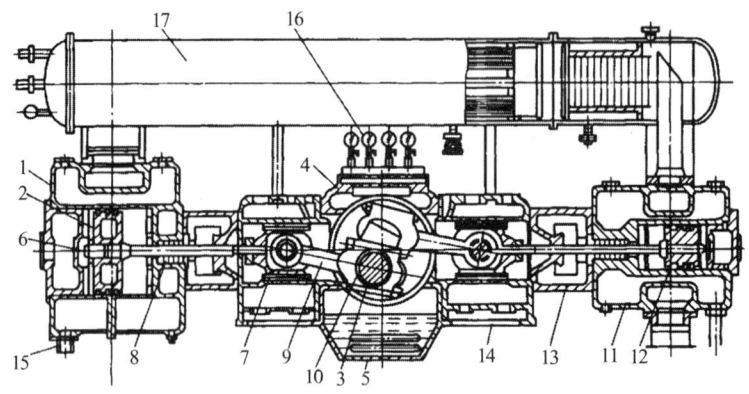

图 4-4 对称平衡式双级空压机的结构图

1—一级气缸;2—一级活塞;3—曲轴;4—曲轴箱;5—油池;6—活塞杆;7—十字头;8—密封填料;9—连杆
10—轴瓦;11—二级气缸;12—二级活塞;13—联结箱;14—机架;15—冷却水管;16—气压表;17—中间冷却器

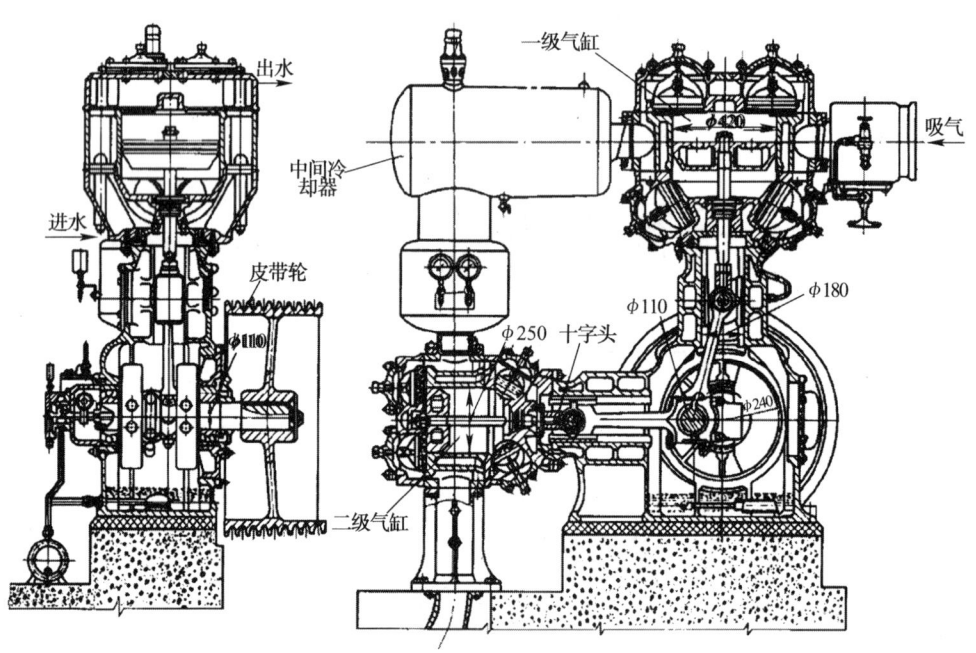

图 4-5 4L-20/8 型空气压缩机剖面图

第四章 空气压缩设备

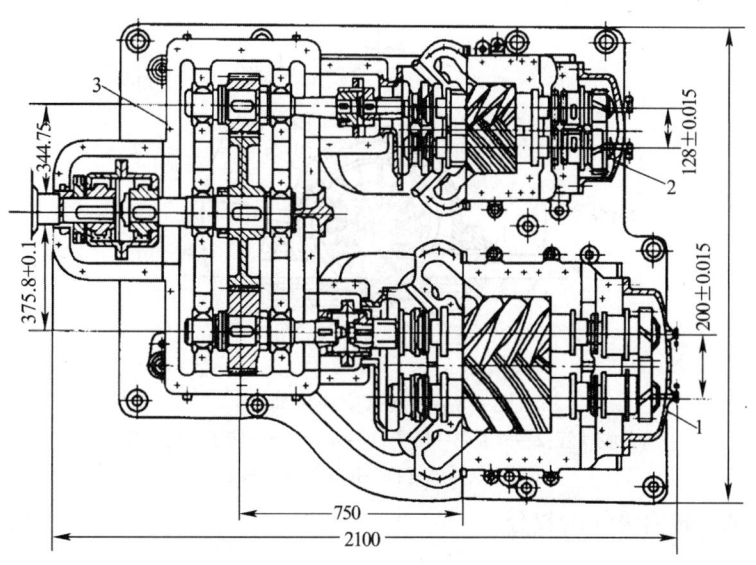

图 4-6　LG25/16-40/7 螺杆式空气压缩机主机组剖面图
1——级主机；2—二级主机；3—增速箱

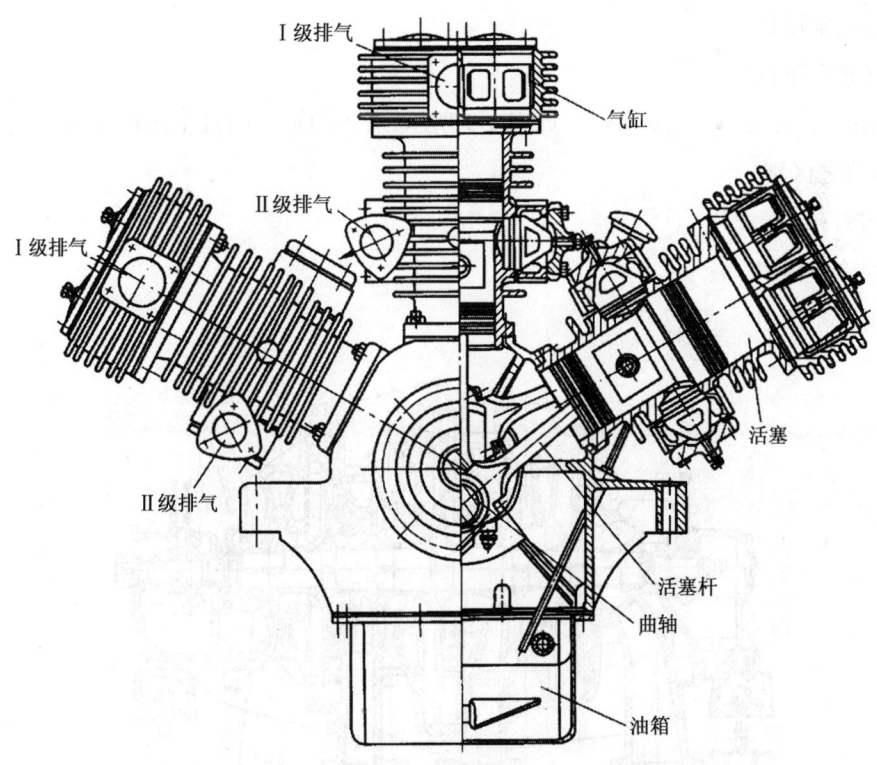

图 4-7　YW9/7-Ⅰ型移动式空气压缩机横剖面图

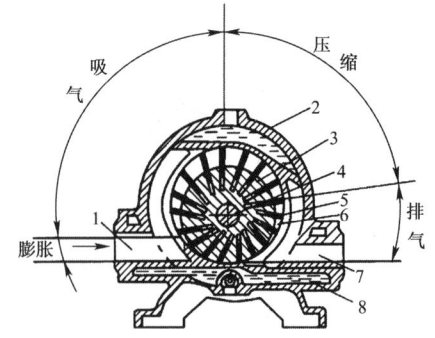

图 4-8 回转式空压机简图
1—吸气管;2—外壳;3—转子;4—转子轴;5—转子上的滑片;
6—空气压缩室;7—排气管;8—水套

(2) 按主轴每转内吸气次数分。

① 单作用空压机。

② 双作用空压机。

(3) 按气缸位置分。

① 卧式空压机。

② 立式空压机。

③ 角度式(L形、V形、W形)。如图 4-9 所示,对于两缸或四缸空压机,还有对称布置和非对称布置之区别。

(4) 按冷却方式分。

① 水冷空压机。

② 气冷空压机。

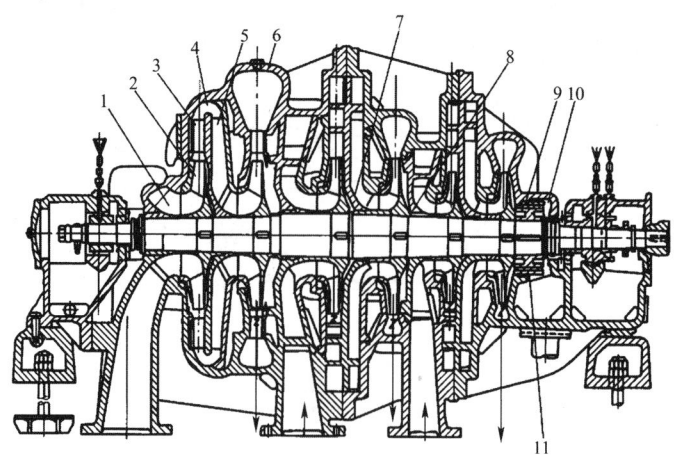

图 4-9 DA350-61 型离心式空气压缩机剖面图
1—吸气室;2—工作轮;3—扩压器;4—弯道;5—回流器;6—蜗壳;
7—前轴封;8—后轴封;9—轴封;10—气封;11—平衡盘

三、活塞式空压机的工作原理

如图 4-10 所示,电动机转动时,通过曲柄和连杆机构,将转动变为活塞的往复运动。

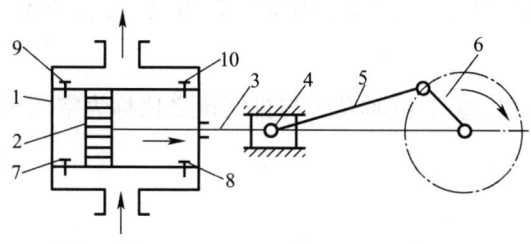

图 4-10　活塞式空压机工作原理示意图

1—气缸;2—活塞;3—活塞杆;4—十字头;5—连杆;6—曲柄;7、8—吸气阀;9、10—排气阀

当活塞从气缸的左端向右运动时,气缸左腔容积逐渐增大,压力降低,当低于缸外大气压力时,外界空气推开吸气阀进入气缸,直至充满气缸,这个过程叫做吸气过程。

当活塞开始返回运动时,吸气阀关闭,随着活塞的运动,气缸容积逐渐减少,空气被压缩,压力逐渐增大,这个过程叫做压缩过程。

当气缸内的空气压力增大到排气压力时,排气阀打开,压缩空气经排气阀进入排气管,直到压缩空气被排出,这个过程叫做排气过程。

当活塞再次向右运动时,残留于气缸余隙容积(即活塞位于气缸一端的极限位置时,活塞端面和气缸盖之间的容积、气缸与气阀连接通道之间容积)内的压缩空气容积逐渐膨胀增大,压力开始逐渐下降,当略低于吸气压力时,开始吸气,这个过程叫做膨胀过程。

气缸内空气的状态由吸气、压缩、排气、膨胀 4 个基本过程构成一个工作循环。曲轴旋转一周,活塞在气缸内往复运动一次完成一个工作循环。电动机带动曲轴继续转动。

第二节　活塞式空压机的工作循环

一、活塞式空压机的性能参数

（1）排气量。

在单位时间内测得空压机排出的气体体积数,然后换算到空压机吸气状态下的体积数,称为空压机的排气量。用符号 V 表示,单位 m^3/min。

(2) 排气压力。

空压机出口的压力称为空压机的排气压力,用相对压力度量(理论计算时采用绝对压力)。以符号 p 表示,单位 Pa。

(3) 吸、排气温度。

空压机吸入气体与排出气体的温度。用符号 T_1 和 T_2 表示,单位 K。

(4) 比功率。

当吸入的空气为标准状态时,其轴功率与排气量之比称为空压机的比功率。用符号 N_b 表示,单位 $kW/(m^3/min)$。

(5) 功率。

① 理论功率指单位时间内,空压机理论循环消耗的功率,用符号 N_L 表示,单位为 kW。

$$N_L = \frac{L_v Q}{1000 \times 60} \tag{4-1}$$

式中:L_v 为按一定的规律压缩 $1\ m^3$ 空气所需的功,单位为 J/m^3。

② 指示功率是指空压机实际循环消耗的功率,用符号 N_j 表示,单位为 kW。

$$N_j = \frac{N_L}{\eta_j} \tag{4-2}$$

式中:η_j 为指示效率。

③ 轴功率是指电动机输入给空压机主轴的实际功率,用符号 N 表示,单位为 kW。

$$N = \frac{N_L}{\eta} \tag{4-3}$$

式中:η 为空压机的效率。

(6) 效率。

空压机总效率是指理论功率与轴功率之比。用符号 η 表示。空压机的总效率,是用来衡量空压机本身经济性的指标。

二、一级活塞式空压机的工作循环

(一) 一级活塞式空压机的理论工作循环

空压机工作时,空气状态的变化是很复杂的,为讨论问题方便,做如下假设。

(1) 在吸、排气过程中,气体状态分别与吸、排气管内的气体状态相同,在吸、排气过程中压力保持不变。

(2) 气缸内没有余隙容积,密封良好,气阀关闭及时。

(3) 在压缩过程中,压缩规律保持不变。

符合上述三点假设条件的循环称为理论工作循环。

空压机的理论工作循环可以用示功图表示,图4-11 为单一作用气缸的理论示功图。

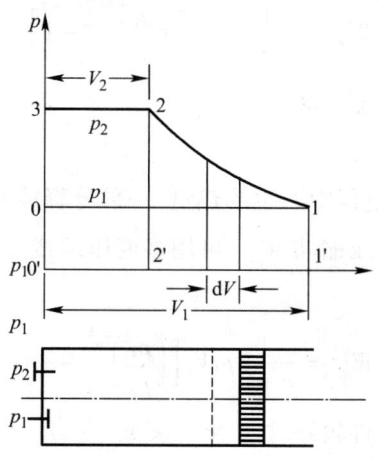

图4-11 空压机的理论工作循环示功图

1. 吸气过程

活塞自气缸的左端向右移动时,吸气阀开启,吸气管中的气体以 P 的压力进入气缸,依据假设条件,吸气压力不变,在示功图上用一水平直线 O-1 表示吸气过程中压力与容积的变化规律。如果活塞的面积为 A,移动的距离为 L,吸入气体做功 W_X 为:

$$W_X = p_1 AL = p_1 V_1 \tag{4-4}$$

式中:V 为吸气终止时气体的容积。

由图4-11 可知吸气线 O-1 下的面积 $O11'O'$ 可以表示吸气功。

2. 压缩过程

当活塞返回行程时,吸气阀关闭,气缸呈封闭状态,空压机进入压缩过程,随着活塞向左移动,气缸的容积不断减小,气体压力逐渐升高。此时属于热力过程,其压缩规律归纳为以下三种情况。

(1) 按等温规律压缩。

这个过程的特点是:温度 T = 常数,气体的温度自始至终保持不变。在压缩过程中产生的热量,全部释放到气缸的外部。其等温过程的压缩功 w,用等温压缩线 1-2 下的面积 $1'124$ 表示。也可用下式计算。

$$W_Y = 2.303 p_1 V_1 I_g \frac{p_1}{p_2} \tag{4-5}$$

式中:p_1 为排气压力。

(2) 按绝热规律压缩。

这个过程的特点是:加给气体的热量 $q = 0$,压缩过程中产生的热量全部用以气体温度的升高,与外界无热量交换。其绝热过程压缩功 W_{jy} 可用绝热压缩线 1-2" 下的面积表示。也可用下式计算。

$$W_{jy} = \frac{1}{k-1} p_1 V_1 \left[\left(\frac{p_1}{p_2} \right)^{\frac{k-1}{k}} - 1 \right] \tag{4-6}$$

式中:k ——绝热指数,一般 $k = 1.40$。

(3) 按多变规律压缩。

这个过程的特点是:压缩过程中产生的热量,一部分释放到气缸的外部,另一部分使气体的温度升高。其多变过程的压缩功 W_{gy},可用多变压缩线 1-2′ 下的面积表示。也可用下式计算。

$$W_{gy} = \frac{1}{n-1} p_1 V_1 \left[\left(\frac{p_1}{p_2} \right)^{\frac{n-1}{n}} - 1 \right] \tag{4-7}$$

式中:n 为多变指数,在冷却条件较好时,$1 < n < k$。

3. 排气过程

在压缩过程终止时,气体压力达到排气压力 p_2 时,压缩过程结束,排气阀打开,空压机进入排气过程。依据假设条件,排气时排气压力不变,在示功图上用一水平直线 2-3 表示排气压力与容积的变化规律。也可用下式计算排气功 W_p。

$$W_p = p_2 V_2 \tag{4-8}$$

式中:V_2 为压缩终止时,气体的容积。

4. 理论循环功

活塞回到气缸的左端,排气过程结束。依据假设条件,气缸没有余隙,气缸内没有残留气体。曲轴旋转 1 周,活塞在气缸内往复 1 次,经过三个过程完成一个理论循环。一个理论工作循环的功,应为三个过程的功之和。通常规定:活塞对气体做功为正,气体对活塞做功为负。所以一个循环的理论功 W 为:

$$W = -W_x + W_y + W_p \tag{4-9}$$

理论循环功相当于吸气、压缩、排气三过程线所包围的面积 0123。

空压机按不同规律进行压缩,所消耗的功及压缩后气体的状态也不相同。如果按等温规律压缩,理论循环功最小,排气温度最低,压缩后气体的密度最大。如果按绝热规律压缩,理论循环功最大,排气温度最高,压缩后的气体密度最小。按多变规律压缩,介于两者之间。因此,从理论上讲,空压机按等温规律压缩最有利。所以,加强对空压机的冷却是十分重要的。

(二) 一级活塞式空压机的实际工作循环

空压机的理论工作循环与实际工作循环有着很大区别。空压机实际上都存在着余隙容积,这样在排气过程结束时,气缸余隙中总要残留一部分高压气体不能排出。因此,在吸气过程开始时,余隙中的高压气体将随气缸容积的增大开始膨胀,吸气阀不能及时开启,直至缸内残留气体的压力降到低于吸气管内的压力为止,吸气阀才能自动开启。这样在实际工作循环中又增加一个残留气体的膨胀过程,如图4-12所示 V_0,为余隙容积,3-4 线表示余隙气体膨胀的过程。故实际工作循环由膨胀、吸气、压缩、排气等四个过程组成。其中,膨胀与压缩过程为热力过程。

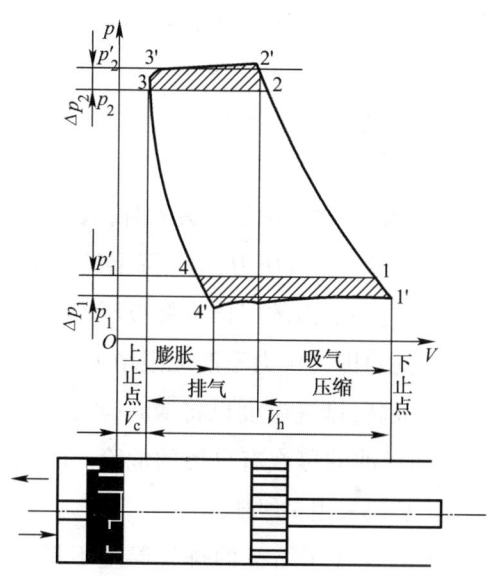

图 4-12 空压机实际工作循环示功图

影响实际工作循环的因素如下。

(1) 余隙容积的影响。

由于余隙容积的客观存在,使吸气过程的吸气量减小。

(2) 吸、排气阻力的影响。

在吸气过程中,外界大气需要克服滤风器、进气管道及吸气阀的阻力后才能进入气缸内,使吸气过程的压力低于理论吸气压力,吸气阀才能开启,所以实际吸气线 4-1 低于理论吸气线;而在排气过程中,压气需克服排气阀和排气管道的阻力后才能进入风包,所以排气压力高于理论排气压力,排气阀才能开启,实际排气线 2-3 高于理论排气线 2'-3'。

由于气阀的阀片和弹簧的惯性作用,使得实际吸、排气线的起点出现尖峰,随惯性力的消失,尖峰压力也消失;又由于吸、排气的周期性,使吸、排气过程中阻力发生脉动变化,因而实际吸、排气线呈波浪状。

由于吸、排气过程阻力的影响,使压缩相同体积气体的循环功增加。

(3) 压缩过程中压缩规律变化的影响。

实际上,空压机工作时压缩规律是变化的,由于气缸壁温度较高,而吸入的气体温度较低,在压缩开始时产生的热量散不出去,使气体温度升高而且还要接受气缸壁散发的热量,此时的压缩指数大于 k 值。当气体温度高于气缸壁温度后,气体才能向气缸壁散出热量,压缩指数随之下降。所以,在实际工作循环中压缩指数并不是常数,图中压缩线 1-2 为实际压缩线,虚线为绝热压缩线。

(4) 其他因素的影响。

空压机在工作时除上述因素影响外,还有吸入气体温度的影响,空压机的漏气影响,吸入空气温度的影响,这些影响因素都将使空压机的循环功增加,排气量减少。

三、活塞式空压机的两级压缩

如果空压机气缸的强度足够大,活塞力也是无穷大时,从理论工作循环示功图上可以得出这样的结论:一级压缩可以得到很大排气压力,但实际上是不能的。因为空压机存在着余隙容积,当压力增大到某一数值时,气缸内的气体全部被压缩到余隙容积中,此时空压机就不能吸气和排气。这表明:空压机的排气压力不能无限增大,而是存在一个极限排气压力;另外,如果一级压缩的排气压力很高,排气温度也将增高,当排气温度超过气缸润滑油的闪点温度(一般为 215℃~240℃)时,油的蒸汽有自燃的危险。因此,对排气压力必须有一定限制,欲得到较高的排气压力就必须采用多级压缩。

《煤矿安全规程》规定:"单缸空气压缩机的排气温度不得超过 190℃,双缸不得超过 160℃"以此为条件,可计算出在最不利情况下(按绝热压缩),单级压缩的极限压缩比 $\left(\dfrac{p_2}{p_1}\right)$ 为 4%。矿用空压机一般所需排气压力为 $(7 \sim 8) \times 10^5 \mathrm{Pa}$,其压缩比为 $7 \sim 8$,所以必须采用两级压缩。

两级压缩是在两个气缸内完成,即低压气缸和高压气缸。其每级气缸内的工作原理与一级压缩的理论相同,从结构上只是在两级气缸之间,增加了一个中间冷却器,形成一个串联的体系,如图 4-13 所示。空气经低压气缸压力增加到 p_z,排气温度为 T_z,送至中间冷却器,保持压力不变,气体温度降至吸气温度 T_1 后,再送到高压气缸中,连续压缩达到需要的压力排出。

采用两级压缩具有如下的优点。

(1) 节省功耗。

如图 4-14 所示,欲得到 p_2 的压力,从示功图上可以看出,当采用一级压缩时,一个循环所需的理论循环功为 0134 所围的面积;采用两级压缩时,一个循环所需的理论功为 $0122'3'4$ 所围的面积。由此可见,采用两级压缩省功。

(2) 降低排气温度。

(3) 提高空压机的排气量。

（4）可以降低活塞力。

（5）中间冷却器可以分离一部分油和水，提高压气的质量。

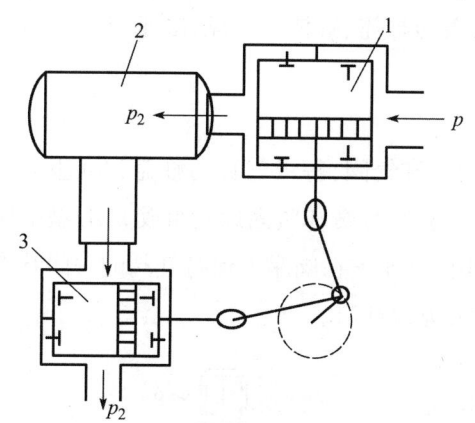

图 4-13　两级压缩机示意图

1—低压气缸；2—中间冷却液；3—高压气缸

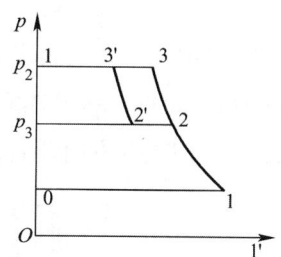

图 4-14　两级压缩理论示功图

第三节　活塞式空压机的结构

一、L 型空压机的结构

L 型空压机是两级、双缸、复动、水冷式空压机。它主要由压缩机构、传动机构、润滑机构、冷却机构、排气量调整机构组成。这些机构均安装在机身上，机身用地脚螺栓紧固在基础上，成为固定式空压机。

该型空压机已成系列，排气量范围较宽为 10～100 m³/min，输出压力为 8×10^5 Pa，适用于矿山的需要；空压机的结构紧凑，动力平衡性比较好；第一级气缸垂直配置，减小因活塞自重造成的磨损，第二级气缸水平配置，机身受力情况较好；管道布置方便。

（一）压缩机构

以 5L-40/8 和 L5.5-40/8 为例说明该机型号意义：

5——L 系列产品序号第 5 种产品；

L——气缸为直角式布置；

5.5——L 系列产品活塞力为 5.5 t；

40——额定排气量为 40 m³/min；

8——额定排气压力为 8 个大气压，即 7.85×10^5 Pa。

1. 气缸部件

气缸部件主要由缸体、缸盖、缸座三个铸铁件组成。气缸壁内铸有流通冷却水的水套,三个组件水套相互贯通,水套与气路隔开。缸盖与缸体、缸体与缸座、缸座与机身用双头螺栓连接,在结合面上加有橡胶石棉板密封。

2. 气阀部件

L 空压机采用环状气阀。气阀分为吸气阀和排气阀,每级气缸的缸盖和缸座上各配置两组。如图 4-15 所示,气阀主要由阀座、阀盖、阀片、弹簧和紧固螺栓组成。4L 型空压机一级气阀有四圈阀片,二级气阀有三圈阀片,用小弹簧压紧在阀座上保持气阀的关闭状态。工作时吸气阀片向气缸方向开启,排气阀片向缸外方向开启。

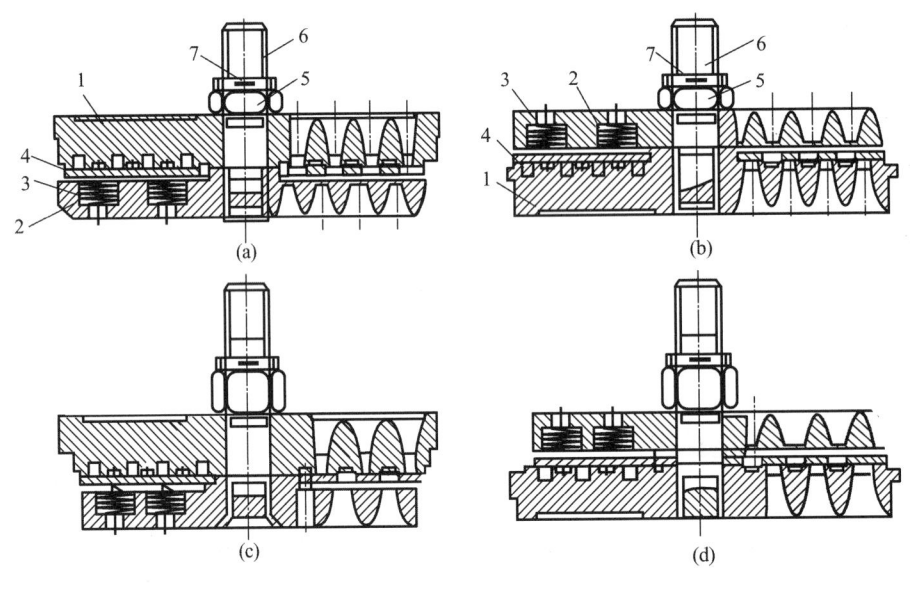

a、b—一级气缸吸、排气阀　　c、d 二级气缸吸、排气阀

图 4-15　L 型空压机的气阀示意图

1—阀座;2—阀盖;3—弹簧;4—阀片;5—冠形螺母;6—螺栓;7—开口销

阀座和阀盖均为铸铁件,阀片采用性能优良的合金钢制成。排气阀工作在高温下,每分钟开启在 400 次以上。因此,要求阀片密封性好,惯性力小,动作灵敏,耐磨,不易变形。

3. 活塞部件

活塞部件由活塞、活塞杆、紧固螺母组成。活塞外形呈整体盘形铸铁制件,内孔带有部分锥度,便于与活塞杆紧固连接,内部中空铸有加强筋,每个活塞上装有两道活塞环,两环的切口位置相错开 90°。

(二) 传动机构

传动机构由皮带轮、曲轴、连杆、十字头等部件组成。其主要作用是将曲轴的旋转运动变为活塞的往复运动。

1. 曲轴部件

L型空压机的曲轴是球墨铸铁制件。其结构如图4-16所示,它由一个曲柄销和两个曲柄构成,曲柄上固定着平衡铁,用以平衡惯性力,曲轴中心钻有油孔。用作曲柄销的润滑油道。曲轴的左端有小传动轴用作润滑油泵的传动轴,右侧外伸端供安装皮带轮用。

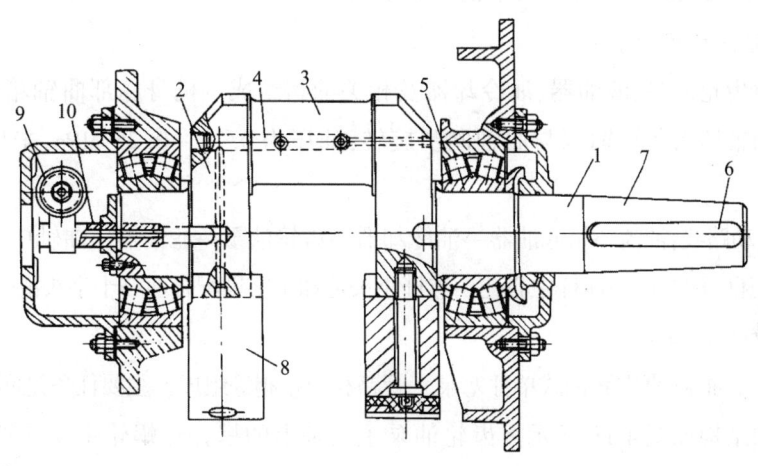

图4-16 4L型空压机曲轴部件示意图

1—主轴颈;2—曲柄;3—曲柄销;4—曲轴中心油孔;5—轴承;6—键槽;
7—曲轴外伸端;8—平衡铁;9—蜗轮;10—传动小轴

2. 连杆部件

连杆部件由优质碳素钢或球墨铸铁制成。其结构如图4-17所示,连杆大头与曲轴销连接,内嵌有巴氏合金钢背瓦片,连杆小头穿入十字头用销轴连接,在杆体中钻有小孔作润滑油道。

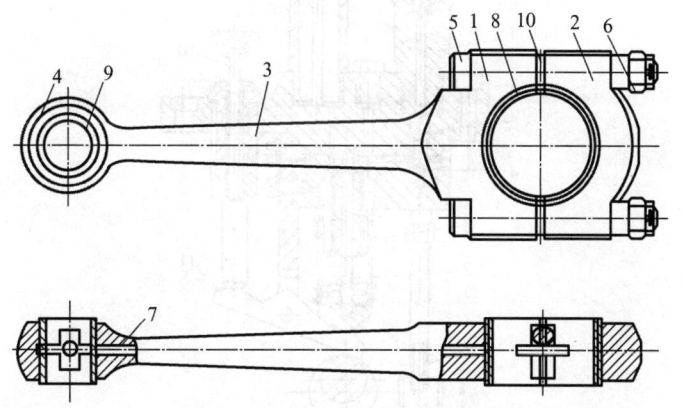

图4-17 L型空压机连杆部件示意图

1—连杆大头;2—大头瓦盖;3—杆体;4—连杆小头;5—螺栓;6—螺母;7—油孔;
8—大头瓦;9—小头瓦;10—调整垫片

3. 十字头部件

十字头部件由铸铁制成,结构为整体封闭式,是活塞与连杆的铰接件,为活塞的往复运动起导向作用。其原理如图 4-10 所示。

(三) 润滑机构

L 型空压机的润滑机构分为两个独立的系统。

1. 运动部件的润滑系统

该系统由齿轮油泵、滤油器、油冷却器及相关油路组成。机身底部曲轴箱作为油池,齿轮油泵的主动轴插入曲轴轴端与曲轴同步旋转,油压为 0.15～0.25 MPa,采用 L-HH68 润滑油。

润滑油流动路线:油池→粗滤油器→油冷却器→齿轮油泵→滤油器→曲轴中心油孔→曲轴销和连杆大头瓦的配合面→连杆中心孔→连杆小头瓦和十字销配合面→十字头滑轨→油池。

2. 气缸部件润滑系统

该系统由注油器(真空滴油式单柱塞泵)、管路和逆止阀等组成。主要任务是润滑气缸壁面。

注油器的结构如图 4-18 所示。齿轮油泵主动轴上的蜗杆经蜗轮带动注油器内的凸轮旋转,迫使注油器的小柱塞 2 上下运动。当柱塞向下运动时,其内产生真空,润滑油沿吸油管和内部通道从滴油管 8 滴出,再经进油球阀 4 进入柱塞腔。当柱塞上行时,润滑油从出油球阀 5、逆止球阀 12 排入油管,油管末端与气缸相接处还装有一个逆止阀,防止压缩气体进入油管。当气缸内处于真空状态时,润滑油很容易推开逆止阀进入气缸进行润滑。

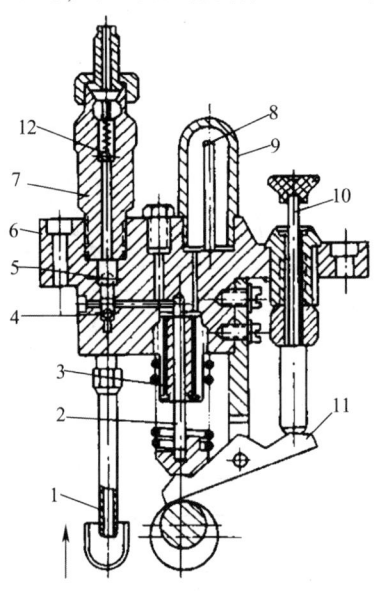

图 4-18 注油器(真空滴油式单柱塞泵)结构示意图

1—吸油管;2—柱塞;3—柱塞套;4—进油球阀;5—出油球阀;6—泵体;7—接管;

8—滴油管;9—罩;10—手动压杆;11—摆杆;12—逆止球阀

润滑油的流量可从滴油管观察到.需要调节排油量时,可调整手动压杆的上下位置,通过摆杆调节柱塞的行程,以改变排油量。另外,手动压杆还具有手动注油的功能。

空压机气缸润滑油采用 HS13 号压缩机油.绝对禁止使用其他油品。

（四）冷却机构

空压机站的冷却系统由冷却水泵站,冷、热水池,冷却塔,管路及空压机的冷却机构等组成,如图 4-19 所示。

空压机冷却机构主要是指气缸水套和中间冷却器。气缸水套主要任务是冷却气缸部件,中间冷却器主要任务是冷却第一级气缸排出的压缩空气。

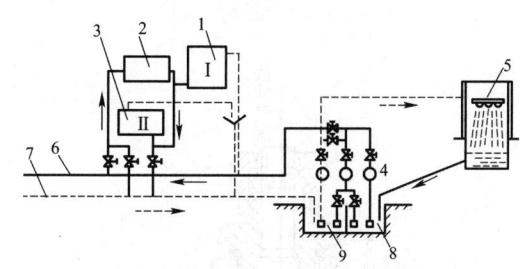

图 4-19　空压机站冷却系统示意图

1——级气缸;2—中间冷却器;3—二级气缸;4—水泵;5—冷却塔;
6—冷却水总管;7—回水管;8—冷水池;9—热水池

中间冷却器属于列管式散热器,其结构如图 4-20 所示。它有外壳和芯子两部分组成。外壳用钢板焊接而成,水平部分放置芯子,垂直部分为油水分离器,下部装有两个放油水用的阀门。冷却芯子是由一束钢管插入一组散热片中,用法兰盘与外壳固定。这种冷却器是压缩空气在管外流动,冷却水在管内流动,通过管壁与散热器片进行热交换,完成对压缩空气的冷却。

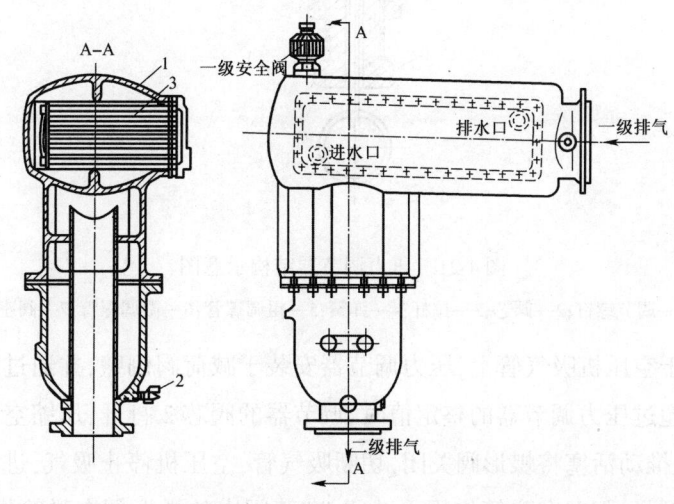

图 4-20　L 型空压机的中间冷却器结构示意图

1—外壳;2—放油水阀门;3—冷却水列管

(五)排气量调整机构

风动机械工作的时性不同,使其所需的压缩空气量总是在变化的。当供大于求时,管路中压力升高,空压机必须减小排气量。因此,空压机专门设置了排气量调整机构,以控制空压机的排气量。

L 系列空压机不同机号采用不同的调整方法。

1. 关闭吸气管法

关闭吸气管法主要用在 3L 和 4L 空压机。这种方法是由压力调节器和减荷阀完成,其结构如图 4-21 和图 4-22 所示。

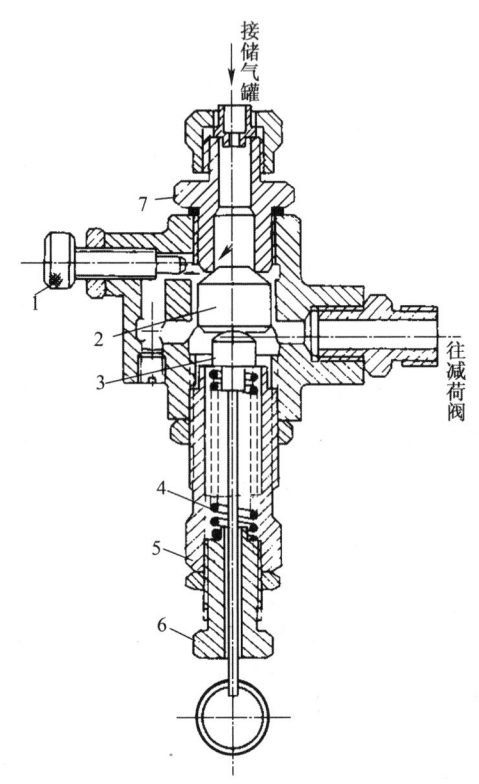

图 4-21 压力调节器结构示意图

1—调节螺钉;2—阀芯;3—拉杆;4—弹簧;5—粗调螺管;6—微调螺管;7—阀座

减荷阀安装于空压机吸气管上,压力调节器安装于减荷阀侧壁,并通过管路与储气罐相连。当管路压力超过压力调节器的整定值时,调节器的阀芯 2 打开,压缩空气经调节器进入减荷阀的活塞缸,推动活塞将蝶形阀关闭,切断吸气管,空压机停止吸气,进入空转。当压力降低后,压力调节器的阀芯在弹簧作用下关闭,减荷阀中的蝶形阀在弹簧作用下开启,空压机恢复正常运转。

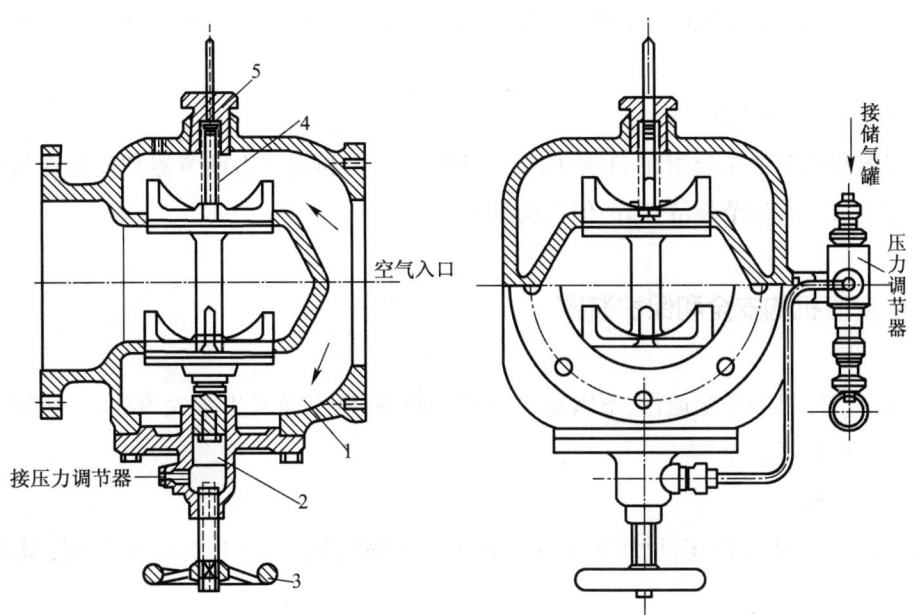

图 4-22 减荷阀结构示意图

1—蝶形阀;2—活塞缸;3—手轮;4—弹簧;5—调节螺母

2. 压开吸气阀法

压开吸气阀法主要用在 5L 和 6L 空压机。这种方法用压力调节器和装在吸气阀上的卸荷阀(见图 4-23)完成。

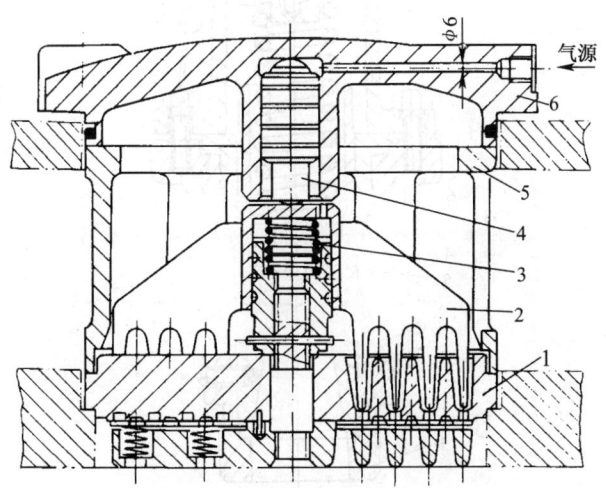

图 4-23 卸荷阀结构示意图

1—顶开架座;2—顶开架;3—弹簧;4—活塞;5—压紧圈;6—吸气阀盖

储气罐内的压缩空气经压力调节器进入卸荷阀推动活塞 4,克服弹簧力使顶开架 2 向下移动顶开阀片,吸气阀全开。空气自由进、出气缸,空压机空转。这种调节方法可以分级控制。

3. 余隙容积调节法

余隙容积调节法主要用在 7L 空压机。这种方法是利用压力调节器和安装在气缸上的余隙小室完成。其调节经济性好,但机构复杂。

二、空压机的安全和保护装置

为保证空压机的安全运行,不因超压、超温、断油、断水而发生重大事故,空压机安装了安全阀和保护装置。

(1) 安全阀。

为保证空压机在额定压力下工作,在每级压缩后的气路上安装安全阀,其结构如图 4-24 所示。

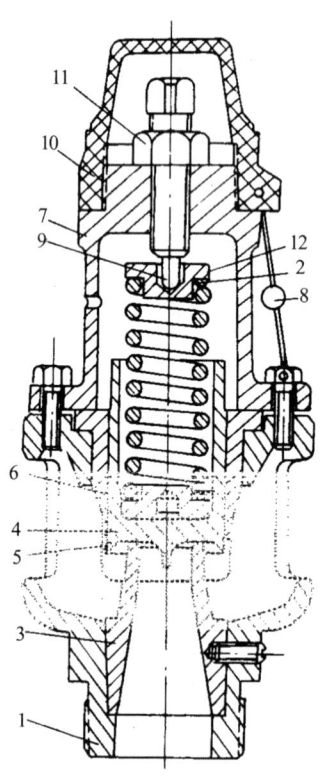

图 4-24 安全阀结构示意图

1—阀体;2—弹簧;3—阀座;4—阀芯;5—排气孔;6—阀套;7—弹簧套筒
8—铅封;9—调节螺钉;10—阀盖;11—螺母;12—弹簧座

一级安全阀安装在中间冷却器上,二级安全阀安装在储气罐上。当储气罐的压力超过空压机额定压力10%时,安全阀自动开启,释放部分压缩空气;待储气罐中压力下降时,安全阀重新关闭。

安全阀压力的整定:卸下阀盖,松开螺母11,转动调节螺钉9调整弹簧2的压力,达到所需的整定值后加上铅封。

(2)保护装置。

空压机的气缸、储气罐、管路的爆炸是危及人身及设备的重大恶性事故。主要原因是空压机经常在高温下工作,润滑油经分馏氧化分解成酸沥青焦油和其他一些化合物,与空气中的灰尘混合形成油积炭,附着在气阀上形成积炭层,积炭在高温高压下发生强烈的氧化放热反应,引起积炭温度升高,而自燃。如果在气阀室或管路中含有高浓度的润滑油分解气体、油雾、油滴时,将引起空压机的爆炸事故。

为了保护设备安全运行,必须控制空压机的排气温度,加强对空压机的冷却,防止冷却水中断。为此,空压机增设了超温、断水、断油、超压四项保护装置。如果空压机出现冷却水中断、润滑油中断、排气温度超限时,保护装置将会报警或自动切断电动机电源,迫使空压机停机。如果在空压机内发生局部范围的积炭自燃时,安全阀不能在短时间内释放自燃的能量,此时超压保护打开释压阀,释放能量,防止破坏机械设备。L型空压机的技术性能见表4-1。

表4-1 L型空压机技术性能表

型号	排气量 /($m^3 \cdot min^{-1}$)	排气压力 /10^5Pa	轴功率 /kW	主轴转速 /($r \cdot min^{-1}$)	冷却水消耗量 /($m^3 \cdot h^{-1}$)	润滑油消耗量 /($g \cdot h^{-1}$)	电动机型号	功率 /kW
3L-10/8	10	8	60	480	2.4	70	JR115-6	75
L2-10/8	10	8	55	980	2.4	70	JQ91-6	55
4L-20/8	20	8	118	400	4	105	JR127-8	130
L3.5-20/8	20	8	110	730	4.8	105	Y315-M_2-8	110
5L-40/8	40	8	240	428	8.5	150	TDK118/24-14	250
L5.5-40/8	40	8	210	600	9.6	150	TDK99/27-10	250
6L-60/8	60	8	321	333	13.3	195	TDK140/26-18	350
L8-60/8	60	8	320	428	14.4	195	TDK118/30-14	350
7L-100/8	100	8	530	375	25	255	TDK173/20-16	550
L12-100/8	100	8	520	428	24	255	TDK143/29-14	550

第四节 空压机的辅助设备

一、空气过滤器

自然界的空气在进入空气压缩机之前,必须经过空气过滤器以滤清其中所含的灰尘和其他杂质。一般要求通过过滤器之后空气中所含的灰尘量小于 1.0 mg/m³,空气过滤器的终阻力不大于 0.3 kPa(30 mmH$_2$O)。

室外空气含尘浓度,随地区和季节不同而差异很大。一般情况下,在绿化、路面铺砌较好的城市郊区,室外空气的含尘浓度在 $0.2 \sim 0.5$ 之间;市区则在 $1 \sim 5$ mg/m³ 之间。在工业区,则随工业性质的不同而有很大的变化。

自然空气中的灰尘和其他杂质大量进入空气压缩机后,将使各机械运动表面磨损加快、密封不良、排气温度升高、功率消耗增大,因而压缩机的生产能力相应减少,压缩空气的质量也大为降低。

空气的含尘浓度,系指单位体积空气中所含的灰尘量,其表示方法有多种。

(1) 质量浓度:单位体积自然空气中所含的灰尘质量,称为质量浓度,其单位以 mg/m³ 表示。

(2) 颗粒浓度:单位体积空气中所含灰尘的各种粒径的颗粒总数,称为颗粒浓度,其单位以粒/m³ 或粒/L 表示。

(3) 粒径颗粒浓度:单位体积空气中所含某一粒径范围内灰尘颗粒数,称为某一粒径范围的颗粒浓度,其单位以粒/m³ 或粒/L 表示。

由于含尘浓度的表示方法不同,所以空气过滤器的过滤效率也分为计重效率、计数效率和粒径计数效率。

(1) 计重效率:

$$\eta_g = \left(1 - \frac{g_2}{g_1}\right) \times 100\% \tag{4-10}$$

式中:g_1、g_2 分别为过滤器前、后空气的质量浓度,mg/m³。

在计重效率中,由于试验时所采用的尘源和测试仪器的不同,又有许多不同名称之分。

(2) 计数效率:

$$\eta_c = \left(1 - \frac{n_2}{n_1}\right) \times 100\% \tag{4-11}$$

式中:n_1、n_2 分别为过滤器前、后空气的颗粒浓度,粒/L。

(3) 粒径计数效率：

$$\eta_c = \left(1 - \frac{n_2'}{n_1'}\right) \times 100\% \tag{4-12}$$

式中：n_1'、n_2' 分别为过滤器前、后空气中某一粒径范围的颗粒浓度，粒/L。

测试过滤器的过滤效率的方法很多，同一个过滤器用不同的测试方法，由于所反映的物理特性不同，所得的测量结果就相差很大。因此，看一个过滤器的过滤效率，不能只看其数值的大小，一定还要注意其所用测试方法，否则就会产生极大的差错。

空气压缩机所使用的空气过滤器的过滤效率，常采用计重效率的表示方法。

空气过滤器在构造上主要由壳体和滤芯组成。因滤芯材料的不同，如纸质、织物、泡沫塑料、玻璃纤维和金属网等，而引出了不同名称的过滤器。此外，还有按照滤芯涂油或不涂油，分别称谓黏油过滤器或干式过滤器。

黏油过滤器是一种在滤芯表面上涂以薄层黏油以增加其除尘效果。涂用的黏油可采用国产10号或20号机油，或者用汽缸油(60%)和柴油(40%)混合而成，其物理化学性质是：相对密度为 0.887(15℃)、闪点 190℃、燃点 228℃、黏度为 3.7E(50℃)、在 150℃条件下 4 h 内的挥发率为 0.35%，凝固温度为 -65℃。

空气过滤器使用一定时间后，由于尘埃和其他杂质的积累，过滤器的阻力将逐渐增大，如阻力超过规定值时，空气过滤器宜加以清洗或更换。

黏油过滤器的清洗是将过滤层浸入温度为 70~80℃、浓度 5%~10% 的碱水溶液中，以清除黏油和附着的污垢，再用热水或煤油冲洗，直到过滤层完全清洁为止。然后晾干再浸入温度为 60℃的黏油中，取出后放置干燥架上，以备使用。

干式过滤器的清洗，可用手抖动方法或者用压缩空气吹洗等方法，除掉尘埃和杂质。确定过滤器的过滤层面积时，首先应选定空气通过过滤层的速度。过高的速度，会导致较大的阻力，因而影响空气压缩机的生产能力。在不同类型的空气过滤中，空气通过的速度不相同。下面是几种不同滤芯的过滤器技术数据如表4-2所示。

表 4-2　几种不同滤芯的过滤器技术数据

滤芯种类	空气量/[m³·(m²·h)⁻¹]	空气速度/(m·s⁻¹)
金属网的	4000~6000	1.11~1.65
纤维的	2000	0.55~0.60
织物的	100~200	0.028~0.056
纸质的	60~250	0.017~0.070

空气过滤器的过滤面积 A 按下式决定：

$$A = \frac{KQ}{60v} \tag{4-13}$$

式中：Q 为通过空气量，m^3/min；v 为空气通过过滤层的速度，m/s；K 为经过滤器的空气最大速度和平均速度的比值：单缸单动活塞式空压机 $K = 3.14$；单缸双动活塞式空压机 $K = 1.57$；双缸双动活塞式空压机 $K = 1.15$。

空气压缩机上的空气过滤器，由压缩机制造厂随机配套供应。每台机组有单独的过滤器，在设计中无特殊要求时，可直接采用。

以下列举的空气过滤器适用于空汽压缩机，也是我国目前成批生产的品种。

（1）金属网空气过滤器。

图 4-25 为金属网空气过滤器的外形图。它是由钢制金属网箱和在其内填装的数排金属波状网构成，网上涂浸黏油。过滤后空气中含尘浓度平均低于 $0.5\ mg/m^3$。其结构特征参数见表 4-3。金属网空气过滤器的性能见表 4-4。

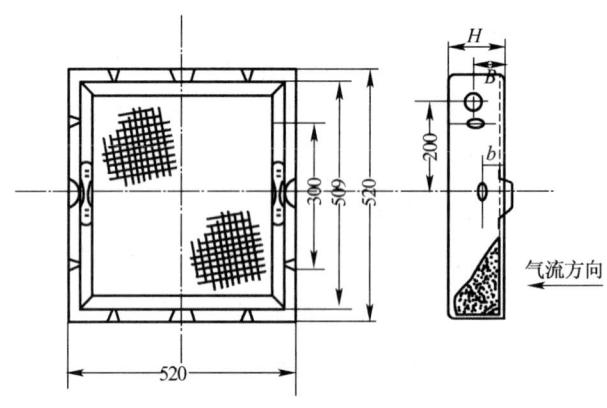

图 4-25 金属网空气过滤器外形图

表 4-3 金属网空气过滤器的结构特征

型号	网格层数	波纹/mm		网格规格/mm			外形尺寸/mm					质量/kg	备注
		高	间距	前部	中部	后部	长	宽	H	B	b		
大型	18	5.5	14	$7\dfrac{2.58}{0.54}$	$5\dfrac{1.13}{0.28}$	$6\dfrac{0.67}{0.25}$	520	520	105	55	30	10.5	分数：孔眼尺寸／金属丝直径
小型	12	5.5	14	$5\dfrac{2.58}{0.54}$	$5\dfrac{1.13}{0.28}$	$6\dfrac{0.67}{0.25}$	520	520	60	33	25	6.5	

表 4-4 金属网空气过滤器性能

型号	风量/($m^3 \cdot h^{-1}$)	初阻力/mmH_2O	终阻力/mmH_2O	容尘量/g	发尘量/g	耗油量/($g \cdot$ 块$^{-1}$)	效率/%	备注
大型	1 500	5.4	11.0	450.46	604.38	18.7	75	均为试验数据
小型	1 500	4.2	8.2	264.00	344.77	105.7	77	

金属网空气过滤器的阻力与流量关系特性曲线如图 4-26 所示。

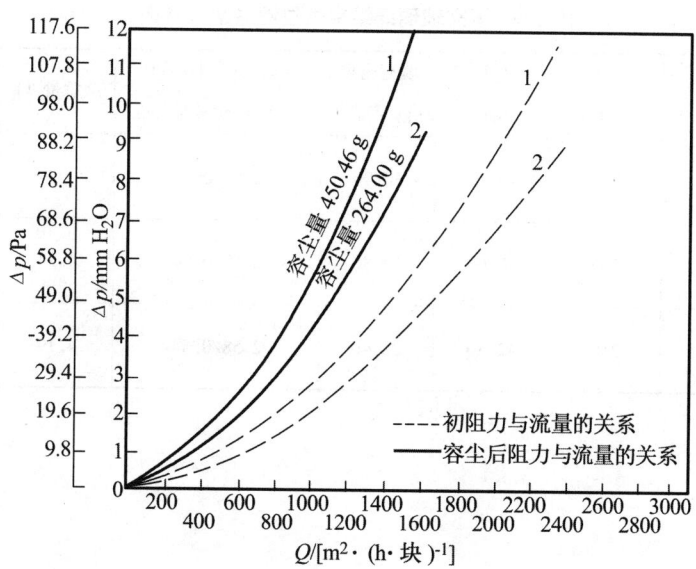

图 4-26　金属网空气过滤器的阻力与流量关系特性曲线

1—大型网格过滤器；2—小型网格过滤器

金属网空气过滤器的优点是制造方便，可采取水平或垂直安装方式，并便于以不同块数相组合，通过的空气流速大。缺点是过滤效率较低。

（2）填充纤维空气过滤器。

填充纤维空气过滤器过滤后的空气中，含尘浓度低于 $0.2\sim0.5\ mg/m^3$。填充纤维空气过滤器由钢制内外框金属箱并填充平均直径小于 $25\ \mu m$ 的玻璃纤维或聚苯乙烯纤维而构成，内框两侧装有细的金属网，使填装的纤维密度保持一致。图 4-27 是填充纤维空气过滤器的外形图。表 4-5 中分别列有填充玻璃纤维空气过滤器的主要参数。

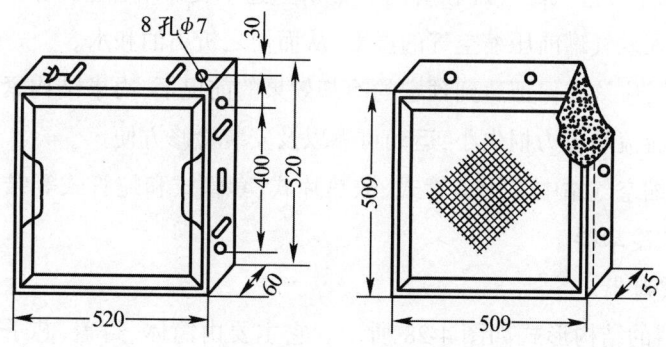

图 4-27　填充纤维空气过滤器外形图

表 4-5 填充玻璃纤维空气过滤器结构特征

过滤器编号	纤维平均直径/μm	填充分量/g	填充厚度/mm	填充密度/(kg·m⁻³)	前后铁丝网孔皮眼尺寸/铁丝直径/mm	总质量/kg	备注(纤维直径/μm)
玻 1	22.77	350	45.1	30.90	2.58/0.54	4.29	{最大直径 34.58 最小直径 17.29
玻 2	22.77	300	50.60	12.80	2.58/0.54	4.24	{最大直径 34.58 最小直径 17.29
玻 3	15.08	250	42.80	22.46	2.58/0.54	4.19	{最大直径 18.60 最小直径 10.64

二、冷却器

空气压缩机的排气温度高达 140℃～170℃。在这样的温度下，压缩空气中所含的水蒸气及油均为气态，如带至贮气罐和管网中，将发生下列影响。

① 油蒸气聚集在贮气罐中，形成易燃物，有时甚至是爆炸混合物。

② 带走了润滑油，使机器润滑状况恶化并污染管道。

③ 由于渣子沉积于管道内而减小了管道截面积，并且聚集在个别管段内的凝结水在受到气流压力下有引起水击的危险。

④ 在冰冻地区的冬天，凝结水使管道和附件冻结。

⑤ 含有油和水分的压缩空气供给用户后会降低风动工具的生产效率，并有可能引起用气设备生锈和腐蚀。

为了防止油和水分进入贮气罐和管网而带来上述不良影响，在压缩空气站中往往装设冷却器，以降低进入贮气罐前压缩空气的温度，从而使之析出油和水。

冷却器的设计，应该在保证达到预定的冷却效果的前提下，力求结构紧凑，节省材料，制造工艺性能好，气流流动阻力损失小，运动可靠以及安装检修方便。

目前，我国压缩空气站中采用多管式、散热片式、套管式和蛇管式等结构的冷却器。使用最多的是多管式冷却器。

(1) 多管式冷却器。

多管式冷却器的结构形式如图 4-28 所示。它主要由筒体、封盖、芯子所组成。芯子由一束胀接或焊接在两头管板上的换热管以及折流板、旁路挡板、拉杆和定距管所组成。

在多管式冷却器中，一般冷却水在管内流动，空气在管间流动。管内流动的冷却水可以是单程或双程流动，也可以是三程或四程流动。通过隔板的配置，管外的空气以垂直于管束的流向多程地曲折前进。

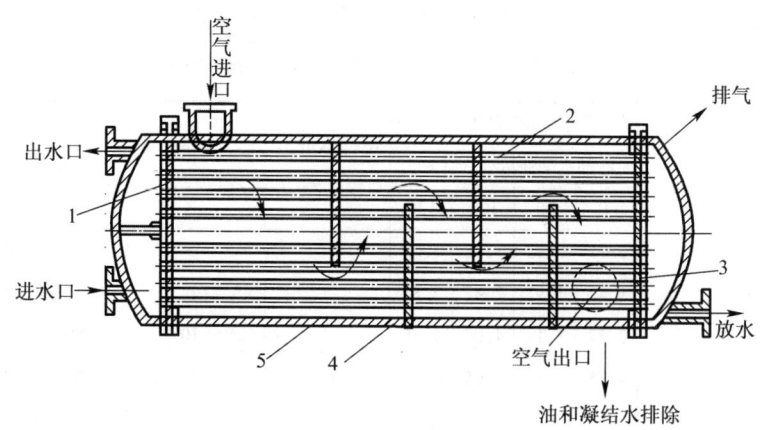

图 4-28 多管式冷却器的结构形式图

1—固定管板;2—冷却水管;3—活动管板;4—隔板;5—外壳

通常采用两种形式的隔板:月牙形隔板和环盘形隔板,如图 4-29 所示,环盘形隔板必需配置侧板,因为脉动的气流将引起隔板的振动,并使导管因与隔板不断地摩擦而损坏。隔板有一定的刚性,并由撑杆固定之。实践证实,冷却器的使用期限,很大程度上决定于隔板在导管上摩擦所引起的磨蚀情况。

多管式冷却器运行时外壳和管束的温度是不同的,因之必须考虑热膨胀的补偿措施。

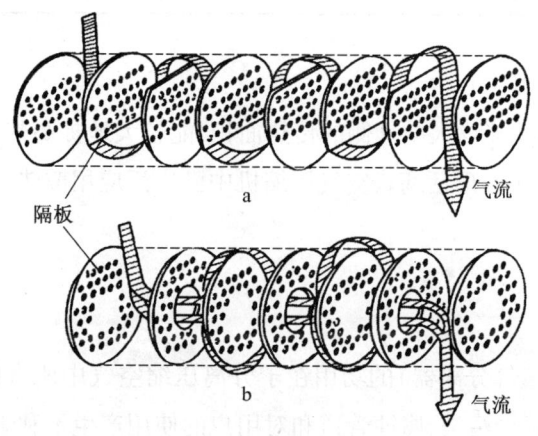

图 4-29 隔板形式图

1—月牙形隔板;2—环盘形隔板

多管式冷却器的管束间相邻导管的中心距,一般取导管外径 d_2 的 1.25～1.50 倍,但其最小值受导管在端板上胀接的影响,不得小于 5～6 mm。根据一般实际使用经验,导管内径均取 $d_1 = 12 \sim 20$ mm。

多管式冷却器一般使用的压力 $p \leq (3 \sim 5)$ MPa。近年来,为了达到高压,采用空气在管内流动的设计,已得到广泛应用。

我国各设计院曾采用的几种多管式冷却器的耗水量见表 4-6 所示。

表 4-6 冷却器的冷却水消耗量(适用于湿空气)

冷却水进出口温度差/℃	空气压缩机排气量/(m³·min⁻¹)	空气进出口温度为下列值时冷却水消耗量/(m³·h⁻¹)				冷却水进出口温度差/℃	空气压缩机排气量/(m³·min⁻¹)	空气进出口温度为下列值时冷却水消耗量/(m³·h⁻¹)			
		60	80	100	120			60	80	100	120
5	3	0.71	0.95	1.18	1.52	15	3	0.24	0.32	0.39	0.51
	6	1.42	1.91	2.37	2.85		6	0.48	0.64	0.79	0.95
	10	2.37	3.18	4.00	4.76		10	0.80	1.60	1.33	1.59
	20	4.75	6.35	7.95	9.50		20	1.60	2.12	2.65	3.17
	40	9.50	12.70	15.90	19.00		40	3.20	4.20	5.30	6.33
	60	14.40	19.00	23.80	28.50		60	4.75	6.33	7.93	9.50
	100	23.80	31.80	40.00	47.50		100	8.00	10.60	13.33	15.60
10	3	0.35	0.48	0.59	0.76	20	3	0.18	0.24	0.30	0.38
	6	0.71	0.96	1.19	1.43		6	0.36	0.48	0.59	0.72
	10	1.91	1.59	1.00	2.38		10	0.59	0.79	1.00	1.19
	20	2.33	3.18	3.98	4.75		20	1.19	1.59	1.99	2.38
	40	4.75	6.35	7.95	9.50		0	2.38	3.18	3.98	4.75
	60	7.20	9.50	11.90	14.25		60	3.60	4.75	5.95	7.13
	100	11.90	15.90	20.00	23.75		100	5.95	7.95	10.00	11.88

(2) 散热片式冷却器。

在导管上配置散热片能增大空气侧的传热面积,能较大地提高热交换能力,并相应地缩小冷却器尺寸和重量。在 L 形活塞式空气压缩机中已广泛应用散热片式冷却器。

三、油水分离器

油水分离器(或称液气分离器)的功用在于分离压缩空气中所含的油分和水分,使压缩空气得到初步净化,以减少污染、腐蚀管道和对用户的使用产生不利影响。

油水分离器的作用原理,根据不同的结构形式,是使进入油水分离器中的压缩空气气流产生方向和速度的改变,并依靠气流的惯性,分离出密度较大的油滴和水滴。

压气输送管路上的油水分离器通常采用以下 3 种基本结构形式。

① 使气流产生环形回转。
② 使气流产生撞击并折回。
③ 使气流产生离心旋转。

在实际生产应用中,以上介绍的结构形式可同时综合采用,其分离油、水的效果则更加显著。

第一种是使气流产生环形回转的油水分离器结构,如图4-30所示。压缩空气进入分离器内,气流由于受隔板的阻挡,产生下降而后上升的环形回转,与此同时析出油和水。为了达到预期的油水分离效果,气流在回转后上升速度应缓慢,输送低压空气时不超过1 m/s;输送中压空气时不超过0.5 m/s;输送高压空气时不超过0.3 m/s。

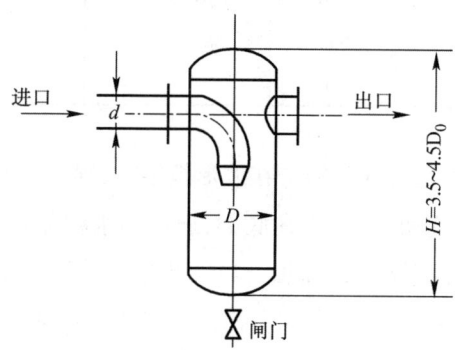

图4-30　使气流产生环形回转的油水分离器结构示意图

根据上述原则,这种结构形式的油水分离器用于低压空气。如分离器的进、出口空气流速为v时,则油水分离器的壳体横断面积应为进、出口管径d横断面积的v倍,即油水分离器壳体直径:

$$D = \sqrt{vd} \tag{4-14}$$

一般油水分离器的高度H为其内径D的3.5~4.5倍。

第二种是使气流产生撞击并折回的油水分离器结构如图4-31所示,其具体结构尺寸列在表4-7所示。

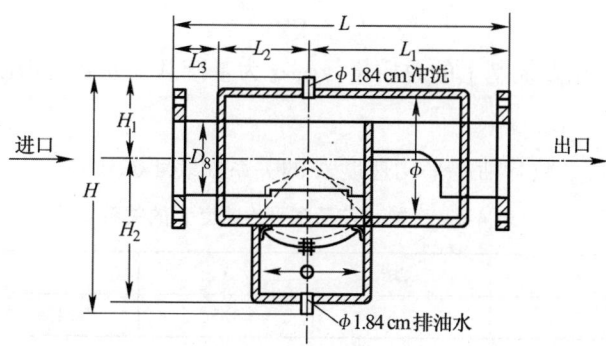

图4-31　使气流产生撞击并折回的油水分离器结构示意图

表 4-7 使气流产生撞击并折回的油水分离器的结构尺寸(mm)

D_g	150	125	100	D_g	150	125	100
H	502	502	363.5	L_3	100	100	70
H_1	170	170	135.5	ϕ	273	273	219
H_2	300	300	206	工作压力/MPa	0.8	0.8	0.8
L	728	728	550	试验压力/MPa	1.2	1.2	1.2
L_1	428	428	330	总质量/kg	84.71	79.96	58.19
L_2	200	200	150				

当进入分离器内的压缩空气气流撞击在波形板组时,气流折回,油滴和水滴附于波形板面上,所积累的油水便向下流动,并汇集在底部,通过油水吹除管排出。采用第一种和第二种结构形式相结合的油水分离器比较理想。当气流进入分离器中,气流受内部装置的隔板阻挡后,即进行了二次环形回转,所以油水分离的效果比单纯利用某一种结构形式好得多。

第五节 空压机的安装、启动、运转和停车

一、空压机的安装

安装压气机前必须打好基础。可按照制造厂所提供的图样修建基础,也可根据经验估算方法大致决定基础的尺寸和质量。基础的质量按下式决定:

$$Q = \alpha Q_M \tag{4-15}$$

式中:Q_M 为压气机作用在地基上的总质量,kg;α 为基础载荷系数,随压气机的型式与活塞平均速度 C 而定。

对于卧式压气机,系数与活塞平均速度 C 的关系如表 4-8。

表 4-8 系数 α 与活塞平均速度 C 的关系

$C/(\text{m} \cdot \text{s}^{-1})$	1	2	3	4	5
a	2	2.5	3.5	4.5	6.0

对于立式压气机,α 的值比卧式的小 35%;对于直角式,α 值介于卧式与立式之间。

基础的体积(m^3)T 决定如下。

$$T = \frac{Q}{q} \tag{4-16}$$

式中：q 为 $1m^3$ 基础的质量；混凝土的 $q=2\,000\ kg/m^3$。

根据压气机所占面积决定基础的长度 A 与宽度 B 后，即可决定基础的高度（m）：

$$H = \frac{T}{AB} \tag{4-17}$$

采用胶带轮传动的压气机，基础的尺寸应该稍大些。机器基础建在疏松的土壤上时，基础尺寸也应放大一些。

安装压气机前，应当准备好工具、计量仪器及材料等。安装的步骤及注意事项如下。

① 安装机架和曲轴箱：安装时应注意严格保持水平位置，将地脚螺丝拧紧后，再灌浇水泥砂浆（称为二次浇灌）。

② 安装轴承和主曲轴：先安装好轴承，然后装主曲轴。曲轴应水平地一次放好，要保持水平位置并严格与气缸中心线垂直。

③ 安装气缸和活塞：先把气缸安放在机座上，然后把活塞放入气缸。装活塞前先将胀圈、活塞杆及连杆装好。

④ 安装曲轴连杆机构：将连杆安装到曲轴上，然后和已放好的十字头联结，最后将十字头与活塞杆联结。

⑤ 安装气缸盖：安装气缸时须注意调整活塞与气缸盖之间的间隙。卧式压气机气缸的前端间隙应该大些，这样做是考虑到活塞杆受热而伸长；在立式压气机气缸的下端，间隙也应大些，这是因为曲柄连杆机构和曲轴经过摩擦后将下落。

⑥ 安装填料箱、气阀、压力调节器、压油器及油泵等。

⑦ 安装传动胶带轮、飞轮及联轴节。

⑧ 安装冷却器、风包、过滤器等。

⑨ 安装电气控制和保护设备，并协调二次线路与厂房内线路的关系。

每台压气机在安装完毕之后，必须经过试车调整，确认合格后方可投入生产。

二、压气机的启动、运转和停车

启动压气机前，应检查各部分是否处于正常状态，必须检查润滑系统和冷却系统。

压气机必须在无负荷下启动，启动的步骤如下。

① 将冷却水通入水套和中间冷却器。

② 打开压气机与风包之间管路上的闸阀。

③ 首先将压气机的压力调节器调整到无负荷位置，或打开与大气相通的旁通阀，以保证空载启动。

④ 将润滑油打入要润滑的部分。

⑤ 手动盘车使机器回转周,防止运动部件卡住。

⑥ 开动电动机(首先点动电动机,看机器是否有卡滞现象)。

当压气机达到正常转速后,将压力调节器调整到需要的压力位置或关闭与大气相通的旁通阀,机器则进入正常运行阶段。

压气机运转时应进行下列工作。

① 检查润滑油的压力及压油器或油杯的滴油情况。

② 细听机器的响声,辨明其工作情况。

③ 检查中间冷却器的压力和风包内的压力。

④ 经常注视排气温度和冷却水温度及水量大小。

⑤ 检查电压表、电流表和功率表的读数。

⑥ 冷却器和风包应定期放水。

发现下列情况之一时应立即停车。

① 高压缸上的压力和中间冷却器压力波动超过允许值。

② 冷却水突然中断。

③ 排气温度超过160℃～180℃。

④ 电流表读数超过电动机额定值或电动机滑环和刷子之间有强烈的火花时。

⑤ 压气机和电动机发生强烈的声响。

⑥ 闻到焦味或橡皮味时。

压气机停车步骤如下。

① 将压力调整器调到使压气机空转的位置,即保证空载停车。

② 确信无载后,停止电动机。

③ 停止供给冷却水。在冬季较长时间停车时,须将水套和中间冷却器中的水放掉。

第六节 空压机的使用与维护

一、空压机的使用与维护

为了使空压机正常工作和延长使用寿命,必须严格遵守操作规程。每班要做出详细的运转日志,发现故障要及时处理。对定检项目要定期检修。下面是空压机工作一定时间后的一般维护和检修内容。

1. 工作 50 h

(1) 检查机身内油池的油面。

(2) 清洗润滑系统过滤器的滤芯。

2. 工作 300～500 h

(1) 清洗吸、排气阀,检查阀片和阀座的密封性。

(2) 检查和清洗滤风器。

(3) 检查安全阀,修复阀上轻微伤痕,检查安全阀弹簧是否回缩。

3. 工作 2 000 h

(1) 清洗油池、油路、油泵,更换新油。

(2) 清洗注油器系统,检查油路各止回阀的严密性。

(3) 吹洗油、气管路,校正压力表,检查安全阀的灵敏度。

(4) 检查填料箱磨损情况,检查并清洗活塞、活塞环。

(5) 拆洗压力调节器并校正。

(6) 检查连杆大、小头瓦和十字头各摩擦面磨损情况。

4. 工作 4 000～5 000 h

(1) 拆洗曲轴及轴承并检查其精度、粗糙度,根据情况进行修复。

(2) 清洗排气管、冷却器进行水实验。

(3) 检查十字头与机身滑动间的间隙和粗糙度,根据情况进行修复。

5. 工作 8 000 h

(1) 拆开气缸,清除油垢焦渣并清洗。

(2) 用苛性苏打水溶液清洗气缸水套内水垢和冷却器水管中的水垢。

(3) 组装气缸后进行试验,试验按工作压强的 1.5 倍计算。

(4) 其余检查同前各项。

二、空压机的故障分析及排除方法

活塞式空压机在运转中可能发生的常见故障与排处方法如表 4-9 所示。

表 4-9 空压机的主要故障及其原因与排除方法

故障现象	产生原因	排除方法
空压机发生不正常声响	1. 气缸的余隙太小 2. 活塞杆与活塞螺母松动 3. 气缸有异物 4. 活塞端面螺堵松扣、顶在气缸盖上 5. 活塞杆与十字头连接不牢,活塞撞击气缸盖 6. 气阀松动或损坏 7. 活塞环松动	1. 调整余隙大小 2. 拆下拧紧 3. 立即停机,取出异物 4. 拧紧螺堵,必要时进行修理或更换 5. 调整活塞端面死点间隙,拧紧螺母 6. 上紧气阀部件或更换 7. 更换活塞

续表

故障现象	产生原因	排除方法
气缸过热,排气温度过高	1. 冷却水中断或供水量不足 2. 冷却水进水管路堵塞 3. 水套、中间冷却器内水垢太厚 4. 气缸润滑油中断	1. 停机检查,增大供水量 2. 检查疏通 3. 清除水垢 4. 检查和调整供油系统,保证适量供油
填料箱漏气	1. 密封圈内径磨损严重 2. 活塞杆磨损 3. 油管堵塞或供油不足 4. 密封元件间垫有脏物	1. 检修或更换密封圈 2. 进行修磨或更换 3. 清洗疏通油管,增加供油量 4. 检查清洗
排气量不够	1. 转速不够 2. 滤风器堵塞 3. 气阀不严密 4. 活塞环或活塞杆磨损、气体内泄 5. 填料箱、安全阀不严密,气体外泄 6. 余隙容积过大 7. 气缸盖与气缸体结合不严 8. 转速不够 9. 滤风器堵塞 10. 气阀不严密 11. 活塞环或活塞杆磨损、气体内泄 12. 填料箱、安全阀不严密,气体外泄 13. 余隙容积过大 14. 气缸盖与气缸结合不严	1. 查找原因,提高转速 2. 清洗滤风器 3. 检查修理气阀 4. 检查修理或更换 5. 检查修理 6. 调整余隙 7. 刮研气缸盖与气缸体结合面或换气缸垫 8. 查找原因,提高转速 9. 清洗滤风器 10. 检查修理气阀 11. 检查修理或更换 12. 检查修理 13. 调整余隙 14. 刮研气缸盖与气缸体结合面或换垫
齿轮油泵压力不够或不上油	1. 油池内油量不够 2. 滤油器、滤油盒堵塞 3. 油管不严密或堵塞 4. 油泵盖板不严 5. 齿轮啮合间隙磨损过大 6. 齿轮与泵体磨损间隙过大 7. 油压调节阀调得不合适,或调节弹簧太软 8. 润滑油质量不符合规定;黏度过小 9. 油压表失灵	1. 添加润滑油 2. 进行清洗 3. 检查紧固,清洗疏通 4. 检查紧固 5. 更换齿轮 6. 更换齿轮油泵 7. 重新调整,更换弹簧 8. 更换润滑油 9. 更换
各级压力分配失调	当二级达到额定压力时,一级排气压力低于 0.2 MPa,一级吸、排气阀损坏漏气 一级排气压力高于排气 0.23 MPa,二级吸、损坏漏气	1. 研磨一级吸、排气阀座、阀盖、阀片或更换阀片与弹簧 2. 研磨二级吸、排气阀座、阀盖、阀片或更换阀片与弹簧

习 题

1. 空压机分成哪几种类型？
2. 活塞式空压机的工作原理是什么？
3. 空压机的排气量和比功率是什么含义？
4. 试用示功图说明空压机的理论工作循环和实际工作循环。
5. 空压机由哪几个重要机构组成？
6. 压缩机构和传动机构各由哪些部件组成？
7. 空压机的附属设备有哪些？它们有何用途？

下篇　矿山运输设备

第五章 刮板输送机

第一节 概 述

一、刮板输送机的组成和工作原理

刮板输送机是一种有挠性牵引机构的连续运输机械,是供采煤工作面和采区巷道运煤的机械。它的牵引构件是刮板链,溜槽是它的承载装置,刮板链在溜槽的底部。

刮板运输机的类型很多,各组成部件的形式和布置方式也各不相同,但其主要结构和基本组成部分是相同的,由机头部、机身、机尾部和辅助设备四部分组成,如图5-1所示。

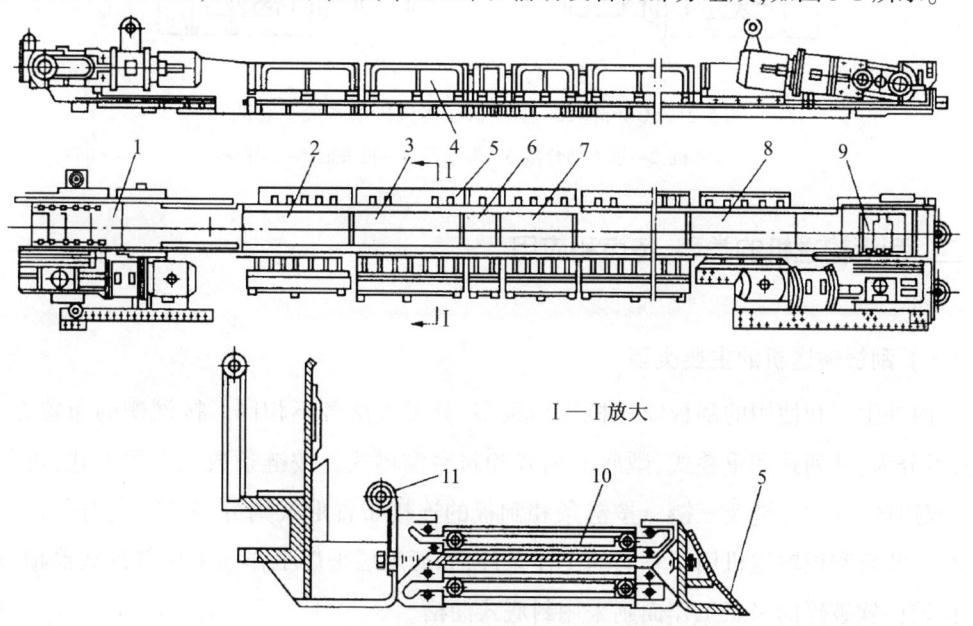

图 5-1 可弯曲刮板输送机外形图
1—机头部;2—机头连接槽;3—中部槽;4—挡煤板;5—铲煤板;6—0.5 m调节槽;
7—1 m调节槽;8—机尾连接槽;9—机尾部;10—刮板链;11—导向管

机头部是运输机的传动装置,包括机头架、电动机、液力联轴器、减速器、机头主轴和链轮组件等。作用是电动机通过联轴器、减速器、机头主轴和导链轮,带动刮板在溜槽内运行,将煤输送出来。

机身是输送机的送煤部分,由溜槽和刮板链组成。溜槽是输送机机身的主体,是荷载和刮板链的支承和导向部件,由钢板焊接压制成型,分为中部标准溜槽、调节溜槽和连接溜槽。刮板链由链环和刮板组成。

机尾部由机尾架、机尾轴、紧链装置、导链轮或机尾滚筒组成。导链轮用来改变刮板链方向。紧链装置用来调节刮板链松紧。

辅助装置包括紧链器、溜槽液压千斤顶和防滑装置等。

图 5-2 所示为 SGB630/220 型刮板输送机的传动系统。电动机 1 通过液力偶合器 2 驱动三级直角布置的减速器 3。减速器的三轴与机头轴 4 连接。当机头轴转动时,带动刮板链 5 移动。

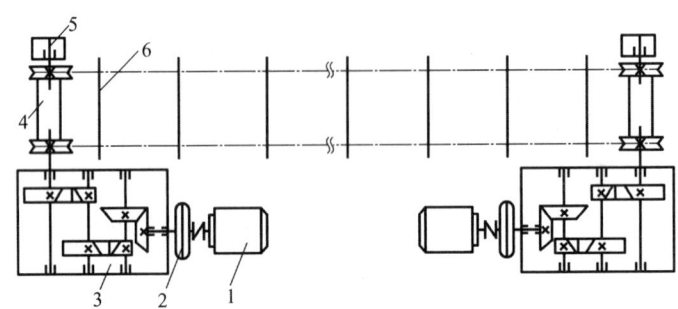

图 5-2 SGB630/220 型刮板输送机传动系统示意图
1—电动机;2—液力偶合器;3—减速器;4—机头轴;5—刮板链

二、刮板输送机的类型、特点和应用

(一) 刮板输送机的主要类型

国内外生产和使用的刮板输送机类型很多,分类方法各不相同。按溜槽的布置方式和结构,可分为:并列式和重叠式、敞底溜槽式和封底溜槽式。按链条数及布置方式,可分为:单链、双边链、双中心链及三链。按链条和刮板的连接布置形式则分:悬臂式、对称式、中间式三种。各类刮板输送机用于不同的工作条件,如薄煤层采煤工作面采用并列式溜槽,对于底板比较松软破碎的采煤工作面则采用封底式溜槽。

刮板输送机按功率大小分为轻、中、重型。刮板输送机配套单电动机设计额定功率 40 kW 及以下的为轻型;大于 40 kW,小于等于 90 kW 为中型;大于 90 kW 为重型。普采工作面常用刮板输送机技术特征见表 5-1。

表 5-1　普采工作面常用刮板输送机技术特征

参　数	型　号	SGB630/150C	SGB730/160	SGZ630/220	SGZ730/320	SGW-40T
设计长度/m		200	150	160	220	100
输送能力/(t/h)		250	450	450	500	150
链速/(m/s)		0.868	1.1	1.01	1.1	0.86
电动机	型号	DSB-75	—	KBYD550-55/110	YBSD-160/80	DSB-40
	功率	2×75	2×90	2×110	2×160	40
液力偶合器	型号	YL-450A	—	—	—	YL-400A$_4$
	介质	22号汽轮机油	—	—	—	250号汽轮机油
减速器速比		1:24.44	1:28.218	1:29.36	1:28.15	—
中部槽规格 (长×宽×高)/mm		1500×630×190	1500×680×290	1500×630×222	1500×690×263	1500×620×180
圆环链规格($d×t$)/mm		18×64	26×92	22×86	26×92	18×64
刮板链型式		边双链	边双链	中双链	中双链	边双链
刮板间距		1024		1032	920	1024
与采煤机配套牵引方式		链牵引	无链	无链	无链	链牵引
总质量/t		87.6			131.5	17.6

(二) 刮板输送机的特点和应用

刮板输送机的优点是:坚固结实,经久耐用;能水平和垂直弯曲,以适应采煤工作面底板不平和弯曲移设的需要;机身矮,便于装煤,适应各种煤层的需要;能作采煤机运行的轨道;能作液压支架推拉移动的支点。

刮板输送机的缺点是:摩擦阻力大,消耗钢材多,功率消耗大。

刮板输送机虽有这些缺点,但它有上述五种其他输送机所不及的优点,因此,它仍是当前采煤工作面必不可少的输送设备。

刮板输送机可用于煤层倾角不超过25°的薄、中厚和厚煤层的采煤工作面,煤层倾角大时,要采取防滑措施。此外,顺槽和采区上、下山运输巷道也可使用。由于刮板输送机功率消耗较大,因此,刮板输送机不适合长期固定使用、长距离使用和地面使用。

第二节　刮板输送机主要部件的结构

一、减速器

我国现行生产的刮板输送机的传动装置多为平行布置式(电动机轴与传动齿轮轴垂

直),故都采用三级圆锥—圆柱齿轮减速器,减速器的箱体为剖分式对称结构,如图5-3所示。

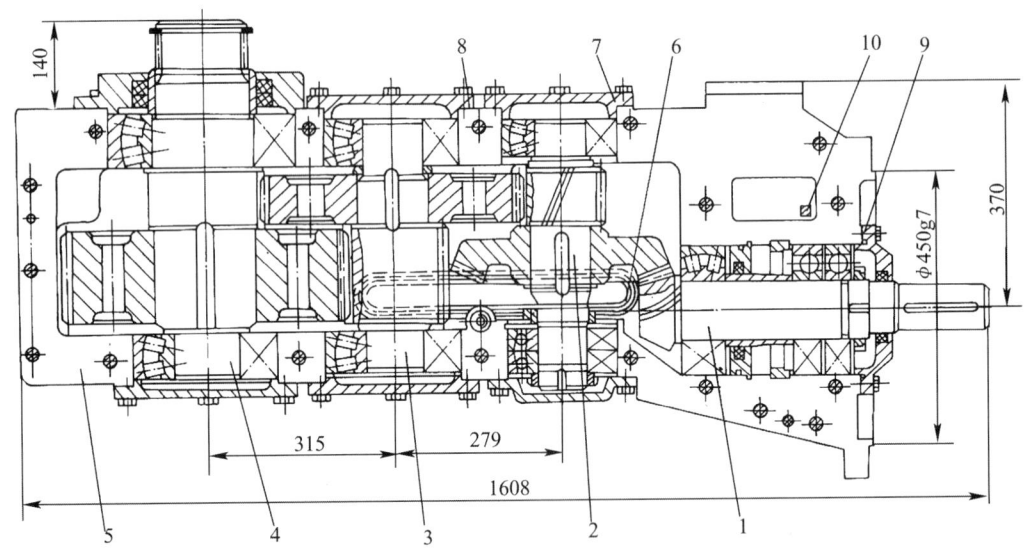

图 5-3 6JS-110 型减速器示意图

1~4—第一、二、三、四轴;5—箱体;6—冷却装置;7、8、9—调整垫;10—油标尺

二、液力偶合器

(一) 液力偶合器的结构

液力偶合器是安装在电动机和减速器之间,应用液力传递能量的一种传动装置,起传递动力、均衡负荷、过载保护和减缓冲击等作用。它主要由泵轮、涡轮和外壳组成。

按工作介质的不同,液力偶合器分水介质液力偶合器和油介质液力偶合器。水介质液力偶合器与油介质液力偶合器的主要区别是油封在轴承内侧,防止水浸入轴承,另外增设有易爆塞。

YOXD-450A 型水介质液力偶合器的结构如图 5-4 所示,它主要由泵轮 2、外壳 8 和涡轮 7 等组成,液力偶合器的泵轮和涡轮都具有不同数量的径向叶片(前者多于后者 1~2 片)。电动机、弹性联轴器 12、后辅室外壳 1、泵轮 2 连接在一起,泵轮 2 与涡轮外壳 8 用螺钉连接。当电动机带动泵轮转动时,整个外壳一起转动,起主动轴作用。涡轮 7 与减速器相连,起从动轴作用。

外壳 8 上装有易爆塞 9、易熔塞 15,它们是液力偶合器的压力与温度的保护元件。油封 5、6 防止介质水浸入轴承 10。

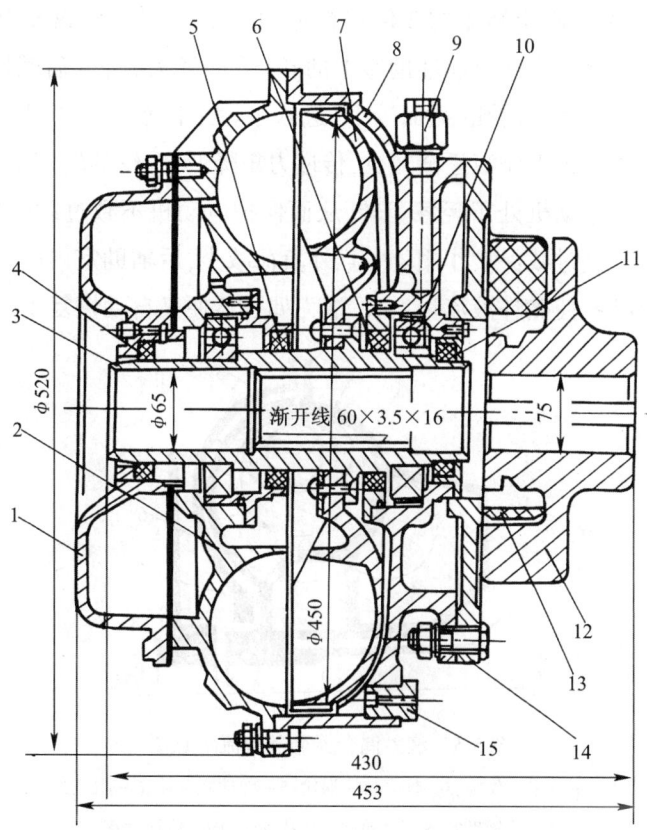

图 5-4　YOXD-450A 型水介质液力偶合器示意图

1—后辅助室外壳;2—泵轮;3 花键套;4、5、6、11—油封;7—涡轮;8—外壳;
9—易爆塞;10—轴承;12—联轴器;13—弹性圈;14—联结器;15—易熔塞

(二) 液力偶合器的工作原理

液力偶合器的工作原理如图 5-5 所示。电动机启动后,泵轮旋转。泵轮叶片使工作室中的工作液获得动能,沿圆周方向甩起。开始启动时,工作液还不足以带动涡轮 7 旋转,相当于电动机空负荷启动。随着电动机转速增加,工作液被甩出的速度和力量增大,并且逐渐冲向涡轮的叶片。当电动机达到某一转速时,在旋转离心力的作用下,工作液沿泵轮工作腔的曲面流向涡轮,同时冲击涡轮叶片,使涡轮旋转,从而使从动轴旋转带动减速器工作。从涡轮流出的工作液,因其离心力较小,又从近轴处流回泵轮,形成循环液流,如图 7-4 实线箭头所示。

由于工作液与叶片等摩擦引起能量损耗,所以泵轮与涡轮之间始终存在一定的转速差 (又称滑差),使两腔工作液存在有离心力和流速差,而使其保持有循环液流传递能量。

输送机过载超过液力偶合器额定转矩时,液力偶合器滑差增大,涡轮转速降低,即产生的离心力降低,工作腔内的工作液便沿涡轮曲面向轴心方向做较大的向心流动,如图 7-4 虚线箭头所示。当负荷超过额定转矩的 2 倍左右时,工作液便经阻流盘 6 上的孔进入前辅助室 7(图中点划线箭头所示),再经前辅助室上的孔(截面较大)进入后辅助室 10,然后又在离心力作用下,从后辅助室上的孔(截面较小)进入泵轮工作腔。由于进入后辅助室的液比流出的液多,使工作腔内的工作液逐渐减少,传递力矩降低,涡轮的转速迅速降低,大量工作液则储存在辅助室内,电动机处于轻载运转,从而保护电动机不致过载。当负荷继续增大,最后涡轮停止转动,起到过载保护作用。一旦外负荷减小,后辅助室内的工作液逐渐在离心力作用下又进入工作腔,使循环液流量增大,液力偶合器便又自动恢复正常工作状态。

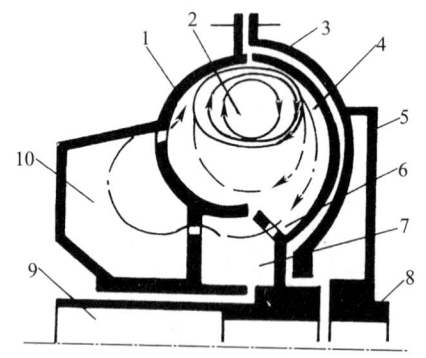

图 5-5　液力偶合器循环液流示意图

1—泵;2—工作腔;3—外壳;4—涡轮;5—弹性联轴器;6—阻流盘;
7—前辅助室;8—主动轴;9—从动轴;10—后辅助室

(三) 液力偶合器的作用

① 改善了电动机的启动性能,减少了冲击。输送机在启动时,仅泵轮为电机的负载,可使电动机轻载或空载启动。然后负载再逐渐增加,这样,电动机的启动时间缩短了,启动电流也降低了,对于拖动转动惯量很大的负载则不必选比额定容量大得多的电动机。

② 对电动机和工作机械具有过载保护作用。当外负荷增加时。输出轴转速下降,泵轮和涡轮的转速差增大。当外负荷继续增大时,工作液被挤向泵轮轮壁,经溢流孔进入辅助室。此时,工作腔内液体减少,再加上泵轮和涡轮的转速差继续增大,则工作液的温度迅速升高。当工作液的温度升至额定值时,易熔合金塞溶化,液体喷出,电动机带着泵轮及外壳空转,保护了电动机。

③ 在多电动机同时驱动的设备中,采用液力偶合器,可使各电动机的输出功率趋于平衡。

④ 减少了冲击,使工作机械和传动装置平稳运行。由于泵轮和涡轮之间为"液体连接",故作用在输入、输出轴上的冲击载荷可以大大降低,延长了电动机和工作机构的使用寿命,这对处于恶劣工作条件下的煤矿机械尤为重要。

（四）易熔塞和易爆塞的要求

1. 易熔塞的结构及要求

易熔塞的结构如图 5-6 所示，它由保护塞 1、密封垫圈 2、易熔塞座 3 和易熔合金 4 组成。对其要求如下。

① 水介质液力偶合器过热保护的易熔塞与过压保护的易爆塞要成双使用，对称布置在液力偶合器内腔最大直径上，不允许安装在注液上。

② 易熔塞的易熔合金熔化温度为 (115 ± 5) ℃。

③ 易熔塞的易熔合金应向制造厂家购买，灌注长度为 14mm。

④ 易熔塞的重量不得超过设计重量 $m_s \pm 0.0005$ kg。

⑤ 易熔塞外表面应打有熔化温度及生产厂家的标记。

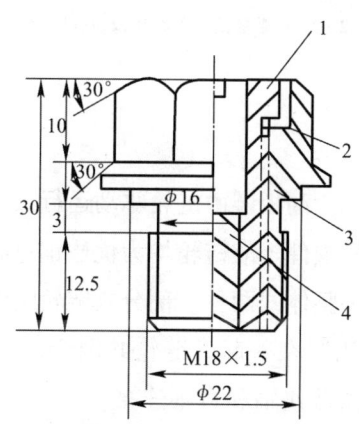

图 5-6　易熔塞结构图

1—保护塞；2—密封垫圈；3—易熔塞座；4—易熔合金

2. 易爆塞的结构及要求

易爆塞的结构如图 5-7 所示，它由易爆塞座 1、压紧螺塞 2、爆破孔板 3、密封垫 4 和爆破片 5 组成。对其要求如下。

① 1 个易爆塞只准许装 1 个爆破片。

② 易爆塞的压紧螺塞的夹紧扭矩 $M = (5 \pm 1.0)$ N·m。

③ 易爆塞静态试验爆破压力 $P_S = (1.4 \pm 0.2)$ MPa。

④ 按图 7-6 生产的易爆塞的质量要求为 (166 ± 0.5) g。

⑤ 爆破片的内、外表面应无裂纹、锈蚀、微孔、气泡和夹渣，不应存在可能影响爆破性能的划伤，刻槽应无毛刺，外径为 $\phi 25_{-0.021}^{0}$ mm。

⑥ 爆破孔板的孔径 $d = 13_{0}^{+0.11}$ mm，孔两端不允许出现圆角或倒角，外径为 $\phi 25_{+0.100}^{+0.184}$ mm。

⑦ 爆破片必须用软塑料袋单个包装,然后再用硬塑料盒包装(决不许一个软塑料袋中包装两个或两个以上的爆破片)。

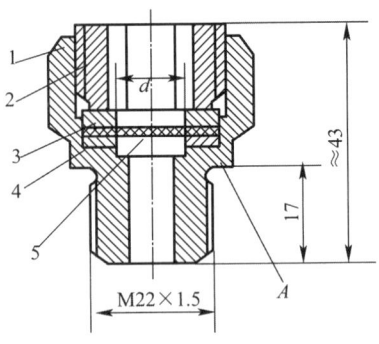

图 5-7　易爆塞结构图

1—易爆塞座;2—压紧螺塞;3—爆破孔板;4—密封垫;5—爆破片

三、链轮组件

链轮组件由链轮和滚筒组成。刮板链由链轮驱动运行,运转中链轮组件除受静载荷外,还受脉动、冲击载荷等,所以是易损件。故链轮均为优质钢材制造。

链轮组件的结构有剖分式和整体式两种。剖分式链轮组件由链轮和两个半圆剖分式滚筒组成,两个半圆滚筒,用螺栓固联在一起。链轮共两个,分别位于滚筒两端,为双边链结构。滚筒孔分别与两端的减速器低速轴和盲轴连接。剖分式结构的优点是,当轮齿磨损后可以只更换链轮而不更换滚筒。

整体式链轮组件与剖分式滚筒所不同的是,滚筒与链轮是焊接在一起的。整体式链轮组件拆装维修方便。

四、溜槽

溜槽是货载和刮板链的支承机构,在机采和综采工作面,溜槽还作为采煤机的运行导轨。

溜槽分中部溜槽、过渡溜槽、调节溜槽和连接溜槽。中部槽每节长度 1.5 m。为适应工作面运转条件而调节输送机铺设长度时,使用调节溜槽。机身两端与机头、机尾连接时,使用过渡溜槽和连接溜槽。

中部槽的连接装置,是将单个中部槽连接成刮板输送机机身之用,它既要保证对中性,使两槽之间上下、左右的错口量不超过规定,又要允许相邻两槽在平、竖两个平面内能折曲一定的角度,使机身有良好的弯曲性能;还要求同一型号中部槽的安装、连接尺寸相同,能通用互换。目前应用的有插销式、哑铃式、插入圆柱销式等。

哑铃销是一个中间直径 34 mm、两端直径 60 mm、形似哑铃的柱状销子。在两个不同直径部分都加工成扁形,如图 5-8(a) 所示。哑铃销用 40 MnVB 合金结构钢制造,载荷超过 1 000 kN。

连接中部槽时,将哑铃销扁着放入中部槽特制的接头,然后旋转 90°,再将限位销插入哑铃销的孔中,并用弹簧圈固定,以防哑铃销转动掉出,如图 5-8(b) 所示。

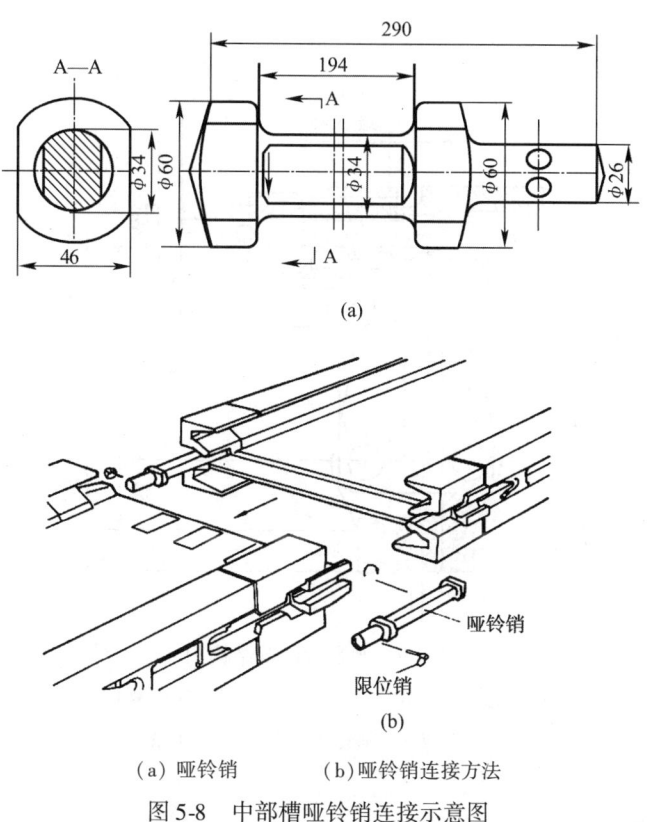

(a) 哑铃销　　(b) 哑铃销连接方法

图 5-8　中部槽哑铃销连接示意图

五、紧链装置

刮板输送机在初期运行时,由于相邻溜槽接头趋于靠紧,间隙减小;刮板链使用中的塑性变形和磨损;运行中受牵引链的拉伸,产生弹性伸长等原因,刮板链就要伸长。伸长的刮板链就要在张力最小处松弛堆积,从而产生脱链、跳链或卡断链等事故。为了保证刮板输送机的安全运转,防止这些事故的发生,就必须随时对伸长松弛的刮板链进行紧链。

紧链装置的作用是拉紧刮板链。目前,可弯曲刮板输送机的拉紧装置有棘轮紧链器、闸带紧链器、液压紧链器和盘闸紧链器。目前重型刮板输送机多使用盘闸紧链器。盘闸紧链器是利用输送机的动力张紧或松开输送机刮板链的紧链装置。

闸盘紧链器以电动机与减速器连接筒为机座,用螺钉安装在联接筒上。它由装在减速器输入轴上的闸盘1、钳臂3、联接座5、夹板7、丝母8、轴套9、丝杠10和手轮11等零件组成,如图5-9所示。顺时针转动手轮时,紧链器的钳臂3以销轴4为支点向闸盘移动,使钳臂上的摩擦块2对盘闸产生制动力。反方向转手轮时,钳臂反向移动,制动力减小,直至摩擦块离开闸盘。

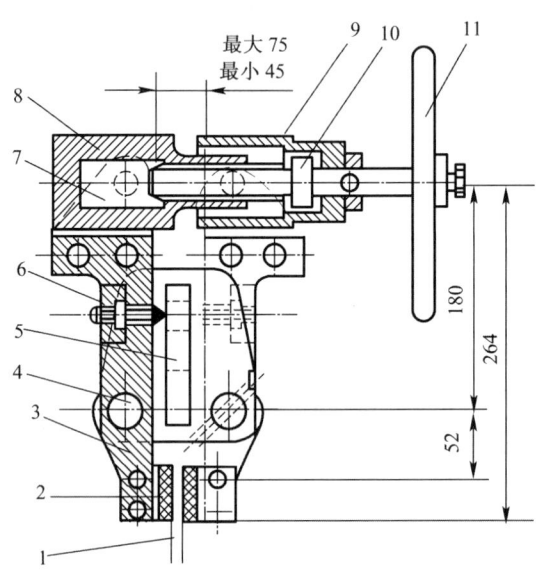

图 5-9　闸盘紧链器结构图

1—闸盘;2—摩擦块;3—钳臂;4—销轴;5—联接座;6—螺钉;7—夹板;
8—丝母;9—轴套;10—丝杠;11—手轮

六、推移装置

在综采工作面中,推移刮板输送机和移动液压支架是通过推溜器来完成的。推溜器又称推溜千斤顶,它由活塞杆8、缸筒7、活塞9和鼓形圈(活塞密封)10等零部件组成,如图5-10所示。这种推溜器属于内注液千斤顶,操纵阀3装置在活塞杆端部,活塞杆与中部槽连接,缸筒后部通过支座(图中未示)支撑在顶板上。其工作原理如下。

(1)推溜:工作液通过操纵阀从活塞杆底部a孔进到千斤顶底部的活塞腔,推动活塞及活塞杆前进,进行推溜。与此同时,活塞杆腔的液经过活塞杆侧面孔b回液。

(2)收回:工作液通过操纵阀另一位置从b孔进到千斤顶活塞杆腔,推动缸筒收回。与此同时,活塞腔的液经过活塞杆孔a回液。

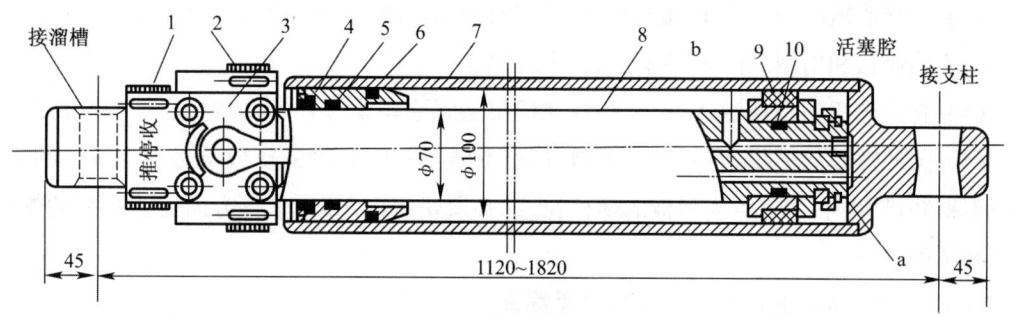

图 5-10　液压推溜器结构图

1—进液孔;2—回液孔;3—操纵阀;4—防尘圈;5—U 形圈;6—O 形圈
7—缸筒;8—活塞杆;9—活塞;10—鼓形圈

第三节　刮板输送机的安装、调试与维护

一、刮板输送机安装与调试

(一) 刮板输送机地面安装与调试

1. 安装前的准备工作

(1) 参加安装试运转的工作人员应认真阅读该机的说明书、配套设备的说明书及其他有关技术资料、安全法规,熟悉该机的结构、工作原理、安装程序和注意事项。

(2) 核对刮板输送机的形式与能力是否与工作条件相适应。

(3) 按该机的出厂发货明细表和技术资料,对整机所有零部件、附属件、备件及专用工具等逐项进行检查。

(4) 按照整机所带技术资料、对所有零部件进行外观质量、几何形状检查,如有碰伤、变形、锈蚀应进行修复和除锈。特别对防爆设备,必须经专职防爆检查员检查,发给下井许可证后方可下井。

(5) 准备好安装工具及润滑油脂。

(6) 指定工作指挥人员,选择好安装场地。

为了检查刮板输送机的机械性能,使安装维修和操作人员熟练掌握、安装、修理和操作技术,最好在地面进行安装调试,认为没有问题后方可下井安装。

2. 刮板输送机在地面试装时的要求

(1) 机头必须摆好放正,稳定垫实不晃动。

(2) 中部溜槽的铺设要平、稳、直,铺设方向必须正确,即每节的搭板必须向着机头。

(3) 挡煤板和槽帮之间要靠紧、贴严无缝隙。

(4) 有铲煤板的刮板输送机,铲煤板与槽帮之间要靠紧、贴严无缝隙。

(5) 圆环链焊口不得朝向中板,不得拧紧;双链刮板间各段链环数量必须相等。刮板的方向不得装错,水平方向连接刮板的螺栓,头部必须朝运行方向;垂直方向连接刮板的螺栓,头部必须朝中板。

(6) 沿刮板输送机安装的信号装置要符合规定要求。

(7) 安装好后要进行认真检查和试运转,运转正常后才能做下井安装前的准备工作。

3. 安装程序

(1) 凡参与安装人员应始终遵守安全操作规程,严防设备和人身事故的发生,并拟定安装工艺文件。

(2) 将安装用的所有零部件运到安装地点,按预定安装位置排放整齐。

(3) 先将机头安装固定在一起,并按要求将电源与电动机连接。

(4) 将刮板链条从机头架下链道穿过,链条不能互相缠绕或拧劲。圆环链焊口靠下侧。

(5) 按类似的方法将机尾部分安装完,其间链条用快速接头接好,以达到足够的长度。

(6) 将链条分别绕过机头、机尾链轮并在上链道将其联接,并保持较松的状态。

(7) 按设备总图将其余零部件安装齐全。

(8) 消除链道处的杂物,检查各部分联接、紧固是否可靠。

4. 安装方法及注意事项

(1) 输送机溜槽与刮板链的安装。

① 将接好的刮板链绕过机头传动部的链轮,从机头传动部和过渡槽下面穿过 6 m ~ 7 m。

② 在底板上接长刮板链直至机尾,将接好的刮板链的刮板歪斜,使其能进入中部槽下槽帮为止。

③ 将连接槽、调节槽摆放在歪斜刮板的刮板链上。连接槽的一端与机头过渡槽尾端连接,另一端与调节槽连接,然后将刮板链拉直,使其进入下槽。将溜槽端头的联接销装好,再将另一节溜槽对入,一直到机尾传动部。

④ 将刮板链从机尾传动部下面穿过,绕过链轮放在溜槽的中板上。在上槽组装刮板链,直至机头。

(2) 中部槽铺设安装。

① 为了防止煤粉从溜槽接缝中漏入下槽,每块溜槽一侧都焊或压出一块接口板。铺设安装时,应将焊有接口板的一端迎着刮板链运行的方向,避免刮板在上下刮坏接口。如图 5-11 所示。

② 铺设封底溜槽时,每隔 4-5 块应铺设 1 块有活动窗的溜槽,便于检查下链。

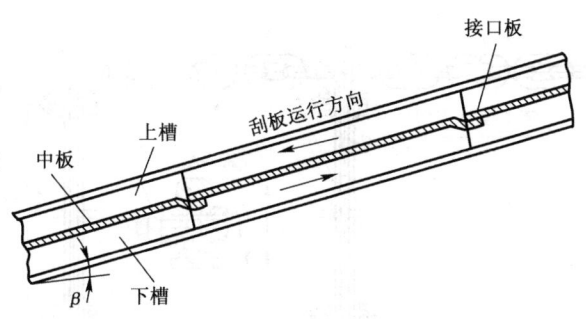

图 5-11 溜槽的连接方法

③ 铲煤板与挡煤板之间用螺栓连接时,螺母不可拧紧,应留有一个缝隙 A,以便溜槽可以上下、左右弯曲。缝隙大小,如图 5-12(c)所示。当螺栓为 M30 时,间隙 A = 11 mm ~ 13 mm。

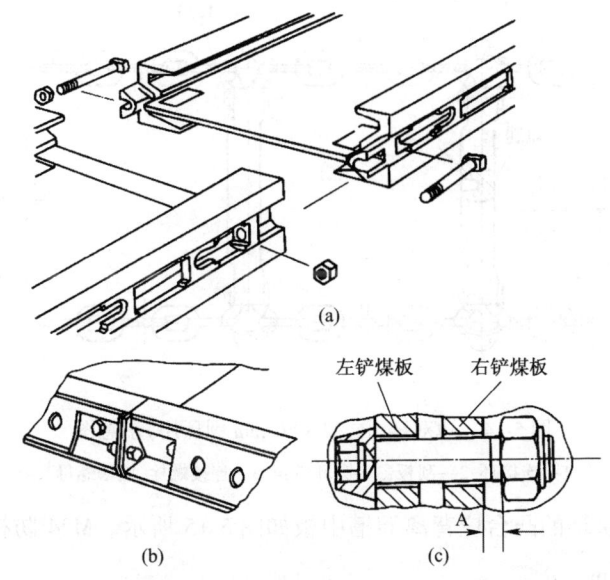

(a) 中部槽连接螺栓　　(b) 铲煤板连接螺栓　　(c) 螺栓安装方法

图 5-12 中部槽螺栓连接结构图

(3) 边双刮板链铺设安装。

① 刮板方向。安装在 8×64 mm 圆环链上的刮板,在上槽运行的方向应使斜面向前,戗茬前进,防松螺母背向刮板链运行方向,如图 5-13 所示。

安装在 22×86 mm 圆环链上的刮板,在上槽运行的方向应使短腿朝向刮板链运行方向,使防松螺母背向刮板链运行方向,如图 5-14 所示。

② 刮板间距。对边双链为 1 024 mm,即 16 个环;对 22×86 mm 边双链为 1 032 mm,即 12 个环。

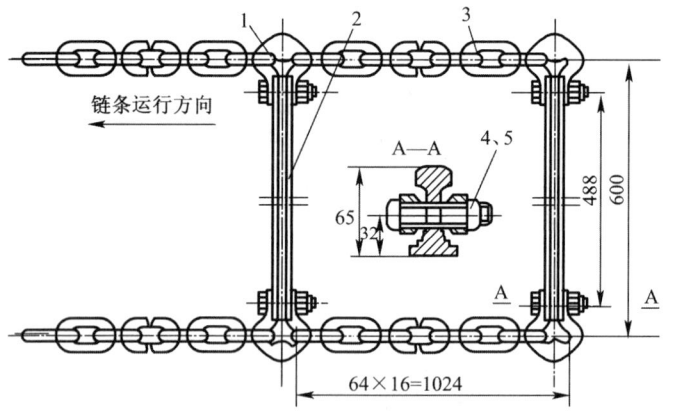

图 5-13　边双链(配 8×64 mm 圆环用)示意图

1—连接环；2—刮板；3—圆环链；4、5—连接螺栓、放松螺母

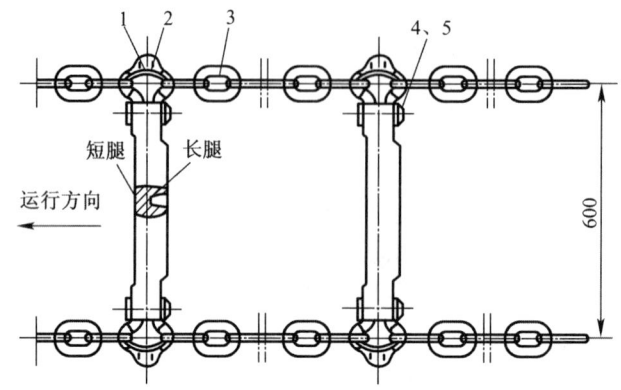

图 5-14　边双链(配 22×86 mm 圆环用)示意图

1—连接环；2—刮板；3—圆环链；4、5—连接螺栓、放松螺母

③ 连接环。连接环的凸台应背离溜槽中板如图 5-15 所示。M24 防松螺母必须拧紧,其紧固力矩为 500 N·m。

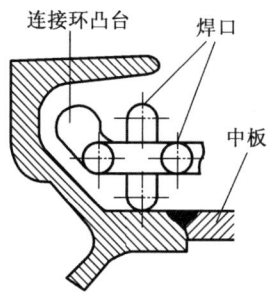

图 5-15　边双链连接环及圆环的位置图

④ 圆环链。圆环链立环焊口应背离溜槽中板,平环焊口应背离槽帮,如图 5-15 所示。

（4）中单刮板链铺设安装。

① 刮板的方向应使大弧形面朝向运行方向,如图5-16所示。应使U型螺栓背向溜槽中板,即刮板在上槽时,U型螺栓应从下向上穿。

② U型螺栓M24的防松螺母必须拧紧,对f26×92 mm的中单链,紧固力矩为500 N·m。对f30×108 mm的中单链,紧固力矩为600~700 N·m。

③ 刮板间距对f26×92 mm中单链,刮板间距为920 mm,即10个环。对f30×108 mm中单链,一般机型刮板间距为1 080 mm,即10个环;直弯刮板输送机,刮板间距为432 mm,即4个环。

④ 立环焊口应背离溜槽中板,即上链立环焊口朝上,下链立环焊口朝下。

⑤ 连接环应放在竖直位置,以便通过驱动链轮。接链环的弹簧销或其他固定用零件必须齐全,不得用其他零件代替。

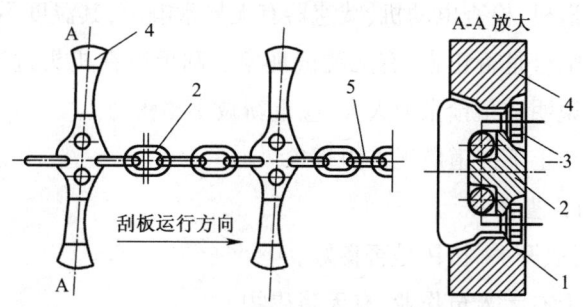

图5-16　中单刮板链铺设示意图

1—U型螺栓;2—圆环链;3—防松螺母;4—刮板;5—连接环

（5）中双刮板链铺设安装。

① 刮板的方向应使大弧形面朝向运行方向,如图5-17所示。使E型螺栓头指向背离溜槽中板,即刮板在上槽时,E型螺栓应从下向上穿。

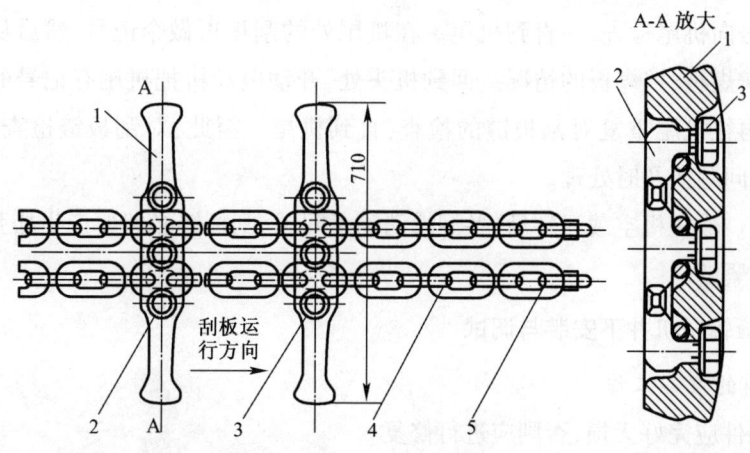

图5-17　中双刮板链铺设示意图

1—刮板;2—E型螺栓;3—螺母;4—圆环链;5—接链环

② E 型螺栓 M24 的六角防松螺母必须拧紧,对 26×92 mm 的中双链,紧固力矩为 500 N·m。对 30×108 mm 的中双链,紧固力矩为 600~700 N·m。

③ 刮板间距:26×92 mm 中双链为 920 mm,30×108 mm 中双链为 1 080 mm。

④ 立环焊口应背离溜槽中板,即上链立环焊口朝上,下链立环焊口朝下。

⑤ 接链环 5 应在竖直位置,便于通过链轮,固定零件不得缺少。

5. 空载试运转

(1) 点动电动机,观察机头、机尾电动机转向是否正确。方向一致后再点开电动机,观察有无卡刮及异常响声。

(2) 机尾传动的电动机应超前于机头传动的电动机,一般应控制在 0.003 5 ~ 0.013 s/m 之间,累加为延迟时间,但最小超前时间不小于 0.5 s,最大超前时间不大于 3 s。

(3) 启动刮板输送机,检查电动机、减速器有无异常响声,其温度不应突然升高。

(4) 链条与链轮啮合是否正常,有无跳链现象。刮板链在机头过渡或中间段是否有跳动现象,如有跳动,则说明链条预张力太大,应重新减小预张力。

(5) 刮板链在整个上下链道应无卡阻现象。

6. 空载试运转的检查项目

(1) 检查电缆吊挂、开关、按钮是否良好。

(2) 检查输送机上有无人员作业,有无障碍物。

(3) 点动机头、机尾电动机检查,旋向是否一致。

(4) 检查机头、机尾液力偶合器、减速器、各连接螺栓、链轮、分链器、护板和压链块是否完好、紧固,润滑是否良好。

(5) 从机头链轮开始,往后逐级检查刮板链、刮板、连接环及螺帽是否正确紧固。检查 4 m~5 m 后,在刮板上做个明显记号。然后开动电动机,把带记号的刮板运行到机头链轮处,再从此记号向机尾检查,一直到机尾。在机尾处的刮板再做个记号,然后从机尾往机头检查中部槽、铲煤板、挡煤板的情况。回到机头处,开动电动机把机尾有记号的刮板运行到机头链轮处,再往机尾重复对刮板链的检查,直到机尾。至此,对刮板链检查了一个循环。在检查中发现问题要及时处理。

(6) 紧链。输送机空载运转后,各溜槽消除了间隙,刮板链必然要产生松弛现象,因此,必须重新进行紧链。

(二) 刮板输送机井下安装与调试

1. 下井前的准备工作

(1) 各机件应完好无损,否则应进行修复。

(2) 不需要分解后下井的部件,应将连接件、紧固件紧固可靠。

(3) 需要分解后下井的部件,应按类摆放,做好标记。易失、易混的小零件应按类包装。

外露的加工、配合部件(如轴孔、油孔等),应采取防磕碰、防堵塞、防脏物等措施。

(4) 根据地面的安装情况,制定下井和井下安装的工艺流程,并在下井机件的明显位置标明下井后的运送地点。

2. 井下安装与调试

(1) 刮板输送机在井下安装调试可参照地面安装调试的顺序进行。

(2) 采用边下井边安装,避免机件在上下顺槽中堆积。

(3) 尽量将刮板输送机铺设平直,以保证其使用的可靠性和寿命。

(4) 先进行空载运行 1～2 h,运行状况应符合要求。

(5) 进行多机联动负荷运行 4 h,对机械化采煤工作面开机的顺序是由外向里逐台启动,即:带式输送机-转载机-刮板输送机-采煤机。停机顺序是由里向外逐台停止,即:采煤机-刮板输送机-转载机-带式输送机。带负载试运转中应进行下列检查。

① 各部件紧固无松动。

② 刮板链的松紧程度。一般经验是在额定负荷时链轮分离点处松弛链环不大于两环,如图 5-18 所示,否则必须再次紧链。两条刮板链松紧程度基本相同。

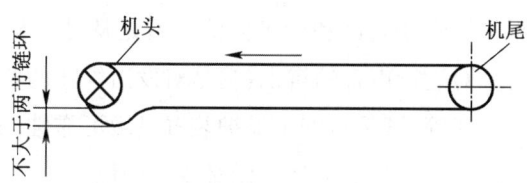

图 5-18　刮板链的松紧程度示意图

③ 各传动装置是否过热,减速器和盲轴是否漏油,声音是否正常。电动机、减速器、链轮轴件等各部位的温度不得超过允许值 75℃。

④ 电气系统工作正常。

带负载试运连续时间不得小于 30 min,然后按规定的程序进行逐项验收,同意后双方(安装方与使用方)签字,可交付使用。

(三) 综采工作面刮板输送机安装的特殊要求

① 综采工作面刮板输送机的机尾,一般在采煤机骑上溜槽后进行安装。因为机尾架较高,先装机尾就增加了安装采煤机的工作量。

② 装完中部槽后安装挡煤板。如果中部槽距煤帮较近,又有浮煤阻碍铲煤板的安装时,可在采煤机割刀后再装铲煤板,但 L 型铲煤板必须在采煤机割煤前安装。

③ 中部槽的安装一般与液压支架的安装配合进行,可以先装中部槽后装支架,也可边装支架边装中部槽,以保证支架的间距。如果先装支架后装中部槽时,必须及时调好支架间距,以免支架与中部槽不协调、影响推移千斤顶的连接。

④ 采用单轨吊与设在中部槽的滑板配合安装液压支架时,必须先安装全部工作面副板输送机,然后开动刮板输送机、利用刮板链将装有支架的滑板输送到支架安装地点,这种先安装刮板输送机的方法,既可保证支架的间距,又可随时将工作面的浮煤清理出去。

二、刮板输送机的维护

(一) 刮板输送机的日常维护

刮板输送机日常维护工作,主要应由当班电钳工负责进行,即对刮板输送机进行巡回检查。检查中发现的问题在计划检修时进行处理,如有刻不容缓的问题应立即处理。

巡回检查是在不停机的情况下进行,个别项目可利用运行的间隙时间进行。每班巡回检查次数应不少于 2~3 次。检查内容包括易松动的连接件、发热部位,如轴承温度(不超过 65℃~75℃)。各润滑系统,如减速器、轴承、液力偶合器等的油位油量是否适当。电动机的电流、电压值是否正常。各运动部位有无振动和异响。安全保护装置是否灵敏可靠。各摩擦部位的接触情况是否正常等。

检查方法一般采用看、摸、听、嗅、试和量等办法。看是从外观检查;摸是用手感触其温度、振动和松紧程度等;听是对运行声音的辨别;嗅是对发出气味的鉴定,如油温升高气味和电气绝缘过热发出的焦臭气味等;试是对安全保护装置灵敏可靠性的试验;量是用量具和仪器对运行的机件,特别是受磨损件,如对链环等做必要的测量。

巡回检查应按一定的路线进行,即从磁力启动器、启动按钮、机头、中间部位至机尾。主要包括以下内容。

1. 磁力启动器

(1) 动作是否灵敏。

(2) 各螺钉的紧固情况。

(3) 隔爆面及隔爆间隙。

(4) 接地。

2. 电缆

吊挂、接头及损伤情况。

3. 按钮

(1) 动作是否灵敏。

(2) 螺钉紧固情况。

(3) 隔爆面及隔爆间隙。

4. 机头

(1) 电动机:检查温度。

（2）联轴器：检查间隙、同心度。

（3）减速器：检查温度、油质、油量和齿轮啮合与磨损情况。

（4）机头轴：检查链轮的磨损和两侧轴头温度、螺栓等情况。

（5）机头架：重点检查各机座的连接螺栓。

5．机身

（1）刮板链：对刮板链进行全面检查。

（2）中部槽：各节中部槽、过渡槽的磨损情况。

（3）铲煤板：各螺栓的紧固情况。

（4）挡煤板：各螺栓的紧固、导向管的磨损，挡煤板的变形情况。

6．机尾

检查煤粉是否清除，机尾轴承。双机驱动时检查项目同机头。

（二）月检

刮板输送机月检除包括日检所有的内容外，还应包括下列内容。

① 检查减速器齿轮啮合情况，清洗透气阀。

② 检查机头、机尾架、中部槽、过渡槽、挡煤板与铲煤板的磨损情况，更换个别磨损过限的上述零部件。

③ 检查紧链器各零部件的情况。

④ 分解检查电动机接线盒、防爆开关的隔爆面情况。

⑤ 测量电动机的绝缘情况及一台输送机上各台电动机的负载是否接近相等。

（三）中修

刮板输送机中修一般是随工作面搬迁，约半年左右进行一次，升井在地面检修，除包括月检的内容外，还应包括以下内容。

① 分解检查、清洗机头链轮组件、机尾轴。

② 分解检查、清洗减速器齿轮、轴承。

③ 检查处理机头、尾架变形和磨损的部位。

④ 分解检查液力偶合器。

⑤ 干燥电动机。

（四）大修

当采完一个工作面后，将设备升井进行全面的检修。刮板输送机大修除包括中修内容外还应包括以下内容。

① 修理减速器磨损的镗孔、更换损坏严重的减速器壳。

② 修理、焊补中部槽、挡煤板与铲煤板。

③ 分解检查修理电动机、清洗轴承,处理隔爆面。

三、刮板输送机的润滑

良好的润滑条件对输送机的正常运行起着决定性的作用。加注润滑油(脂)应按操作规程和相应的安全标准进行。对刮板输送机各部件定期、定点注油明细见表 5-2。

表 5-2 刮板输送机注油表

部件名称	注油部位	润滑油牌号	间隔期
电动机	轴承	ZL-3 锂基脂	检修期间
减速器	齿轮及轴承	N220 工业齿轮油	不足补充,以浸入大齿轮 1/3 为准
链轮组件(机头轴)	轴承	ZDN-2 钙钠基脂	每月一次
齿轮联轴器	齿轮	N32 机械油	每月一次
盲轴	轴承	ZGN-2 钙钠基脂	2-3 个月
机尾轴	轴承	ZGN-2 钙钠基脂	每月一次

四、刮板输送机常见的机械故障

(一) 刮板输送机断链

1. 故障原因

刮板输送机的刮板链按规定都是 C 级标准的高强度圆环链,安全系数一般都在 9 以上,并能承受 30 000 次循环疲劳试验,所以正常使用是不易折断的。但实际使用中还有断链事故的发生,其主要原因包括以下方面。

(1) 制造质量问题:有些制造厂生产的圆环链,虽然强度达到了 C 级标准,但由于热处理工艺不稳定,30 000 次循环疲劳试验不能保证,因此,在使用中因疲劳强度不够而折断。

(2) 自然磨损变形:链条长期使用磨损超限,伸长变形;矿井水的腐蚀使链环产生锈蚀、脱皮,降低了强度。

(3) 使用中发生跳牙掉链、链条过紧、双链长短不一、夹链、卡链等都能损伤链环。

(4) 使用条件:工作面不平直、有急弯,甚至工作面呈水平弧形弯曲,这些对边双链受力很敏感,有时只有一条链受力;装煤过多,损坏的刮板及溜槽未及时更换,造成刮板的卡刮、运输器的碰卡;工作面有大块矸石,骤起骤停频繁启动等原因,都会引起链环的疲劳和延伸、甚至折断。

2. 预防措施

除提高制造质量外,主要是加强维护检查,及时更换磨损和损伤链环。使用中避免链条过紧,掉链时要正确处理。

3. 断底链的事故处理

刮板链断底链有两种情况,一种是边双链只断一边,这时应停止装煤,将断链位置开到上槽进行处理。另一种情况是两根链子全断,或两根链子断一根,但被下槽卡住不能开动。

断底链的位置看不见,一般是不易查找的。如果查找方法不当,就要浪费较长的时间,影响生产。常用的查找方法是"对分"法。

以机头在下方的倾斜刮板输送机为例,如图 5-19 所示。先在下溜槽的中间点"c"处,将溜槽靠采空区一侧吊起,查看有无刮板链松弛或刮板歪斜,若有说明断链位置在机尾方向;若无说明断链位置在机头方向。如果判断断链在机尾方向,则应在机尾方向"b"处吊起检查,如"b"处链条不松弛或刮板不歪斜,说明断链处在"c"、"b"之间,再在"c"、"b"之间用"对分"法检查,依此类推就可较迅速地找到断链位置。

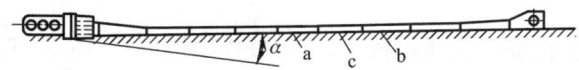

图 5-19 刮板链断底链"对分"检查示意图

断底链的处理方法如下。

先将机头处的链子掐开,使底链放松。在断链的地方用木柱顶好溜槽,如图 5-20(a)所示,然后将断链接好,送入槽内。如果在槽下无法接链时,将断链两端从槽下拉出,如图 5-20(b)所示,在槽外进行接链,接好后再送入下槽。然后将溜槽放平,在机头掐链子的地方进行接链。

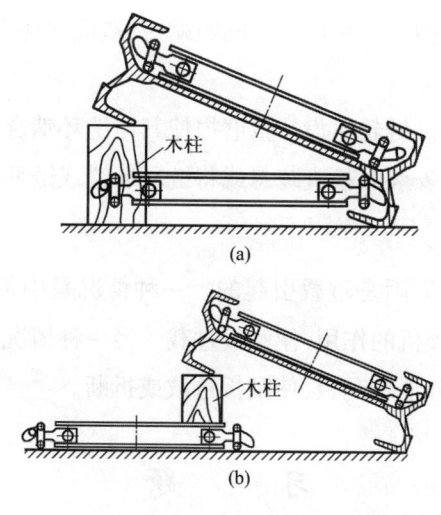

(a)槽下处理　　(b)槽上处理

图 5-20 刮板链底链断裂处理方法示意图

(二) 减速器声音不正常

1. 故障原因

(1) 齿轮啮合不好,齿轮磨损严重或断齿,齿面有黏附物。

(2) 轴承损坏,箱体内有杂物或轴承游隙太大。

(3) 油量过多或过少,油质不干净。

(4) 减速器散热条件不好。

2. 处理方法

调整齿轮啮合情况;更换齿轮、轴承;调整轴承游隙;重新加油。

(三) 刮板链跳牙

刮板链跳牙发生在机头链轮处,它的后果是使链环变形、断裂和使刮板弯曲。刮板链跳牙的主要原因如下。

(1) 刮板链松。刮板输送机在运转中,由于链环磨损、节距增大,而紧链工作又不及时;或新安装的刮板输送机在运行一段时间后,由于溜槽接头越来越紧,新刮板链的"毛茬"被迅速磨损,使链环节距增大,造成刮板链松弛。松弛的刮板链会使分链器失去作用,从而使链环跳出链轮造成跳牙。

(2) 链环节距伸长。链环节距伸长过限,破坏了与链轮的正常啮合关系,可引起跳牙。

(3) 链轮与刮板链间嵌进矸石等硬物或齿顶磨秃,使链环被顶起而造成跳牙。

(4) 边双链长度不同。使用旧刮板链时,两根刮板链长度不同,或成对更换长度不同,产生跳牙。

(5) 刮板弯曲。刮板弯曲的结果使链条间距缩短,造成链环在链轮上的啮合条件变坏,产生跳牙。

(6) 链轮轮齿严重磨损。链轮轮齿严重磨损使其与链环啮合不稳,形成"打滑"而跳牙。

(7) 检查疏忽。因铺设安装时检查疏忽或将链环装错或链环扭麻花而引起跳牙。

(四) 刮板弯曲和折断

刮板弯曲和折断的主要原因是过载引起的。一种情况是中部溜槽有大块煤或矸石,通不过采煤机,而刮板起了破碎机的作用,使刮板过载。另一种情况是中部溜槽两槽帮磨损过限,特别是下槽不易发现部分卡住刮板,使刮板过载或折断。

习 题

1. 刮板输送机主要组成有什么?各部分的作用是什么?

2. 液力偶合器的作用是什么?其主要组成零部件是什么?

3. 什么是闸盘紧链器？它的结构与工作原理是怎样的？

4. 液压推溜器的结构和工作原理是怎样的？

5. 怎样鉴别刮板链的松紧程度？为什么必须随时对刮板链进行紧链？

6. 刮板输送机在地面试装时的要求有哪些？

7. 边双链、中单链和中双链在铺设安装时，刮板间距是如何规定的？

8. 刮板输送机带负载试运转时应怎样进行检查？

9. 刮板输送机的巡回检查如何进行？试述巡回检查的方法。

10. 刮板输送机断链的原因是什么？如何预防？

11. 刮板链在底槽折断的处理方法有哪些？

12. 刮板弯曲和折断的原因是什么？

第六章 带式输送机

第一节 概　　述

一、带式输送机的工作原理及适用条件

带式输送机由于具有长距离连续运输、运行可靠与易于实现自动化等特点,在各行各业得到了极其广泛的应用。尤其是在矿山,已成为地面和井下原煤的主要运输设备,而且许多煤矿正在向"运煤胶带化"方向发展。

带式输送机的基本组成及工作原理如图 6-1 所示。胶带 1 绕经驱动(主动)滚筒 2 和机尾改向(换向)滚筒 3 形成一个无极的环形带,它既是牵引机构又是承载机构。上下两股胶带由安装在机架 6 上转动的托辊 4 支撑。上股胶带运送货载称为工作段或重段,由槽形托辊支撑,以增加承载断面积,提高运输能力;下股胶带不装运货载称为回空段,常用平形托棍支撑。拉紧装置 5 的作用是为胶带的正常运转提供所需的张紧力。

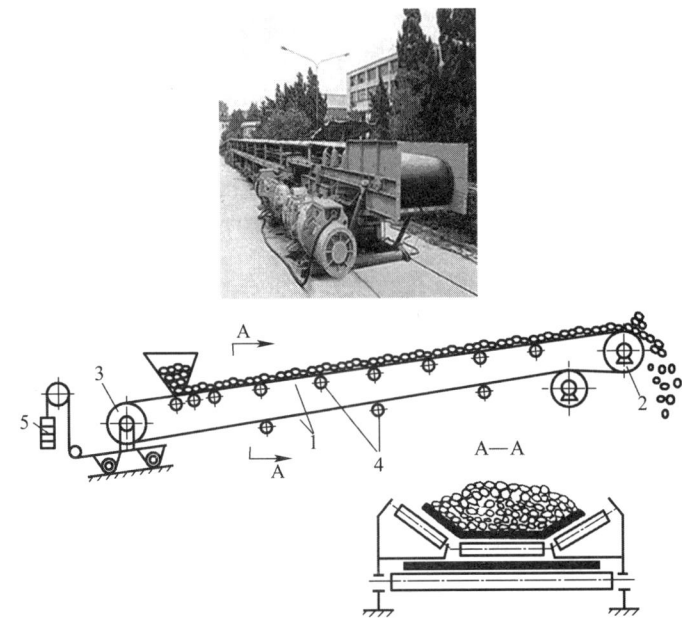

图 6-1　胶带输送机工作原理图

1—胶带;2—驱动滚筒;3—机尾改向滚筒;4—托辊;5—拉紧装置

带式输送机的工作原理是:主动滚筒在电动机驱动下旋转,通过主动滚筒与胶带之间的摩擦力带动胶带及胶带上的货载一同连续运行,当货载运到端部后,由于胶带的换向而卸载。利用专门的卸载装置也可以在中部任意位置卸载。

带式输送机与刮板输送机相比,具有运输能力大、运输距离长、工作阻力小、耗电量低、输送过程中撒煤少、载货破碎性小,因而降低了煤尘和损耗等优点。其缺点是:机身高,不便于装载,胶带成本高且易损坏,不适合运送有棱角的货物。

带式输送机可用于水平及倾斜运输,用于倾斜巷道运输时,考虑到胶带与荷载之间的动摩擦系数及煤质、块度、含水情况的影响,一般倾斜向上运输不超过 18°,向下运输不超过 15°。此外,普通带式输送机不能适应弯曲巷道的运输。

二、带式输送机的主要类型

带式输送机的类型很多,适应范围和特征各不相同。煤矿常见的带式输送机主要类型如下。

1. 普通型带式输送机

TD-75 型带式输送机,机架固定在底板或基础上。一般使用在运输距离不长的永久使用地点,如选煤厂、井下主要运输巷道。这种输送机由于拆装不方便而不能满足机械化采煤工作面推进速度快的采区运输的需要。

2. 绳架吊挂带式输送机

SPJ-800 型绳架吊挂式输送机的传动系统及钢丝绳机架,如图 6-2、图 6-3 所示。这种机架是由两根纵向平行布置的钢丝绳组成,每隔 60m 安装一个紧绳托架 7,通过紧绳装置 1 拉紧钢丝绳。由于机架是用中间吊架 6 吊挂在巷道顶梁上,机身高度可以调节,不受巷道底板地鼓的影响。为了保证两根钢丝绳的间距,在两个槽型托辊之间安装一个分绳架。利用蜗轮蜗杆传动钢丝绳将拉紧滚筒 8。根据实际运输任务和输送长度对功率的要求,可采取双电机或单电机驱动。这种输送机可供工作面运输平巷、采区上下山运输之用。

3. 可伸缩带式输送机

随着综合机械化采煤技术的迅速发展,采煤、掘进工作面推进速度加快,要求运输平巷中的运输设备能够灵活迅速地进行缩短或伸长,以减少拆移次数,节省时间,提高工作面生产能力。可伸缩带式输送机是在固定式带式输送机基础上研发的,它是工作面运输平巷和巷道掘进的专用运输设备。这种输送机在结构上的主要特点是比通用固定式带式输送机多一个储带装置。储带装置位于机头部后面,主要由储带仓、固定滚筒、游动滚筒小车(拉紧小车)、拉紧绞车、托辊小车、卷带装置等组成,如图 6-4、图 6-5 所示,两者的储带滚筒布置方式不同。

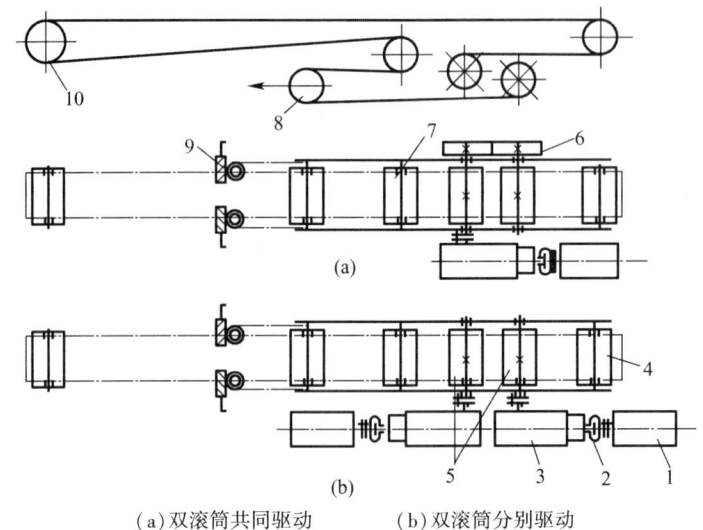

(a) 双滚筒共同驱动　　（b) 双滚筒分别驱动

图 6-2　SPJ-800 型绳架吊挂带式输送机传动系统示意图

1—电动机；2—液力耦合器；3—减速器；4—卸载滚筒；5—驱动滚筒；6—齿轮对
8—改向滚筒　拉紧滚筒 9—手动蜗轮卷筒；10—机尾改向滚筒

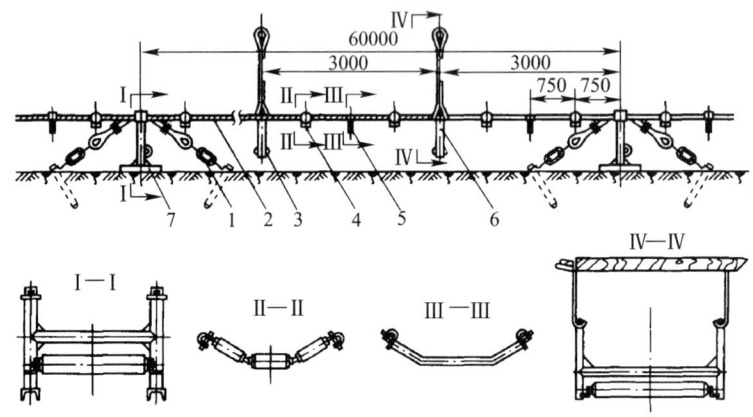

图 6-3　绳架吊挂带式输送机的钢丝绳架示意图

1—紧绳装置；2—钢丝绳；3—下托辊；4—铰接槽型托辊；5—分绳架；6—中间吊架；7—紧绳托架

需要缩短带式输送机时，先拆除机尾部前端的机架，用机尾牵引机构使机尾前移，游动滚筒小车在拉紧绞车的牵引下向后移动，输送带重叠成 4 层储存在储带仓内；需要伸长时，操作拉紧绞车松绳，游动滚筒小车前移，储带仓中的输送带放出，机尾后移，并相应地增设机架。输送机伸缩作业完成以后，拉紧绞车仍以适当的拉力将输送带张紧，使输送机正常运行。托辊小车用来托住储带仓内折返的输送带，以免垂度过大引起上下输送带互相摩擦，保证输送带正常运行。卷带装置的作用是用来收放输送带。

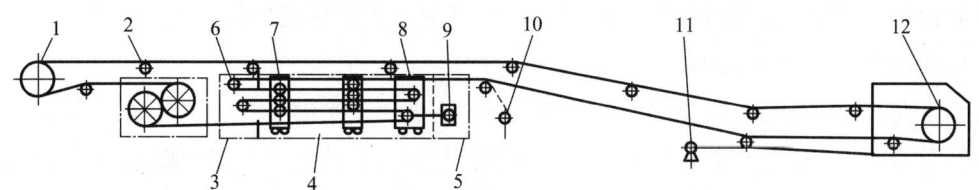

图 6-4 可伸缩带式输送机工作原理示意图

1—卸载滚筒;2—驱动滚筒;3—固定滚筒段;4—储带仓段;5—拉紧绞车段;6—固定滚筒;7—托辊小车

8—拉紧小车;9—拉紧绞车;10—卷带装置;11—机尾牵引机构;12—机尾改向滚筒

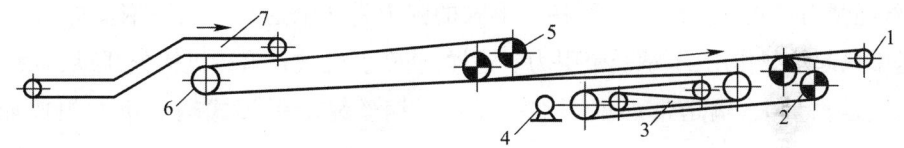

图 6-5 SSJ1200/4X200M 可伸缩带式输送机系统图

1—卸载滚筒;2—机头驱动滚筒;3—储带仓;4—自动拉紧绞车

5—中间驱动滚筒;6—机尾改向滚筒;7—桥式转载机

4. 多点驱动带式输送机

多点驱动带式输送机主要用于长距离、大运量的运输场合。按结构形式主要有线摩擦式和中间转载式两种。线摩擦式多点驱动带式输送机,如图 6-6 所示,它是一种直线摩擦驱动形式,在一台长距离带式输送机承载输送带之间,装设若干台短的带式输送机作为中间驱动装置。利用托辊及压辊使承载输送带的直线工作段分别与中间驱动装置的驱动带相互贴紧,借助于二者相互紧贴所产生的摩擦力来驱动带式输送机。特点是输送带回转弯曲次数少,有利于延长输送带使用寿命,但输送带总量增加,总传动效率较低,故障率高。中间转载式多点驱动,如图 6-5 所示,在承载输送带适当的位置上设置驱动装置,属于挠性体摩擦传动。特点是结构简单,传动装置可以通用,节省输送带,拆装方便,比较适合井下工作面运输巷运行条件,但输送带受物料冲击次数及回转弯曲次数多,使用寿命有所降低。目前,国内外高产高效综采工作面的运输平巷多采用中间转载式多点驱动可伸缩带式输送机。

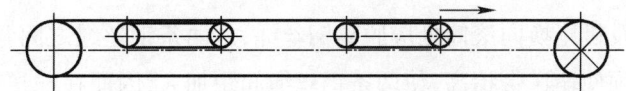

图 6-6 线摩擦式多点驱动带式输送机示意图

采用多点驱动方式,在带式输送机总驱动功率不变的情况下,可大大减小单电机功率,降低输送带最大张力值,从而可降低输送带的强度等级和价格,故可使用一般强度的普通输送带来完成长距离、大运量的输送任务。多点驱动方式还有利于输送机零部件的小型化、通用化和标准化,技术经济性好,是国内外长运距、大运量带式输送机的发展方向之一。

5. 钢丝绳芯带式输送机

钢丝绳芯带式输送机又称强力带式输送机。主要用于平硐、主斜井、大型矿井的主要运输巷道及地面的运输。作为长距离、大运量的运煤设备,其特点是用钢丝绳芯输送带代替了普通输送带,输送带强度大。如设计能力为1 500万吨的同煤集团塔山现代化矿井,主运输带式输送机的运距是3 523.3 m,运量为5 750 t/h,带宽2 000 mm,带速4.5 m/s,装机功率4 800 kW。

6. 钢丝绳牵引带式输送机

钢丝绳牵引带式输送机是一种特殊形式的强力带式输送机。它以钢丝绳作为牵引机构,输送带只起承载作用,不承受牵引力。这样,使牵引机械和承载机构分开,从而解决了运输距离长、运输量大、输送带强度不够的矛盾。钢丝绳牵引带式输送机的组成如图6-7所示。

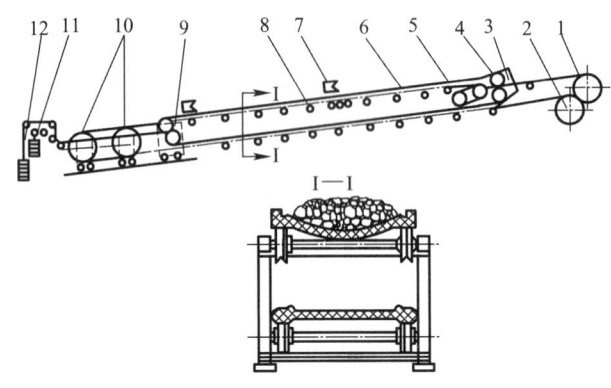

图6-7 钢丝绳牵引带式输送机示意图

1—传动轮;2—导绳轮;3—卸载漏斗;4—输送带换向滚筒;5—输送带;6—牵引钢丝绳;
7—给煤机;8—托绳轮;9—输送带张紧车;10—钢丝绳张紧车;11、12—拉紧重锤

两条平行的无极钢丝绳6绕过主动绳轮1和尾部钢丝绳张紧车上的绳轮10。主动绳轮1转动时借助于其衬垫与钢丝绳之间的摩擦力,带动钢丝绳6运行,输送带5以其特制的绳槽搭在两条钢丝绳上,靠输送带与钢丝绳之间的摩擦力而被拖动运行,完成货载输送任务。

输送带在机头及机尾换向滚筒处应脱离钢丝绳,从两条钢丝绳之间弯曲转向,因此在输送带换向弯曲处必须使输送带抬高,使两条钢丝绳间距加大,因而在输送带张紧车上设有分绳轮,在输送带卸载架上也设有分绳轮。

为了保证钢丝绳的一定张力和使钢丝绳在托绳轮8间的悬垂度不超过一定限度,在机尾设有钢丝绳拉紧装置,10为钢丝绳张紧车,12为钢丝绳拉紧重锤。输送带拉紧装置的作用是使输送带不至于松弛。钢丝绳牵引带式输送机设有尾部和中间装载设备,为保证装载均匀,一般采用给煤机装煤。卸载一般在机头换向滚筒处借助卸载漏斗实现。

钢丝绳牵引带式输送机的缺点是:设备投资大,钢丝绳及托绳轮衬垫寿命低,维护量大,运转维护费用高。因此,多用于斜井主提升系统。

7. 双向运输带式输送机

该机型主要用于掘进工作面的巷道运输。它是在可伸缩带式输送机的基础上,增设下输送带装置、卸料装置设计而成。工作原理如图6-8所示,上输送带用来向外运送掘进落下的煤或矿石,下输送带用来向掘进工作面运送支护材料(长度小于4 m的直线材料、工字钢、木板等)。下输送带可以通过自动装、卸料装置,实现定点自动装、卸料。装料点位于储带装置后面,卸料点随机尾可一起延伸。特点是一机多用,操作方便;替代了人工拉、扛支护材料,减轻了劳动强度,提高了生产率。

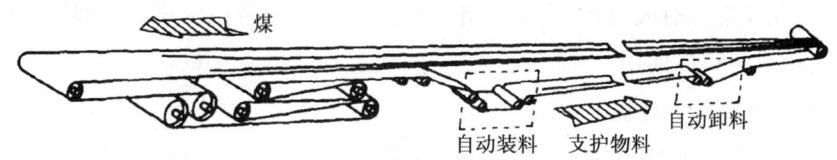

图6-8 双向运输可伸缩带式输送机工作原理示意图

8. 气垫带式输送机

气垫带式输送机分为全气垫式和半气垫式(上输送带用气室、下输送带用托辊支承),我国常采用半气垫式,基本组成与工作原理如图6-9所示。一般每节气室长3 m,气室之间加密封垫并用螺栓连接。由于在装载处工作段输送带受物料冲击,为防止破坏气垫,采用槽型缓冲托辊。利用离心式鼓风机,通过风管将具有一定压力的空气流送入气室2,气流通过盘槽3上按一定规律布置的小孔进入胶带4与盘槽之间。由于空气流具有一定的压力和黏性,在输送带与盘槽之间形成一层薄的气膜5(也称气垫),气膜将输送带托起,并起润滑剂的作用。浮在气膜上的输送带,在机头主动滚筒驱动下运行。

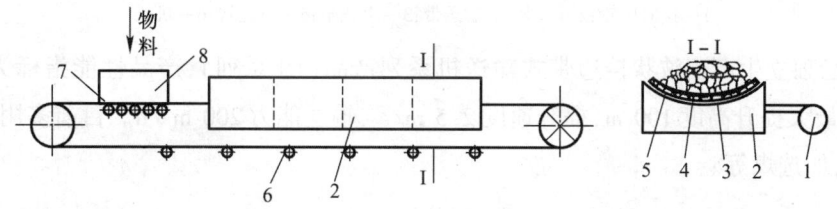

图6-9 气垫带式输送机工作原理示意图

1—鼓风机;2—气室;3—盘槽;4—胶带;5—气垫;6—平托辊;7—缓冲托辊;8—导料槽

9. 大倾角带式输送机

一般的带式输送机,向上运输不超过18°,向下运输不超过15°。而我国煤炭的赋存大多为倾斜煤层,而且煤层倾角基本在16°~25°之间。另外,随着采煤机械化技术的提高及高产高效现代化矿井不断出现,为了提高运输能力,大倾角带式输送机逐渐得到了较为广泛的应用。

10. 深槽形带式输送机

该机型适用于25°～28°的向上、向下运输。特点是采用深槽双排形四托辊装置,配普通光面输送带。主要是借助深槽托辊组使输送带形成深槽,使输送带与物料之间产生挤压,导致物料对输送带的摩擦力增大,从而实现大倾角运输。由于托辊数量增多,使得运行阻力增大,因而运距一般在600～1 000 m。现已形成系列产品,其主要技术特征:带宽800～1 200 mm,运量大于500 t/h,功率160～1 000 kW。

11. 花纹带式输送机

该型输送机适用于25°～32°的向上运输。特点是输送带承载面具有凸棱(花绞),可阻止物料下滑。花纹形式有波浪形、人字形等。但由于花纹带清扫困难,传动功率小,费用高。因此,国内仅在少数煤矿使用。

12. 波状挡边带式输送机

这种输送机适合于倾角30°～90°的向上运输,可输送各种散状物料。基本组成如图6-10所示。

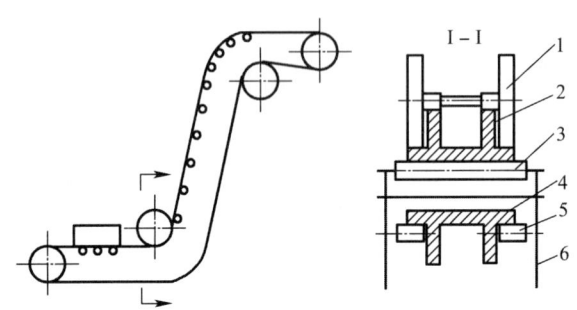

图 6-10　波状挡边带式输送机的基本组成示意图

1—换向压轮;2、4—上、下输送带;3—上托辊;5—下托辊;6—机架

我国已独立生产出波状挡边带式输送机系列产品(DJ系列),产品性能指标为:倾角不大于90°,最大提升高度100 m,提升速度2.5 m/s,输送能力200 m³/h。目前多用于地面短距离运输,如选煤等。

第二节　带式输送机主要部件的结构

带式输送机包括以下几个主要部件:胶带、托辊及机架、驱动装置、拉紧装置、储带装置等。现分述如下。

一、胶带

按输送带带芯结构和材料不同,输送带被分为织物层芯和钢丝绳芯两大类。织物层芯输送带又分为分层织物层芯和整体编织织物层芯。

与分层织物层芯输送带相比,整体编织织物层芯输送带在带强相同的前提下,厚度小、耐冲击性能好、使用中不分层开裂。但伸长率较高,需要较大的拉紧行程。

钢丝绳芯输送带是由许多柔软的细钢丝绳相隔一定间距排列,用和钢丝绳有良好黏合性的胶料黏合而成。它纵向拉伸强度高、抗弯曲疲劳性能好、伸长率小、需要的拉紧装置行程小。

1996年3月1日实施的新的《煤矿用阻燃抗静电织物整芯输送带》行业标准(MT 147—1995)规定:自1996年3月1日起,选用的煤矿井下用输送带必须满足该标准规定的阻燃标准,除有关部门批准外,不得使用非阻燃输送带。

在生产胶带过程中,投料时加入一定量的阻燃剂和抗静电剂等材料,经塑化和硫化而成的输送带称阻燃输送带。阻燃输送带并不是完全不燃烧的输送带,而是在一定的条件下它不燃烧。阻燃带阻燃性的含义如下。

(1) 按规定做滚筒摩擦试验,当固定的试件对旋转的钢滚筒产生摩擦时,试件应完全不可燃。

(2) 按规定做酒精喷灯燃烧试验时,当火焰从试件下移去时,试件应完全是不可燃的或是能自行熄灭。

(3) 按规定做丙烷燃烧器燃烧试验时,当火焰从试件下移去时,试件上的火焰应自行熄灭。

二、托辊

托辊的作用是支撑输送带,减小输送带运行阻力,并使输送带的垂度不超过一定限度,以保证输送带平稳运行。托辊按其用途可分为槽形托辊、平形托辊、调心托辊和缓冲托辊等。

托辊具体的结构形式较多,但结构原理大体相同,主要由心轴、管体、轴承座、轴承和密封装置等组成,且大多做成定轴式。

图6-11(a)所示是钢板冲压轴承座托辊。它的管体8用108×4.5mm钢管制造。轴承座用3 mm厚的08F钢板冲压而成。采用双层尼龙迷宫密封,储油空间大,防水、防尘,密封性能好,使用寿命长。冲压轴承座重量轻、空载功率低。

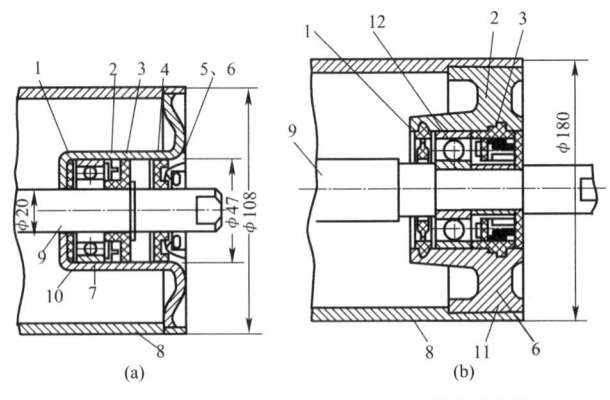

(a) 钢板冲压轴承座托辊　　(b) 铸铁轴承座托辊

图 6-11　托辊结构图

1—尼龙内挡圈；2、3、4—尼龙迷宫圈；5、6—外挡盖；7—轴承(204K)；8—管体
9—托辊轴；10—冲压轴承座；11—铸铁轴承座；12—轴承(305K)

图 6-11(b)所示是铸铁轴承座托辊。它使用一层尼龙迷宫密封，密封性能不如前者。由于使用 305K 轴承，承载能力大于前者。铸铁轴承座的重量较大，但生产成本较低。

可变槽角托辊采用钢管为托辊轴，如图 6-12(a)所示。管外有弹簧 6，弹簧右端与固定在空心轴 1 上的弹簧座 7 接触，左端与滑动弹簧座 5 接触。滑动弹簧座用销子 4 固定在挂钩 15 上，同时可在空心轴的槽内滑动。因此，当输送带上有货载时，托辊受压，通过挂钩压缩弹簧 6，使托辊距离伸长，槽角变大，如图 6-12(b)所示。这种托辊槽角的变化范围在 28°～35°左右，从而保持输送带始终与托辊接触，运转平稳，不易跑偏。

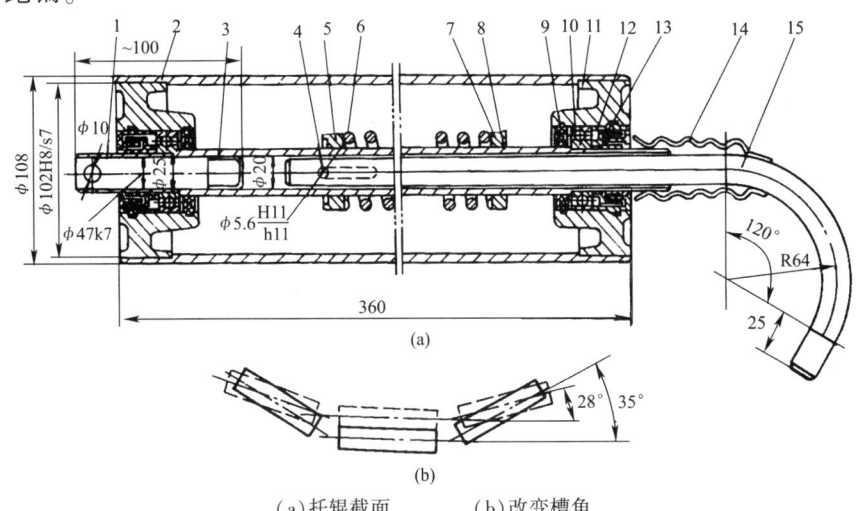

(a) 托辊截面　　(b) 改变槽角

图 6-12　可变槽角托辊结构图

1—空心轴；2—管体；3—堵；4—销；5—滑动弹簧座；6—弹簧；7—弹簧座；8—挡；9—尼龙挡圈
10—轴承；11—轴承座；12、13—内外迷宫圈；14—护套；15—挂钩

三、驱动装置

驱动装置是带式输送的动力来源。电动机通过联轴器、减速器带动主动滚筒转动。借助滚筒与输送带之间的摩擦力,使输送带运动。

按电机数目分,有单电机驱动和多电机驱动。按传动滚筒的数目分,有单滚筒驱动、双滚筒驱动和多滚筒驱动。

SSJ800/2×40型可伸缩带式输送机的传动系统如图6-13所示,由电动机1、液力耦合器2、减速器3、机头滚筒4、传动滚筒5、改向滚筒7、游动滚筒8、机尾滚筒10等部件组成。传动原理是:当电动机开动后,通过液力耦合器2带动减速器3,经齿轮减速后由齿形联轴器带动传动滚筒5旋转。当输送带缠绕在两个传动滚筒并拉紧后,通过摩擦带动输送带9运转。为了避免两个传动滚筒产生滑差,两个滚筒用齿数相等的联动齿轮6啮合传动。

SSJ800/2×40型伸缩带式输送机减速器的结构如图6-14所示。该减速器采用三级圆锥圆柱齿轮传动,第一级传动齿轮采用圆弧锥齿轮,第二级传动齿轮采用斜齿圆柱齿轮,第三级传动齿轮采用直齿圆柱齿轮。壳体采用水平剖分式,上下对称,用销子定位,螺栓固定,便于检修。输入轴采用花键与液力偶合器连接,输出轴采用齿形联轴器与传动滚筒连接。

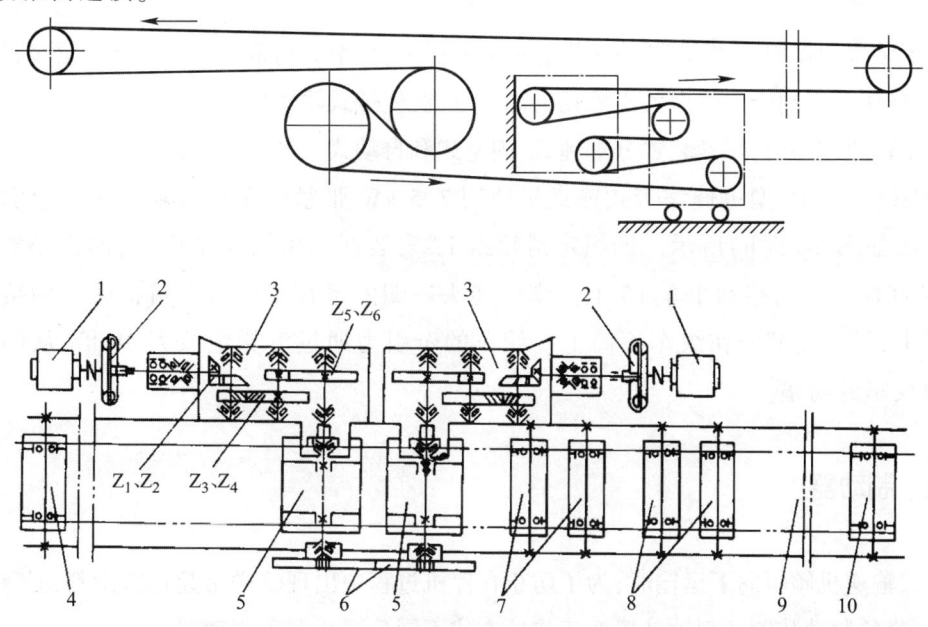

图6-13 SSJ800/2×40型可伸缩带式输送机的传动系统示意图

1—电动机;2—液力偶合器;3—减速器;4—机头滚筒;5—传动滚筒;6—联动齿轮
7—改向滚筒;8—游动滚筒;9—输送带;10—机尾滚筒

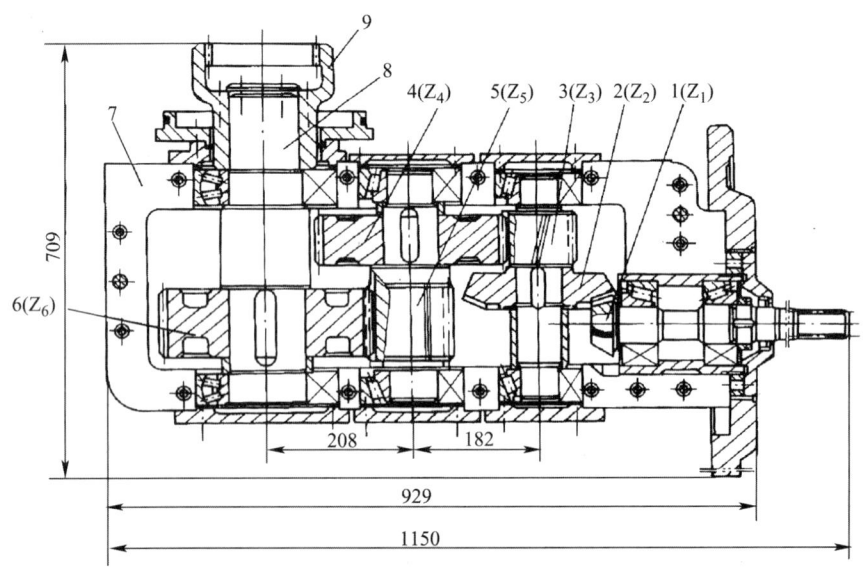

图 6-14　SSJ800/2×40 型伸缩带式输送机减速器结构图
1—主动锥齿轮；2—从动锥齿轮；3—高速轴及主动斜齿轮；4—从动斜齿轮
5—中间轴及主动圆柱齿轮；6—从动圆柱齿轮；7—壳体；8—输出轴；9—齿形联轴器

四、张紧装置

张紧装置的作用，一是保证输送带有足够的张力，使滚筒与输送带之间产生必要的摩擦力；另一作用是限制输送带在各支承托辊间的垂度，使带式输送机能正常工作。

按工作原理不同，张紧装置分重锤式、固定式和自动式三种。

SSJ800/2×40 型可伸缩带式输送机使用 7.5 kW 张紧绞车松紧输送带。牵引绳的缠绕方法如图 6-15(b)所示。四组定滑轮组 12 安装在牵引绞车基座上，四组动滑轮组 14 安装在储带仓的移动小车 15 上。牵引绳头一端固定在带式输送机框架上的负荷传感器 7 上，另一端缠绕在绞车滚筒上。绞车的牵引力通过滑轮组放大 38 倍，从而减小了牵引绞车的功率。

五、制动器

带式输送机倾斜向下运输时，为了防止在停机过程中出现输送带超速或滚料，必须装设安全、可靠的制动装置。制动装置按工作的方式不同分逆止器和制动器。

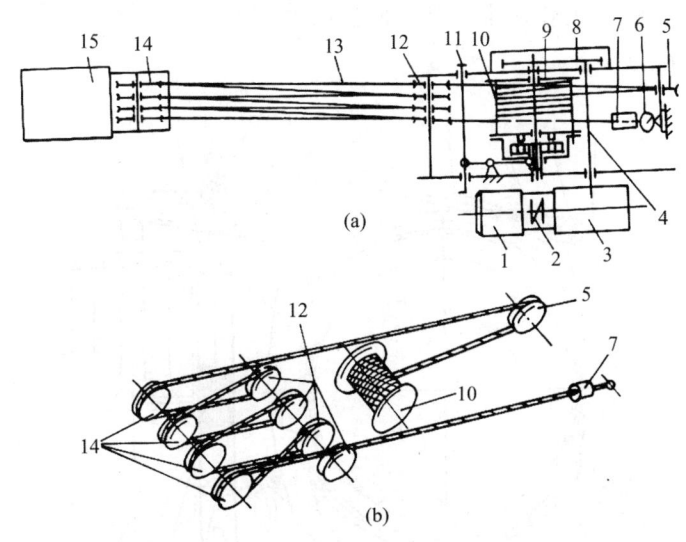

(a) 张紧绞车　　　(b) 钢丝绳的缠绕

图 6-15　张紧绞车及钢丝绳的缠绕方法示意图

1—电动机;2—联轴器;3—蜗轮减速器;4—传动轴;5、12—定滑轮;6—张力计;7—负荷传感器
8—传动齿轮;9—离合制动器;10—滚筒;11—操纵装置;13—钢丝绳;14—动滑轮组;15—移动小车

(一) 逆止器

为了防止倾斜向上运输的带式输送机停机后输送带的反向逆行,必须装设安全、可靠的逆止装置。对逆止装置的要求如下。

(1) 逆止装置的额定逆止力矩应大于输送机所需逆止力矩的 1.5 倍。

(2) 逆止装置的设置,不得影响减速器正常运转。

(二) 制动器

1. 制动器的结构和工作原理

带式输送机常用的制动器分为闸瓦制动器和盘式制动器两大类。

闸瓦式制动装置由制动臂、闸瓦、闸轮和弹簧等部件组成,是一种综合块式制动装置,如图 6-16 所示。

两个制动臂 1、2 的下部用销轴固定在电动机与减速器间连接筒的壳体上。可调连接杆 7 通过叉头 16 用销轴与制动臂 1 相连,另一端的十字头 6、间隔套 8 铰接在三角杆 5 上。三角杆的两端与制动臂 2 和电液推动器 20 的活塞杆铰接,将弹簧 14 压入套管 12 内。螺杆 13 穿过三角杆铰接的十字头。套管 12 的另一端用销轴 17 与支座 9 铰接。支座 9 则用销轴固定在连接筒的壳体上。制动轮 22 用螺栓连接在减速器输入轴的法兰套上。为了限制制动臂的位移和调节闸瓦间隙,两边均装有调节螺钉 11,分别安装在支座 9 和 10 上。支座 10 也用销轴 17 固定在连接筒的壳体上。

制动装置的工作原理是利用电液推动器 20 控制。当电液推动器通电后,制动闸松开;

断电后,制动闸在弹簧 14 的作用下自动抱闸。电液推动器活塞杆的行程为 50 mm,制动闸最大制动力矩为 500 N·m。

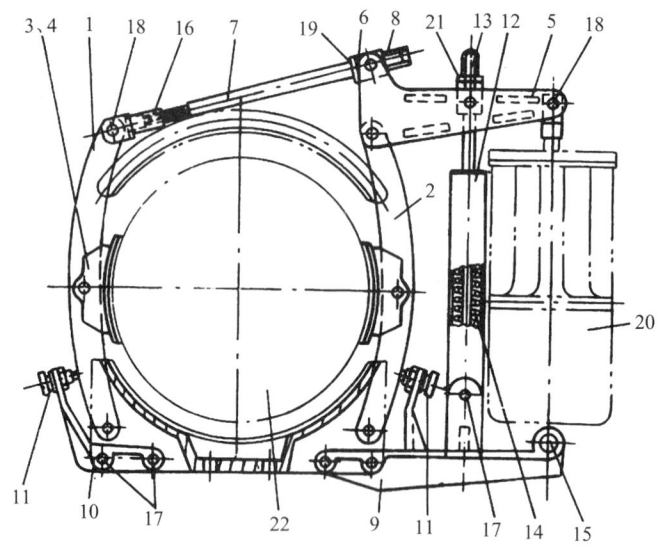

图 6-16　闸瓦式制动装置结构图

1、2—左右制动臂;3—闸瓦;4—闸衬;5—三角杆;6 十字头;7—调节杆;8—间隔套;9、10—支座;
11—调节螺钉;12—套管;13—螺杆;14—弹簧;15、17、18—销轴;16—叉头;19—垫;
20—电液推动器;21—螺母;22—制动轮

2. 制动器的要求

各种形式的制动系统在正常制动和停电紧急制动时,应满足如下性能要求。

(1) 制动减加速度为 0.1~0.3 m/s。

(2) 制动系统中制动装置的制动力矩不得小于该输送机所需制动力矩的 1.5 倍。

(3) 频繁制动(10 次/h)时的温度:液力制动,介质液温不得超过 85℃;电制动,绕组温度不得超过 100℃(绕组为 F 级绝缘时);机械摩擦制动,摩擦表面温度不得超过 150℃。

六、卷带装置

卷带装置由卷带绞车 1、储带滚筒 2、小车移动架 3、顶尖小车 4、卷带装置架 5 等部件组成,如图 6-17 所示。它设在储带装置后侧,其作用如下。

① 后退式采煤方法,输送机缩短一定距离后,它可以从储带仓中取出一段输送带。

② 前进式采煤方法或与掘进工作面配套使用,输送机延长一定距离后,它可以向储带仓增加一段输送带。

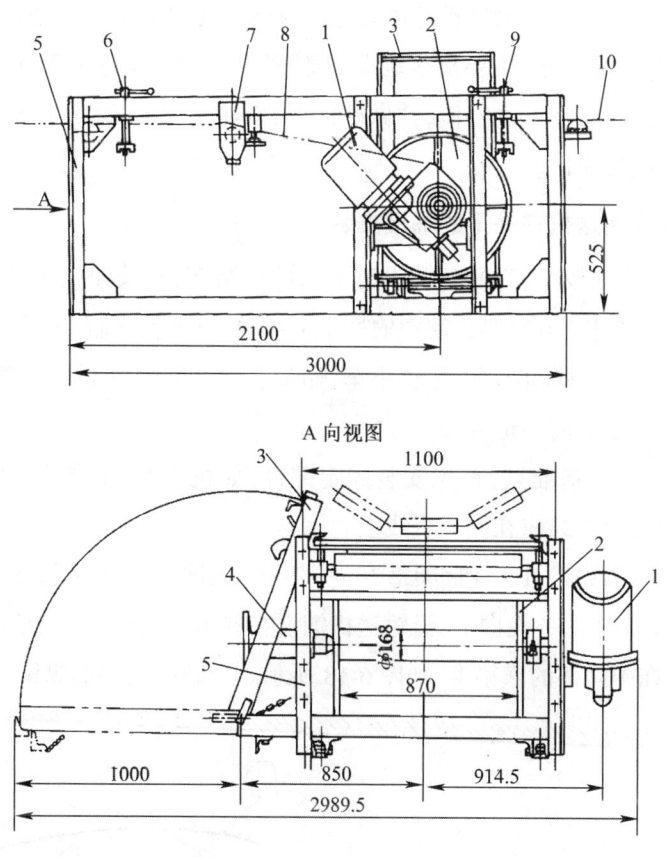

图 6-17　卷带装置结构图

1—卷带绞车；2—储带滚筒；3—小车移动架；4—顶尖小车；5—卷带装置架；
6、9—夹板；7—跳心托辊；8—输送带（前端）；10—输送带（后端）

第三节　带式输送机的安装、使用与维护

一、带式输送机的安装

（一）安装前的准备工作

带式输送机在井下安装前的准备工作主要如下。

（1）设备下井前，安装人员必须熟悉设备和有关图纸资料。根据矿井巷道的运输条件，确定设备部件的最大尺寸和质量。

（2）在安装输送机的巷道中，首先确定输送机安装中心线和机头的安装位置，将这些基准点在支架或顶板相应位置上标记出来。

(3) 清理巷道底板,根据输送机总体装配图所标注的固定安装部分长度,将巷道底板平整出来。对安装非固定部分(主要指落地式机身)的巷道也要求作一般性平整。

(4) 为便于运输,应将大件解体,并做好标记,以便于对号安装、对外露的加工面,应采取保护措施,防止磕碰损伤。

(二) 伸缩带式输送机在井下的铺设安装

(1) 井下巷道空间较窄,为避免铺设时零部件的堵塞,应按照先里后外的原则,即按机尾、移动机尾装置、机身(中间架)、回空输送带下托辊、纵梁上托辊、载货输送带、卷带装置、储带仓(包括张紧小车,移动小车、托辊小车、储带仓架、储带转向架车)机头传动装置的顺序,搬运到各自安装地点的巷道旁边。

(2) 根据已确定的基准点,首先安装固定部件,如机头部、储带仓、机尾等部件。安装后,机头尾及各滚筒中心线应在同一直线上。

(3) 安装机身时首先将 H 形中间架每 3 m 一架卧放在输送机中心线底板上,底脚朝向机头。

(4) 将输送带工作的一面向上,沿输送机铺设在巷道一侧底板上,然后从一端开始将输送带翻转 180°搭在中间架的横梁上,如图 6-18 所示。再装中间架的纵梁、下托辊与上托辊。

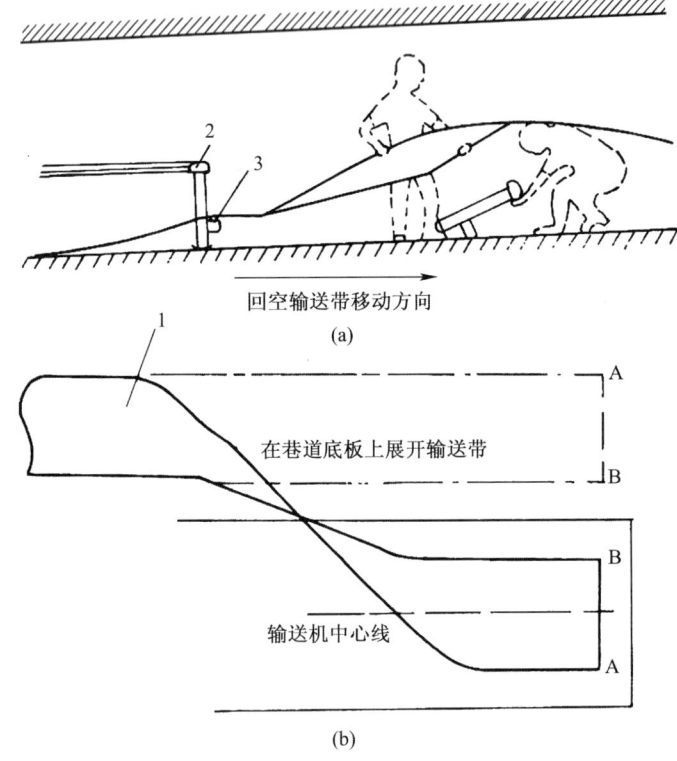

(a) 输送带的铺设　　(b) 输送带的翻转

图 6-18　回空输送带的铺设示意图

1—铺设中的输送带;2—H 形中间架;3—下托架

(5) 铺设载货输送带可借助主传动滚筒和另设置一台牵引绞车进行。

(6) 用于后退式采煤方法时,将储带仓中的游动小车置于靠近机头端(前进式或综掘工作面置于远离机头的一端),开动绞车,给输送带以足够的张力,以保证输送机在启动和运行过程中输送带不会在传动滚筒上打滑。

(7) 检查各部分安装情况,清除影响运转的障碍物,做好通信联络,检查电控保护装置动作,准备点动开车调试。

(三) 安装质量要求

(1) 所有零部件(包括外协件)必须经检验合格后方可进行装配。配套件、外购件必须有合格证书。托辊、减速器、制动器、液力偶合器、输送带、电动机等重要部件须有国家授权检测单位的合格证书。

(2) 同一型号的机架应能互换。

(3) 输送机架中心线直线度应不大于表6-1的规定,并应保证在任意25 m长度内的偏差不大于5 mm。

表6-1 输送机架中心线直线度

输送机长度/m	$L < 100$	$100 < L < 300$	$300 < L < 500$	$300 < L < 1000$	$1000 < L < 2000$	$L > 2000$
直线度/mm	20	30	50	80	150	200

(4) 滚筒轴线与水平面的平行度公差值不大于1/1000。

(5) 滚筒轴线对输送机机架中心线的垂直度公差值不大于2/1000。滚筒或托辊与输送机机架要对称,其对称度公差值不大于3 mm。

(6) 驱动滚筒轴线与减速器低速轴轴心线的同轴度按GB 1184中10级要求,两驱动滚筒轴心线的平行度公差值不大于0.4 mm。

(7) 托辊(调心托辊和过渡托辊除外)上表面应位于同一平面上(水平面或倾斜面)或者在一个公共半径的弧面上(输送机凹弧段或凸弧段)。在相邻三组托辊之间其高低,固定式输送机不大于2 mm,伸缩和吊挂式输送机不大于3 mm。

(8) 储带仓和机尾的左右钢轨踏面应在同一水平面内,每段钢轨的轨顶高低偏差不得超过2.0 mm。轨道应成直线,且平行于输送机机架的中心线,其直线度公差值在1 m内不大于2 mm,在25 m内不大于5 mm,在全长内不大于15 mm。轨距偏差不得超过±2 mm,轨道接缝处踏面的高低差不大于0.5 mm,轨缝不大于3 mm。

(9) 清扫器与输送带在滚筒轴线方向上的接触长度应大于带宽的85%,且性能稳定,清扫效果良好。

(10) 加料口处的导料槽应具有良好的导料性能。

(11) 输送带接头的接缝处应平直,在1 m长度上的直线度公差值不大于20 mm,如

图 6-19 所示。

（12）各移动部件安装后，应移动灵活，调整方便。

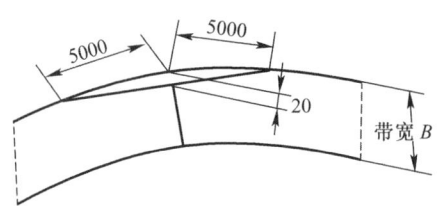

图 6-19　输送带接头的平直要求示意图

（四）带式输送机的运转试验

带式输送机的运转试验应分三步进行。

1. 未装输送带的试运转

当机头、储带仓和电气设备都装好后，先不装输送带，进行空运转，检查减速器运转是否平稳，轴承声响、温度是否正常，张紧绞车、卷带绞车是否性能良好。

2. 装上输送带后的空运转

（1）拉紧输送带：在空运转前，开动张紧绞车给输送带以足够的张力。

（2）空运转试验：空运转时全线各点都必须设人观察情况，发现输送带跑偏、打滑及其他不正常情况，应立即停车，进行处理。

（3）空运转时间为 4 h 左右。

3. 负荷运转

空运转确认无问题后方可放煤加载运转试验。

（1）驱动装置应运行平稳，不允许出现异常振动及声响，在启动和运行过程中不允许输送带有打滑现象。

（2）运行过程中，输送带边缘不得超出托辊管体和滚筒边缘。

（3）负荷运转试验时间为 2 h。

二、带式输送机的操作

（一）输送带接头的制作

1. 制作输送带接头的准备工作

（1）按输送带的厚度选用相适应的钉扣机和 U 形扣，见表 6-2。

表 6-2 输送带用 U 形扣接头

序号	结构形式	型号	适用输送带厚度/mm	最大张力/(N/mm)
1	单排钉	DGK2.1	8~12	560(标准要求)
2		GK2.2	12~14	300~350(实测)
3	双排钉(一齐)	DGK3.1	8~12	980(标准要求)
4		DGK3.2	12~14	
5	双排钉(错开)	DGK4.1.1	8~10	1580
6		DGK4.2.1		800
7		DGK4.1.2	10~13	1580
8		DGK4.2.2		800
9		DGK4.1.3	13~16	1580
10		DGK4.2.3		800
11		DGK4.1.4	16~18	1580
12		DGK4.2.4		800

(2) 切割接头时,要保持接头与输送带边呈 90°。

(3) 接头两侧应切去一个三角形,其高度 h 为 25~30 mm,如图 6-20 所示。

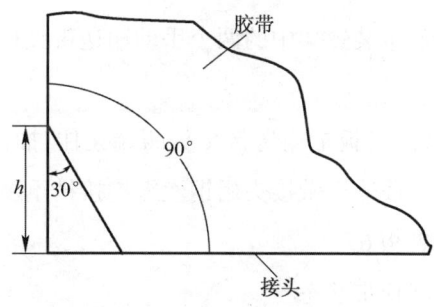

图 6-20 输送带接头的切割示意图

(4) U 形钉的尖端应向着输送带承载的一面。

(5) 钢丝绳连接销的长度 L 应小于输送带宽度,如图 6-21 所示。

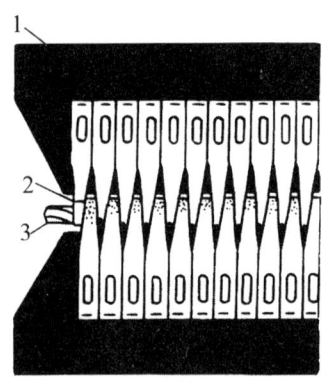

图6-21 输送带接头示意图

1—输送带;2—U形扣;3—钢丝绳连接销

2. 输送带接头的操作

输送带接头一般使用订扣机(又称打卡机)手工操作订扣,常用的订扣机有DK系列和DGK4系列两种。

(二) 卷带装置的操作

1. 后退式采煤方法时卷带装置的操作方法

(1) 卸净输送带上的货载。

(2) 将小车移动架3放下,将空滚筒放在顶尖小车上,再把顶尖小车推入卷带装置架内。把小车移动架竖起并用销子挂住。

(3) 操纵顶尖手轮,使小车和减速器输出轴的顶尖进入滚筒轴孔内,同时滚筒慢慢抬起离开小车架,这时滚筒一侧的牙嵌离合器也与减速器输出轴顶尖上的牙嵌离合器啮合。

(4) 将输送带接头转到卷带装置架中的两个手动输送带夹板6和9之间。

(5) 停机,闭锁控制键。

(6) 用手摇动螺杆,通过两夹板把输送带接头两端夹住,抽出接头钢丝绳连接销,把前面的接头8与滚筒上预留的一段输送带接头用钢丝绳连接销重新穿接好。

(7) 放松前方的输送带夹板6。

(8) 使张紧绞车处于放绳松带状态。

(9) 启动卷带绞车,随储带仓移动小车徐徐前移,将储带仓内的输送带卷到滚筒上。

(10) 当这卷输送带的另一个接头跃过前方夹板6进入卷带装置架内后,用夹板将输送带夹紧,抽掉接头连接销,将前后夹板夹住的两个接头仍穿接好。

(11) 将卷好的输送带用钢丝捆好,以防松脱。

(12) 将滚筒从架子中拉出,通过设在输送机侧轻便轨道上的平车,把这卷输送带运走。

(13) 紧带、解锁、试运。

2. 前进式采煤方法或掘进工作面使用的带式输送机卷带装置的操作

(1) 将卷有输送带的卷带滚筒送进卷带机架,使牙嵌离合器不与减速器输出轴上的离合器啮合。

(2) 将机身输送带在卷带架内拆开(同前述)。

(3) 将后端输送带固定在卷带架上,前端输送带与卷带滚筒上输送带连接。

(4) 开动张紧绞车,拉移动小车后移,就可将卷带滚筒上的输送带补充入储带仓,以备机身继续延长使用。

三、带式输送机的维护

(一) 带式输送机的润滑

SSD800/2X40 型带式输送机的注油部位如图 6-22 所示。润滑油牌号、注油周期见表 6-3。

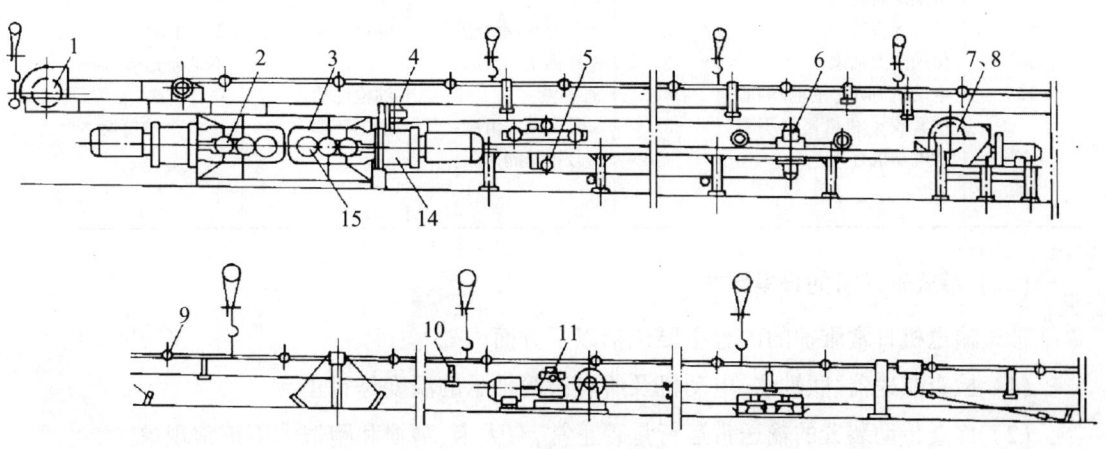

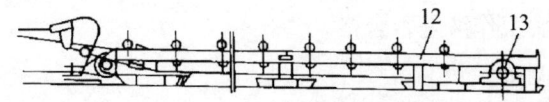

图 6-22　SSD800/2X40 型带式输送机注油部位示意图

表 6-3 SSD800/2X40 型带式输送机润滑表

注油点编号（图 6-22）	注油部位	注油点数	润滑材料牌号	润滑方法	注油周期
1	卸载滚筒轴承	2	3 号钙基润滑脂	油枪注油	每日 1 次
2	减速器	2	150 号工业齿轮油	润壶加油	每两周 1 次
3	1:1 齿轮箱	1	150 号工业齿轮油加 30% 3 号钙基润滑脂	油桶加油	每周 1 次
4	固定滚筒架的导向滚筒轴承	4	3 号钙基润滑脂	油枪注油	每日 1 次
5	小车托辊轴承	6	2 号钙基润滑脂	手工填油	3~5 个月更换
6	移动小车换向滚筒轴承	4	3 号钙基润滑脂	油枪注油	每日 1 次
7	JJ-4 型张紧绞车开式齿轮	1	石墨润滑脂	手工涂油	每周 1 次
8	JJ-4 型张紧绞车减速器	1	150 号工业齿轮油	油壶注油	每周 1 次
9	槽形托辊轴承		2 号锂基润滑脂	手工装填	3~5 个月更换
10	下托辊轴承		2 号锂基润滑脂	手工装填	3~5 个月更换
11	机尾牵引绞车减速器		150 号工业齿轮油（开式齿轮用石墨润滑脂）	油壶及手工涂油	每周 1 次
12	缓冲托辊轴承			手工装填	3~5 个月更换
13	机尾滚筒轴承	2	2 号锂基润滑脂	油枪注油	每日 1 次
14	液力偶合器	2	3 号钙基润滑脂		不足补充
15	传动滚筒轴承	4	难燃液	油枪注袖	每日 1 次
	电动机轴承（主电动机，拉紧绞车和机尾牵引绞车电动机）	8	3 号钙基润滑脂 2 号锂基润滑脂	手工装填	3~5 个月更换

（二）带式输送机的日常维护

带式输送机日常维护的内容主要包括以下方面。

（1）检查减速器、联轴器、电动机及所有滚筒轴承的温度是否正常。

（2）检查传动装置的输送带运行是否正常,有无卡、磨损和跑偏等不正常现象。

（3）检查清扫器与输送带接触是否符合要求。

（4）检查液力耦合器保护装置是否齐全,工作液是否合格。

（5）检查输送带张力大小,必要时进行调整。

（6）检查储带仓各部,并在停机闭锁时清除粘在结构物与底板上的煤泥、杂物。

（7）检查张紧绞车各部及牵引钢丝绳的情况。

（8）检查、更换不合格的上、下托辊。

（9）检查、处理变形的电间架。

（10）按规定对输送机各部进行注油润滑。

(三) 安装、检修和维护时的注意事项

（1）带式输送机驱动装置、液力耦合器、传动滚筒、尾部滚筒等转动部位要设置保护罩和保护栏杆，防止发生绞人事故。

（2）工作人员衣着要利索，袖口、衣襟要扎紧。

（3）在带式输送机运行中，禁止用铁锹和其他工具刮输送带上的煤泥或用工具拨正跑偏的输送带，以免发生人身事故。

（4）输送机停运后，必须切断电源。不切断电源，不准检修。挂有"有人工作、禁止送电"标志牌时，任何人不准送电开机。

（5）在更换输送带和做输送带接头时，确需点动开车并用人力拉动输送带时，严禁直接用手拉或用脚蹬踩输送带。

（6）在对接输送带做接头时，必须远离机头转动装置 5 m 以外，并派专人停机、停电、挂停电牌后，方可作业。

（7）在清扫滚筒上粘煤时，必须先停机，后清理。严禁边运行边清理。

（8）在检修输送机时，应制订专门措施，在实施中，工作人员严禁站在机头、尾架、传动滚筒及输送带等运转部位上方工作。

四、带式输送机常见故障及预防处理

带式输送机在运转中可能发生的常见故障与排处方法如表 6-4 所示。

表 6-4 带式输送机的主要故障及其原因与排除方法

序号	故障现象	原因	排除方法
1	电动机不能启动	1. 电气线路损坏 2. 单相运转	1. 检查线路，修理损坏部分 2. 检查并排除
2	电动机温度过高	1. 超负荷运转 2. 通风散热条件不好	1. 减小负荷 2. 清扫电动机周围的杂物
3	减速器声音不正常	1. 伞齿轮调整不合适 2. 轴承或齿轮磨损严重 3. 轴承游隙过大 4. 减速器内有金属杂物	1. 重新调整好伞齿轮 2. 更换损坏或磨损的部件 3. 重新调整 4. 清除杂物

续 表

序号	故障现象	原因	排除方法
4	减速器温度过高	1.润滑油污染严重 2.油量少,未达到规定要求 3.冷却不良,散热不好	1.更换润滑油 2.按规定注油 3.清除减速器周围的杂物和散落的煤
5	减速器漏油	1.密封圈损坏 2.箱体结合面不严,各轴承端盖螺钉松动	1.更换密封圈 2.拧紧螺钉
6	胶带跑偏	1.胶带接头不正 2.托辊和液筒安装位置不对 3.托辊卡住 4.托辊表面粘有煤泥 5.输送机装载点位置不正	1.重新接头 2.调整位置,使托辊和滚筒的轴线与输送机的中心线相互垂直 3.处理被卡住的托辊 4.将粘的煤泥清理掉 5.调整装载点位置
7	胶带打滑	1.滚筒上有水 2.胶带过松	1.将滚筒上的水清理干净 2.重新拉紧胶带
8	胶带突然停住	1.被物料卡住 2.制冻闸挤住 3.传动滚筒或机尾滚筒被卡死	1.清除物料 2.检查制动阀 3.更换轴承或损坏的滚筒
9	胶带因超速造成多次停车	1.过载 2.胶带速度控制装置不能起作用	1.减少承载量 2.检查带速,更换或重新调整胶带速度控制装置
10	胶带撕裂	1.胶带被外来物卡住 2.接头损坏或接头方式不对 3.预拉紧过大	1.排除外来物件 2.检查接头或重新接头 3.检查预拉紧力

习 题

1.试述带式输送机的工作原理。

2.绳架吊挂伸缩带式输送机的类型和特征代号怎样表示?

3.钢架落地伸缩带式输送机的产品类型和特征代号怎样表示?

4.可变槽角托辊的结构有什么特点?

5. 闸瓦式制动装置的工作原理是怎样的？
6. 对制动器有什么要求？
7. 带式输送机为什么要有逆止器？
8. 卷带装置的作用是什么？如何操作卷带装置？
9. 对带式输送机的安装质量有什么要求？
10. 输送带跑偏的原因是什么？如何调整跑偏？
11. 输送带带速不正常的原因是什么？

第七章 矿用电机车

第一节 概 述

机车是轨道车辆运输的一种牵引设备,按使用的动力分,有电机车和内燃机车。牵引电机(或内燃机)驱动车轮转动,借助车轮与轨面间的摩擦力,使机车在轨道上运行。这种运行方式,它的牵引力不仅受牵引电机(或内燃机)功率的限制,还受车轮与轨面间的摩擦制约。机车运输能行驶的坡度有限制,运输轨道坡度一般为3‰,局部坡度不能超过30‰。

一、矿用电机车的分类及组成

目前,我国矿用电机车都采用直流电机车,其牵引电动机及牵引电网均系直流。

直流电机车有两种:架空接触线随遇供电式电机车,简称架线式电机车;自携电源蓄电池式电机车,简称蓄电池式电机车,如图7-1所示。

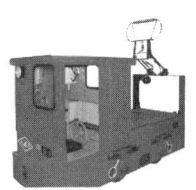 

(a) 架线式电机车　　　　(b) 蓄电池式电机车

图7-1　直流电机车

架线式电机车由两部分组成:列车,由电机车和所牵引的矿车组组成;供电设备,由牵引电网与牵引用变流室组成。架线式电机车及供电系统如图7-2所示。

牵引电网是架空接触线和轨道随遇向架线式电机车供应电能的网络,由馈电电缆、回电电缆、架空接触线和轨道4部分组成。

牵引交流室内安装有交流变流设备、专用变压器、直流配电设备等。牵引变流室一般与井底车场电流所在一起或在其附近的专用硐室内。

蓄电池式电机车运输设备由列车、供电设备组成。此类设备轨道不在供电系统中。蓄电池式电机车的供电设备包括充电及交流两部分设备。

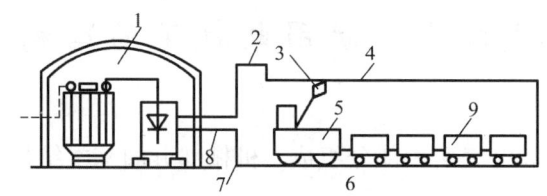

图 7-2　架线式电机车的供电系统示意图

1—牵引交流所;2—馈电线;3—馈电点;4—架空裸导线;5—电机车;
6—运输轨道;7—回电点;8—回电线;9—矿车

架线式电机车运行时,受电弓与架空线间难免发生火花。因此架线式电机车只能在低沼气矿井进风(全风压通风)的主要运输巷道内使用,巷道支护必须使用不燃性材料;如在高沼气矿井进风(全风压通风)的主要运输巷道内使用架线式电机车,必须遵守《煤矿安全规程》有关规定。

蓄电池式电机车由车上携带的蓄电池供电,运输线路不受限制,但需要充电设施,蓄电池放电到规定值时需更换。蓄电池电机车,只一端有驾驶室,向另一端运行时,电油箱阻碍司机视线,司机只好探身室外瞭望,容易发生事故。采用双驾驶室能解决这一不安全因素,现在已有双驾驶室蓄电池式电机车。

蓄电池式电机车按其防爆安全性能分为以下两种。

(1) 防爆安全型。电动机、控制器、灯具、电缆插销等均为防爆型,蓄电池和电池箱为普通安全型,用于以全风压通风的瓦斯矿井主要运输巷道、掘进岩石巷道。

(2) 防爆特殊型。电动机、控制器、灯具、电缆插销等为隔爆型,蓄电池则为防爆特殊型。主要用于瓦斯矿井的主要回风道和采区进风及回风道。

二、矿用电机车的工作原理

以架线式直流电机车为例。架线式电机车的供电方式如图 7-2 所示。交流电在变流室整流后,正极接在架空线上,负极接在轨道上。架空线是沿运行轨道上空架设的裸导线,机上的受电弓与架空线接触,将电流引入车内,经车上的控制器控制牵引电动机运转,从而带动电机车及矿车运行。电流经轨道流回。因此,架线式电机车的轨道必须按电流回路的要求接通。

第二节 矿用电机车的结构

矿用电机车由机械和电气两大部分组成。机械部分的基本结构如图 7-3 所示,下面分别简述如下。

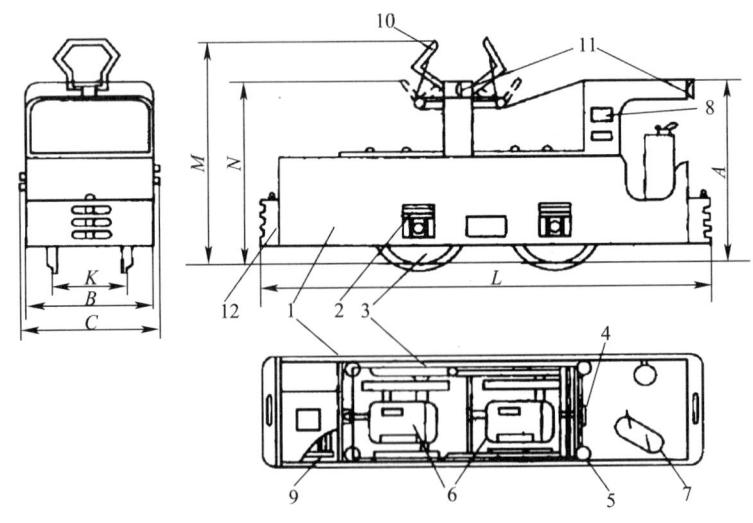

图 7-3 矿用电机车外形图
1—车架;2—轴承箱;3—轮对;4—制动手轮;5—砂箱;6—牵引电动机
7—控制器;8—自动开关;9—启动电阻器;10—受电弓;11—车灯
12—缓冲器及连接器

一、车架

车架是机车的主体,是由厚钢板焊接而成的框架结构。除了轮对和轴承箱,机车上的机械和电气装置都安装在车架上。车架用弹簧托架支承在轴承箱上。运行中因常受到冲击、碰撞,而产生变形,所以应加大钢板厚度或采取相应的增加车架刚度的措施。

二、轮对

轮对由两个车轮压装在一根轴上而成。车轮有两种,一种是轮箍和轮芯热压装在一起的结构,如图 7-4 所示;另一种是整体车轮。前者的优点是轮箍磨损到极限时,只更换轮箍不用整个车轮报废。驱动轮对有传动齿轮,电动机经齿轮减速后带动轮对旋转。

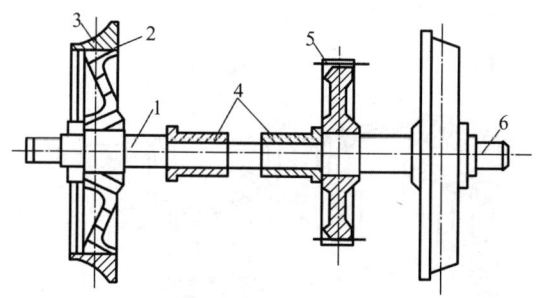

图 7-4 矿用电机车的轮对结构图
1—车轴；2—轮心；3—轮箍；4—轴瓦；5—齿轮；6—轴颈

三、轴箱

轴箱是轴承箱的简称,与轮对两端的轴颈配合安装,轴箱两侧的滑槽与车架上的导轨相配,上面有安放弹簧托架的座孔。车架靠弹簧托架支承在轴箱上,轴箱是车架与轮对的连接点。轨道不平时,轮对与车架的相对运动发生在轴箱的滑槽与车架的导轨之间,并依靠弹簧托架起缓冲作用。轴箱结构如图 7-5 所示。

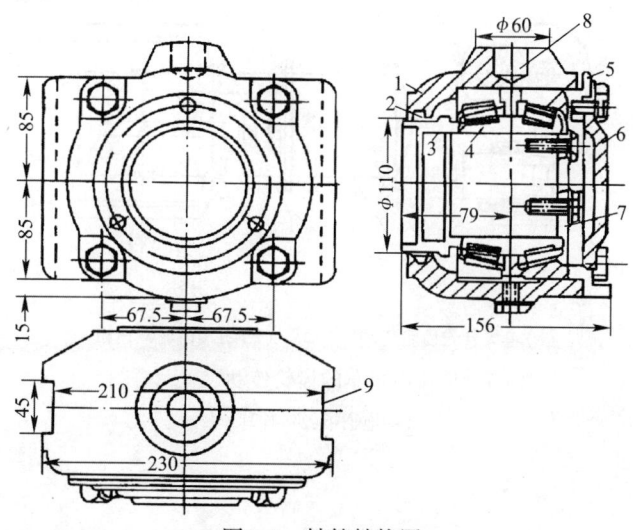

图 7-5 轴箱结构图
1—轴箱体；2—毡圈；3—止推环；4—滚动轴承；5—止推盖；
6—轴箱端盖；7—轴承压盖；8—座孔；9—滑槽

四、弹簧托架

弹簧托架是一个组件,由弹簧、连杆、均衡梁组成。图 7-6 是一种使用板簧的弹簧托架结构图。每个轴箱上座装一付板簧,板簧用连杆与车架相连。均衡梁在轨道不平或局部有凹陷时,起均衡各车轮上负荷的作用。

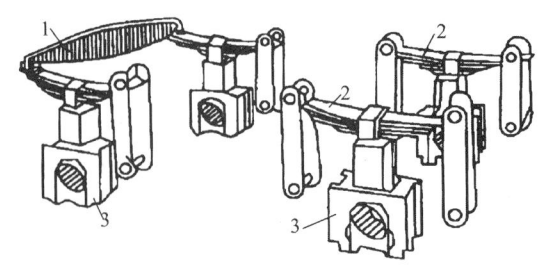

图 7-6　弹簧托架结构图
1—均衡梁;2—板簧;3—轴箱

五、齿轮传动装置

矿用电机车的齿轮传动装置有两种形式:一种是单级开式齿轮传动,其结构如图 7-7(a);另一种是两级闭式齿轮减速箱,其结构如图 7-7(b)。开式传动方式传动效率低,传动比较小,而闭式齿轮箱传动效率较高,齿轮使用寿命较长。

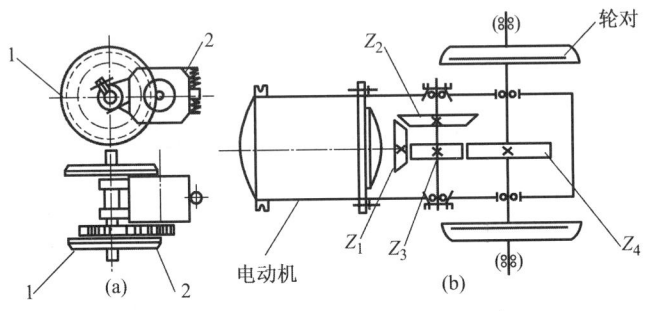

(a)单级开式齿轮传动　　(b)闭式齿轮减速箱

图 7-7　矿用电机车的齿轮传动装置示意图
1—抱轴承;2—挂耳

六、制动装置

电机车的制动装置分为以下两种。

(1) 机械制动。

利用制动闸或制动器进行制动。矿用电机车的制动闸多是闸瓦式,用杠杆使闸瓦紧压车轮踏面,借助闸瓦与车轮的摩擦力形成制动力矩。操作方式有手动、气动和液动三种。手动操作的制动装置如图 7-8 所示。

（2）电气制动。电气制动是牵引电动机的能耗制动，不需要专门设置，只需用控制器改变电气线路即可。

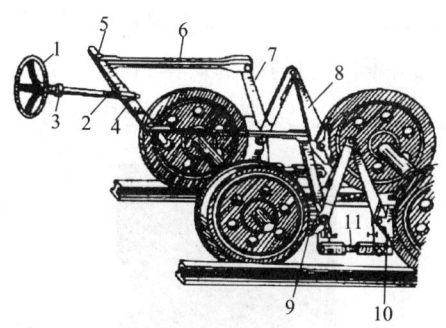

图 7-8　矿用电机车的手动制动装置结构图

1—手轮；2—螺杆；3—衬套；4—螺母；5—均衡杆；6—拉杆；7、8—制动杆；
9、10—闸瓦；11—正反扣调节螺丝

七、撒砂装置

机车上的撒砂装置，是用来向车轮前沿轨面上撒砂，以加大车轮与轨面间的摩擦系数。砂箱内装的砂子应是粒度不大于 1 mm 的干砂，其结构如图 7-9 所示。

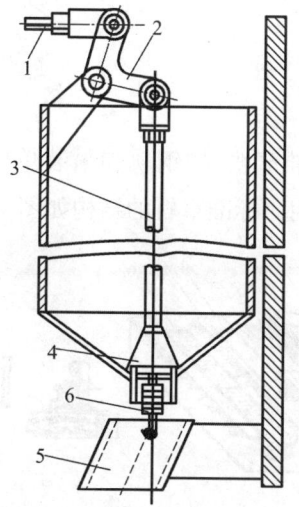

图 7-9　矿用机车撒砂装置结构图

1、3—拉杆；2—摇臂；4—锥体；5—出砂导管；6—弹簧

八、缓冲器及连接器

缓冲器设在车架的两端,用以承受冲撞。采用弹簧缓冲器能减轻冲击。连接器用来连接被牵引的列车。为了能连接不同牵引高度的矿车,机车上的连接器做成多层接口。目前矿用电机车的连接器还多是手动摘挂,已有改用自动连接器的机车在使用。

图 7-10　缓冲器及连接器

第三节　轨道与矿车

一、轨道

目前矿井用轨道有三种:标准窄轨、槽钢轨和吊装单轨。矿山主要运输中使用标准窄轨,其他两种只在辅助运输中使用。标准窄轨的结构如图 7-11 所示。

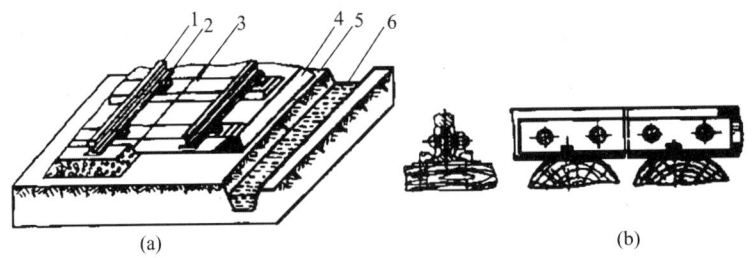

图 7-11　标准窄轨的结构图
1—钢轨;2—道钉;3—轨枕;4—道床;5—底板;6—水沟

轨道建筑由两部分组成:下部建筑主要是巷道底板和水沟;上部建筑是钢轨、联接零件、轨枕和道床。

矿用钢轨属轻轨系列,钢轨的型号用每米长的质量(kg/m)表示,有 11、15、18、24、38 几种型号。矿用钢轨不仅要耐磨,而且要耐腐蚀。井下各种巷道内使用的轨型,应按最大轴重、车速及运输量选择。

联接包括钢轨之间的联接及钢轨与轨枕之间的联接。钢轨之间的联接有鱼尾板联接及焊接两种。鱼尾板联接是用鱼尾板和鱼尾螺栓、弹簧垫圈将两个轨头联在一起,钢轨与轨枕之间用道钉或螺栓进行联接。

钢轨将压力直接传给轨枕,并经轨枕较均匀地传给道床;轨枕还能保持轨道的稳定性,防止轨道的纵向和横向移动。轨枕有木质和钢筋混凝土两种,煤矿现多用预应力钢筋混凝土轨枕,以节约木材。

道床即道碴层,其作用是固定线路、将轨枕的载荷均匀地传到底板上。道床有石碴道床、整体道床两种。

整体道床是用混凝土浇灌成一整体的结构,其优点是行车稳定,线路维修工作量小,施工精度高,但有底鼓的巷道不能使用。

轨道的轨距是两条钢轨的轨头内缘距离。轨距是轨道、机车和矿车的重要规格参数,我国矿井窄轨铁路使用的标准轨距有 600 mm、762 mm、900 mm 三种。

二、矿车

矿用车辆有标准窄轨车辆、卡轨车辆、单轨吊挂车辆和无轨机动车辆。标准窄轨车辆就是通常说的矿车,是目前我国煤矿使用的主要车辆,也是实际使用数量最多的一种车辆。

1. 矿车的类型

矿车的类型很多,按其用途可分为如下几类。

(1) 运散装物料,有固定车箱式、翻转车箱式、底卸式等。

(2) 运材料及设备,有材料车、平板车。

(3) 运人,有平巷人车、斜巷人车。

(4) 特殊用途,有仓式列车、轨道梭车、消防车、炸药车、水车等。

2. 几种主要矿车

(1) 固定车箱式矿车。

固定车箱式矿车的优点是:结构简单、制造容易、使用可靠、车皮系数(矿车质量与货载质量之比)较小、容积系数(有效容积与外形尺寸之比)较大、坚固耐用、维修方便;缺点是必须有专用卸载设备、卸载效率低。用于中、小型煤矿,目前装载量均不超过 3 t。

固定车箱式矿车由车箱、车架(包括缓冲器)、轮对和连接器等构成。

（2）底卸式矿车。

主要优点是：卸载速度快且不需要人工劳动、矿车的重心较低、稳定性较好；主要缺点是结构太复杂、维修量大。结构特点是具有铰接活门式车底；其运行特点是电机车牵引重载车组通过卸载站时，不停车、不摘钩、在行驶中连续卸载，卸空的矿车在继续行进的过程中自动关闭活门。

最常用的底卸式矿车有3t(轨距600 mm)和5t(轨距900 mm)两种。

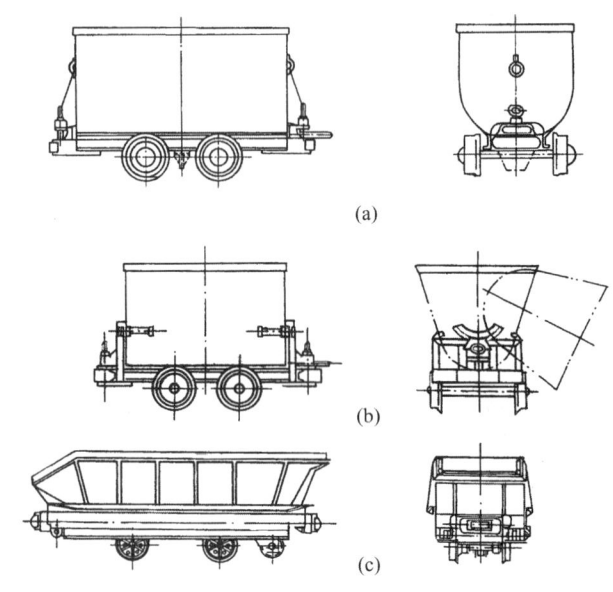

(a)固定车箱式　　(b)翻转车箱式　　(c)底卸式

图7-12　矿用车辆示意图

（3）人车。

人车是有座位的专用乘人车，分平巷人车及斜巷人车。两车的主要区别在于：为保证运送人员的安全，斜巷人车装有防坠器，它是钢丝绳破断或绞车发生故障时防止跑车的保护装置。常用的斜巷人车防坠器有插爪式、抱轨式两种。

图7-13是插爪式斜巷人车，其在运行中断绳时，弹簧拉杆式开动机构将插爪的锁钩打开，插爪靠其自重下落，插入道床中。为缓和冲击、平稳停车，插爪装在可在车底架上滑动的滑架上，车底架下装缓冲木，断绳时，插爪落下插入道床中后，车体因惯性继续下行，缓冲木被滑架上的阻爪抵住，阻爪上的刃口劈入缓冲木，吸收了车体的动能，车体逐渐减速停在轨道上。插爪式斜巷人车的适用倾角为6°~30°。

图7-14是抱轨式斜巷人车，其上有两对抱爪。正常运行时，两对抱爪分别在两条钢轨的上方；断绳时，弹簧拉杆式开动机构将抱爪的锁挡机构打开，在弹簧和抱爪自重作用下，抱爪转向钢轨，从两侧抱紧钢轨，且越抱越紧，将人车制动在钢轨上。为缓和制动时的冲击，抱

爪装置装在与车底架之间能相对滑动的制动架上。制动架的缓冲装置是利用钢丝绳经几个波形弯抽出的阻力消耗能量的原理制成的。钢丝绳抽出的阻力可根据需要进行调整。

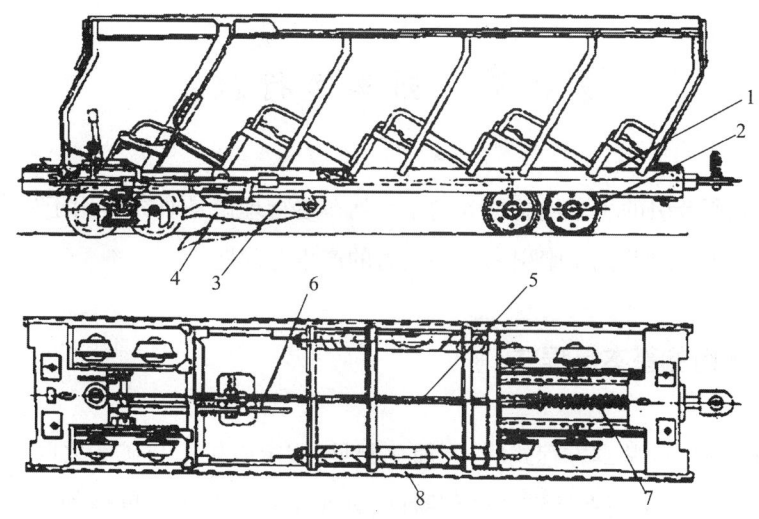

图 7-13 插爪式斜巷人车示意图

1—车体；2—双轴转向架；3—防坠装置的滑架；4—制动插爪
5—主拉杆；6—手动拉杆；7—传动弹簧；8—制动缓冲木

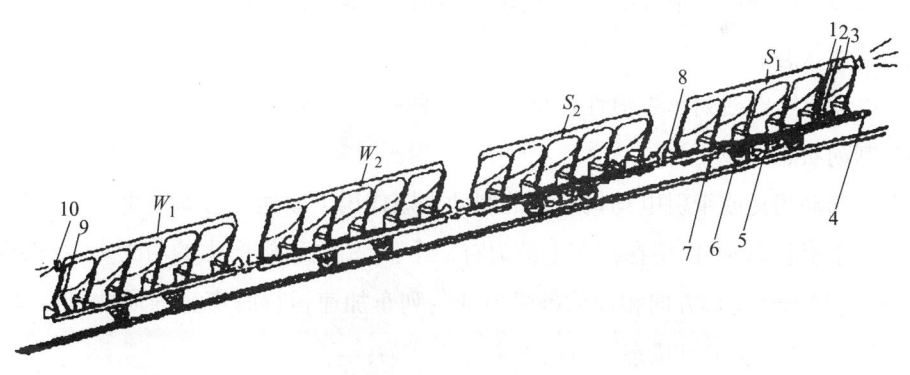

图 7-14 抱轨式斜巷人车示意图

1—手动操纵装置(一)；2—闭锁装置；3—车体；4—主拉杆；5—制动装置；
6—轮对；7—缓冲装置；8—连接链及碰头；9—手动操纵装置(二)；10—照明灯

抱轨式斜巷人车一般由两节头车和若干辆挂车组成一列。头车上有抱轨式制动装置、开动机构、缓冲装置等构成的防坠装置；挂车上无防坠装置。使用中根据斜巷倾角和提升能力，按要求组列。

抱轨式斜巷人车适用于 10°～40°、无沼气和无煤尘爆炸危险的斜井或斜巷中，其制动方式平稳并容易恢复，列车最大运行速度为 4 m/s。

使用斜巷人车应按《煤矿斜井人车试验细则》进行定期试验,以保证其性能良好,运行安全。

第四节 列车运行理论

电机车和它所牵引的矿车组总称为列车。列车运行理论是研究作用于列车上的各种力与其运动状态的关系以及机车牵引力和制动力的产生等问题。

一、列车运行的基本方程式

在讨论列车运行的基本方程式时,为简化起见,假定电机车与矿车之间、矿车与矿车之间的联接都是刚性的,因而在运动的任何瞬间,列车中各部分的速度或加速度都是相同的。把整个列车当做平移运动的整体来看待,与实际情况虽有差异,但结果对应用影响不大。

列车运行有三种基本状态。

(1) 牵引状态。

列车在牵引电动机产生的牵引力作用下加速启动或匀速运行。

(2) 惯性状态。

牵引电动机断电后列车靠惯性运行,一般这种状态为减速运行。

(3) 制动状态。

列车在制动闸瓦或牵引电动机产生的制动力矩作用下减速运行或停车。

列车在牵引状态时,作用在列车上的力有三个:牵引电动机产生的与列车运行方向一致的牵引力 F;与列车运行方向相反的静阻力 W_j;列车加速运行时产生的惯性阻力 W_a。根据力的平衡原理,列车在牵引状态下力的平衡方程式为:

$$F - W_j - W_a = 0 \tag{7-1}$$

(一) 惯性阻力

列车在平移运动的同时,还有电动机的电枢、齿轮及轮对等部件的旋转运动。为了考虑旋转部件的转动对平移运动惯性阻力的影响,引入一个惯性系数来计算列车的惯性阻力。其计算公式为:

$$W_a = m(1 + r)a \tag{7-2}$$

式中:W_a 为列车的惯性阻力,N;m 为列车全部质量;r 为惯性系数,对矿用电机车为 0.05~0.10,平均取 0.075;a 为列车加速度,对井下电机车一般取 0.03~0.05 m/s²。

$$m = \frac{P+Q}{g} \times 1\,000 \tag{7-3}$$

式中：P 为电机车重力，kN；Q 为车组重力，kN；g 为重力加速度，取 10 m/s²。

将 r 值和 g 值代入式(7-2)得：

$$W_a = \frac{P+Q}{g} \times 1\,000(1+r)a = 110a(P+Q) \tag{7-4}$$

（二）静阻力

列车运行的静阻力，只计算基本阻力和坡道阻力。因列车的运行速度较低，故弯道阻力、道岔阻力、空气阻力等在计算时均忽略不计。

1. 基本阻力 W_0

基本阻力 W_0 是指轴颈与轴承间的摩擦阻力、车轮在轨道上的滚动摩擦阻力、轮缘与轨道间的滑动摩擦阻力以及矿车在轨道上运行时的冲击振动所引起的附加阻力等。通常基本阻力是通过试验来确定的，表 7-1 列出了列车运行阻力系数。

基本阻力用下式计算：

$$W_0 = 1\,000(P+Q)w \tag{7-5}$$

式中：W_0 为列车运行的基本阻力，N；w 为列车运行阻力系数。

表 7-1 列车运行基本阻力系数

单个矿车的货载质量/t	列车运行		列车启动	
	ω_{zh}	ω_k	ω_{zh}	ω_k
1	0.009	0.011	0.0135	0.0165
3	0.007	0.009	0.0105	0.0135
5	0.006	0.008	0.009	0.0120

2. 坡道阻力 W_i

坡道阻力 W_i 是列车在坡道上运行时，由于列车重力沿坡道倾斜方向的分力所引起的阻力。用下式计算：

$$W_i = \pm 1\,000(P+Q)\sin\beta \tag{7-6}$$

式中：W_i 为坡道阻力，N；β 为坡道倾角。

因电机车运输的 β 很小，故将 $\sin\beta \approx \tan\beta = i$ 代入式(7-6)得：

$$W_i = \pm 1\,000(P+Q)\sin\beta = \pm 1\,000(P+Q)i \tag{7-7}$$

式中：i 为轨道坡度，在计算中常用平均坡度值 3‰；± 为列车上坡时取"＋"号，列车下坡时取"－"号。

列车运行时的全部静阻力为基本阻力与坡度阻力之和，即：

$$W_j = W_0 + W_i = 1\,000(P+Q)(w \pm i) \tag{7-8}$$

将式(7-4)、式(7-8)代入式(7-1),便得出列车在牵引状态下的基本方程式:

$$F = 1\,000(P+Q)(w \pm i + 0.11a) \tag{7-9}$$

利用上式可求出在一定条件下电机车所必须给出的牵引力,或者根据电机车额定的牵引力求出列车中的矿车数。

对于制动状态,它与牵引状态的不同点是牵引电动机断电,牵引力为零。电机车利用机械或电气制动装置施加一个制动力 B,其方向与列车运行方向相反;同时,静阻力 W_j 成为帮助制动的力,使列车减速运行。此时,惯性力 W_a 与运行方向一致。因此,列车在制动状态下力的平衡方程式为:

$$-B - W_j + W_a = 0$$
$$B = W_a - W_j \tag{7-10}$$
$$B = 1\,000(P+Q)(0.11a \pm i - w)$$

利用上式可求出在不同条件下列车制动装置必须产生的制动力,或者给定制动力,求出减速度及制动距离。

在惯性状态下,电机车牵引电动机断电,牵引力等于零,列车依靠断电前所具有的动能或惯性继续运行。在这种情况下,列车除了受有静阻力 W_j 以外,还受到由于减速度所产生的惯性力 W_a。与列车运行方向相同,正是它使列车继续运行。因此,列车在惯性状态下力的平衡方程式为:

$$-W_j + W_a = 0$$
$$-1\,000(w \pm i) + 110a = 0$$
$$a = \frac{1}{0.11}(w \pm i) \tag{7-11}$$

式中:上坡时取"+"号,下坡时取"-"号。

由式(7-11)可知,当列车运行阻力系数一定时,惯性状态的减速度取决于轨道坡度的大小和上、下坡运行方向。上坡或水平运行时的减速度 a 始终保持正值,直到停车为止。下坡时,若 $i < w$,则 a 为正值,即仍为减速运行,直到停车;若 $i > w$,则 a 变为负值,此时不再是减速而是加速运行了。可见,惯性状态是很不可靠的,操作时应予以特别注意。

二、电机车的牵引力

电机车的电动机产生的旋转力矩,通过减速器传递给机车的主动轮对时,车轮在轨道上滚动,机车牵引矿车组向前运行。为了保证电机车正常运行,必须保证车轮在轨道上滚动且与轨道间不产生相对滑动,所以,在电机车运行的任何瞬间,车轮与轨道接触点的相对速度必须等于零。

分析电机车的电动机产生的旋转力矩怎样转化成机车牵引力,牵引力与哪些因素有关。如图 7-15 所示,在轮轴上有牵引电动机传来的转矩 M,使车轮以轮轴为中心旋转,根据力的等效定理,这个力矩可以用一个力偶($F_k \cdot D/2$)来代替,即:

$$F_k \cdot \frac{D}{2} = M \tag{7-12}$$

式中:D 为电机车主动轮轴上的车轮直径,m;F_k 为车轮作用于轨道接触点上的力,N。

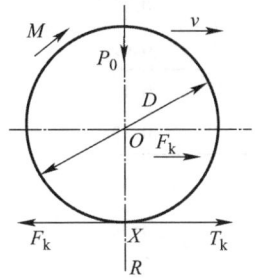

图 7-15　主动轮轴受力示意图

车轮作用于轨道接触点上一个力 F_k,轨道对车轮接触点也有一个反作用力,这个反作用力就是摩擦力 T_k。它与 F_k 大小相等,方向相反,保证 X 点无相对位移,成为瞬时回转中心。那么,作用于车轮轮心 O 上的力 F_k 即为推动列车前进的力。此力与列车运行总阻力相平衡,叫牵引力。所有主动轮上牵引力的总和,叫做电机车的牵引力或轮缘牵引力。

单个主动轮对的牵引力 F_k 与电动机工作时传来的旋转力矩 M 成正比,若增大电动机功率,牵引力 F_k 也将增大,但 F_k 增大不是任意的,它主要受摩擦力 T_k 的限制。如果 F_k 大于 T_k,车轮与轨道间就会产生滑动。T_k 的最大值为:

$$T_k = 1\,000 P_0 \psi \tag{7-13}$$

式中:P_0 为机车作用在单个主动轮对上的正压力,kN;ψ 为轮缘与轨道间的黏着系数;T_k 为车轮与轨道间的摩擦力,也称为黏着力,N。

为保证该主动轮对在轨道上不发生相对滑动,则必须满足:$F_k \leqslant 1\,000 P_0 \psi$。此式即为单个主动轮对的黏着(不打滑)条件。整个电机车的黏着条件为:

$$F \leqslant 1\,000 P_n \psi \tag{7-14}$$

式中:F——电机车产生的全部牵引力,N;P_n——机车作用在全部主动轮对上的电机车重力,即黏着力,kN。

应该指出:黏着系数与静摩擦因数是有区别的。假若机车所有主动轴的车轮直径绝对相等,安装绝对精确,且磨损变形情况完全相同,这时黏着系数等于静摩擦因数。但实际上,上述各条件不可能完全实现,所以黏着系数要比静摩擦因数小。影响电机车黏着系数的因素很多,如轮箍与轨道材料、轨道接触面状况、行车速度等。实际测得的黏着系数 ψ 值列于表 7-2 中。

电机车的黏着重力是指作用于主动轮上的那部分机车重力。对于各轮轴都是主动轴的矿用电机车,如 ZK—7/10 型电机车,黏着重力就等于电机车的全重。

表 7-2 电机车黏着系数 ψ 值

工作状态	ψ 值	
	井下	地面
启动	0.24	0.24
制动	0.17	0.17
制动	0.09	0.12
运行	0.17	0.17
运行	0.12	0.12

三、电机车的制动力

制动是列车运行的一种特殊状态,它使运动着的列车达到减速或停车的目的。矿用电机车有机械制动和电气制动两种方法。在此,我们专门来研究采用机械闸制动时制动力的产生。为了保证列车运行安全,《煤矿安全规程》规定:列车制动距离,运送物料时不超过 40 m;运送人员时不得超过 20 m。在确定矿车数及控制列车运行速度时,均要严格遵守上述规定。

为了达到迅速停车或减速的目的,在轮箍上人为地加制动力 F_0,这是由闸瓦加在车轮上的正压力 N_1 所产生的,如图 7-16 所示。在 F_0 的作用下,车轮受到一个反方向的转矩,这时车轮轮缘同轨道接触点处会出现沿轨道滑动的趋势。然而,轨面对轮缘也同时产生阻止滑动的摩擦阻力,这个阻力的最大值等于黏着力 T_k。制动状态下的 T_k 与机车运动方向相反。在制动力 F_0 和静阻力 W_j 的作用下,车轮及整台列车将减速或停车。

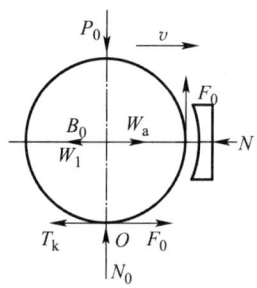

图 7-16 制动时机车主动轮对受力图

对单个轮对,制动力 F_0 的值为

$$F_0 = N_1 \varphi \tag{7-15}$$

式中：φ 为闸瓦与轮箍间的摩擦因数，一般 $\varphi = 0.15 \sim 0.2$；N_1 为闸瓦加在轮箍上的正压力，N。

同牵引力一样，为了保证列车正常运行，制动力 F_0 也受黏着条件的限制。对单个轮对，制动力 F_0 与黏着力 T_k 应满足如下关系：

$$F_0 < T_k \tag{7-16}$$

把上述关系扩大到整台电机车上，即得机车所能给出的制动力：

$$F = N\varphi \leq 100\psi P_{zd} \tag{7-17}$$

式中：F 为机车制动力，N；N 为机车各闸瓦上的总压力，N；P_{zd} 为机车的制动重力。若机车各主动轮上都有闸瓦，则其制动重力等于机车的黏着重力，kN。

在制动时，不能突然一下子把车轮闸死，否则，在惯性力作用下，车轮势必沿钢轨向前滑动。这样不但会造成轮箍与钢轨的磨损加重，而且会大大降低制动效果。为此，据式(7-17)给出的机车制动力的黏着条件知，闸瓦总压力的极限值为：

$$N_{\max} = 1000 \times \frac{\psi}{\varphi} P_{zd} = 1\,000 \delta P_{zd} \tag{7-18}$$

式中：$N_{\max}$ 为闸瓦极限总压力，N；$\delta = \frac{\psi}{\varphi}$ 为闸瓦系数。对于 8t 以上的电机车，$\delta = 0.8$；对于 8 t 以下的电机车，$\delta = 0.7$。

综上所述，为了保证电机车正常运行，其牵引力和制动力都必须小于黏着力。这是进行电机车运输计算时应考虑的重要原则。

第五节 电机车的运输计算

一、原始资料和计算内容

1. 原始资料

(1) 矿井及电机车运输巷道的瓦斯情况，巷道的支护和通风情况。

(2) 矿井年产量。

(3) 矿井工作制度。

(4) 达到设计年产量时，各运输巷道长度、班产量及线路平均坡度或线路起终点标高。

(5) 各运输水平末期时，运输巷道长度、班产量及线路平均坡度或线路起终点标高。

(6) 出煤班的矸石产量。

(7) 矿车的技术特征。

(8) 供电机车用的交流电源电压等级。

(9) 运输线路平面图与纵断面图。

2. 电机车运输计算的主要内容

(1) 机车类型及其黏着质量的选择。

(2) 列车组成计算。

(3) 确定全矿电机车台数。

此外,对于架线式电机车还有牵引网络和牵引变流所的计算等。对蓄电池式电机车,还有变流设备与充电室的有关计算。

二、机车类型及黏着质量的选择

合理地选择电机车类型,是一个重要的技术经济问题。要解决这个问题,需要考虑一系列因素。其中最重要的是运输生产率。在一般条件下,可根据已知的年产量和瓦斯等级,运输距离等,参照表7-3 选择电机车的类型及黏着质量。

表7-3 电机车黏着重力选择表

矿井年产量 /万 t	机车黏着质量/t		配用矿车/t
	架线式	蓄电池式	
15～30	3～7	8 以下	1 及以下
30～60	7～10	8 以下	1～3
90～180	8～14	8	3～5
>180	14～20	8～12	5

三、列车组成计算

列车组成计算,就是确定一台机车所能牵引的车组重力,并以此定出车组的矿车数目。电机车牵引的车组重力,通常按列车启动时的黏着条件、列车制动条件和牵引电动机温升条件来计算确定。具体计算方法有两种,第一种是按列车启动时的黏着条件计算出车组重力和矿车数,再用另外两个条件来验算;第二种方法是,按这三个条件分别计算出每一允许的车组重力,然后取其中最小者来确定车组矿车数。

下面以第一种方法来介绍列车组成计算。

1. 按电机车黏着条件计算车组重力

应考虑在电机车牵引重车组沿上坡启动加速时所需的牵引力,不超过黏着条件所允许的极限值计算车组重力。因此电机车的牵引力及其限制条件为:

$$F = 1\,000(P + Q_{zh})[(w'_{zh} + i_p)g + 1.1a] \leqslant 1\,000P_n g\psi$$

$$Q_{zh} = \frac{P_n g\psi}{(w'_{zh} + i_p)g + 1.1a} - P \tag{7-19}$$

式中：Q_{zh}——重车组质量，t；P——机车质量，t；P_n——电机车的黏着质量，t；ψ——黏着系数，一般按撒砂启动，$\psi = 0.24$；w'_{zh}为重列车启动时阻力系数，见表7-1；i_p——轨道线路平均坡度，一般取3‰；a为列车启动加速度，一般取$a = 0.04$ m/s²。

算出列车牵引的重车组重力后，用下式求出矿车个数：

$$n = \frac{Q_{zh}}{m_{z1} + m_1} \tag{7-20}$$

式中：m_{z1}——每辆矿车的自身质量，t；m_1——每辆矿车的货载质量，t。

上式计算结果应圆整取较小整数。

2. 按牵引电动机的发热条件验算

要求牵引电动机的等值电流值不超过它的长时电流值，即为：

$$I_{dz} \leqslant I_{ch} \tag{7-21}$$

式中：I_{dz}为等值电流；I_{ch}为电动机的长时电流。

电机车每个运输循环的等值电流按下述方法计算。

(1) 计算牵引重列车和空列车分别达到全速稳态运行时电机车的牵引力。

$$F_{zh} = 1000[P + n(m_{z1} + m_1)](w_{zh} - i_p)g \tag{7-22}$$

$$F_k = 1000[P + nm_{z1}](w_k + i_p)g \tag{7-23}$$

式中：F_{zh}、F_k分别为重列车、空列车稳态运行时的机车牵引力，N；w_{zh}、w_k分别为重列车、空列车运行阻力系数，见表7-1。

(2) 计算重列车、空列车稳态运行时分配到每台牵引电动机上的牵引力F'_{zh}、F'_k。

$$F'_{zh} = \frac{F_{zh}}{n_d} \tag{7-24}$$

$$F'_k = \frac{F_k}{n_d} \tag{7-25}$$

式中：n_d为机车上牵引电动机的台数。

(3) 查牵引电动机的特性曲线，得到重列车、空列车运行时，与F'_{zh}、F'_k相对应的电动机电流值I_{zh}、I_k以及速度v_{zh}、v_k。

(4) 计算一个运输循环电动机的等值电流。

$$I_{dz} = \alpha \sqrt{\frac{I_{zh}^2 t_{zh} + I_k^2 t_k}{T + \theta}} \tag{7-26}$$

式中：α为调车系数，考虑调车时电动机需要工作的系数；运距小于1 000 m时取1.4；运距为1 000~2 000 m时取1.25；运距大于2 000 m时取1.15；T为列车在最远线路上往返一次的纯运行时间，min，$T = t_{zh} + t_k$；t_{zh}、t_k 分别为重列车、空列车运行时间，min，$t_{zh} = \dfrac{1000L_m}{60v_{zp}}$，$t_k = \dfrac{1000L_m}{60v_{kp}}$；$v_{zp}$、$v_{kp}$ 分别为重列车、空列车平均速度，m/s，取 $v_{zp} = 0.75v_{zh}$、$v_{kp} = 0.75v_k$；L_m 为电机车到最远的一个装车站的距离，km；θ 为两个运输循环中的休止时间，min，取 $\theta = 18 \sim 22$ min。

计算结果若 $I_{dz} \leqslant I_{ch}$，则满足要求，若 $I_{dz} > I_{ch}$，则说明牵引电动机温升条件不允许，应减少车组中的矿车数，重新验算，直至满足温升条件为止。

3. 按制动条件验算

为了安全起见，在进行制动条件验算时，一般按重列车在平均坡度上，下坡制动时的最不利条件来验算，使其保证制动距离不超过《煤矿安全规程》所规定的数值。因此，电机车的制动力及其限制条件为：

$$B = 1000[P + n(m_{z1} + m_1)][1.1a - (w_{zh} - i_p)g] \leqslant 1000P_n g\psi \tag{7-27}$$

利用上式可求得重列车下坡制动时的减速度为：

$$a = \dfrac{P_n g\psi + [P + n(m_{z1} + m_1)](w_{zh} - i_p)g}{1.1[P + n(m_{z1} + m_1)]} \tag{7-28}$$

式中：a 为列车制动减速度，m/s²。

若按匀减速制动考虑，则求得的制动距离为：

$$L_{zd} = \dfrac{v_{zh}^2}{2a} \tag{7-29}$$

即

$$L_{zd} = \dfrac{0.55v_{zh}^2}{\dfrac{P_n g\psi}{P + n(m_{z1} + m_1)} + (\omega_{zh} - i_p)g} \tag{7-30}$$

式中：v_{zh} 为电机车开始制动时重列车的运行速度，m/s。

列车的制动距离《煤矿安全规程》规定：运送物料时不得超过 40 m，运送人员时不得超过 20 m。计算出的 L_{zd} 应满足规定值。但是在运送物料时，按前面两个条件确定的矿车数，制动距离多数都不满足要求，这时，就要减少车组的矿车数。实际上常用的方法是不减少矿车数，而是设法改善电机车的制动条件，在列车中的若干辆矿车上加装制动闸来增加列车制动能力，或在重列车运行时采取降低列车运行速度等办法来满足制动距离的要求。

四、全矿电机车台数的确定

全矿电机车台数的确定，按下述步骤进行计算。

(1) 确定每台电机车在一个班内完成的循环次数。

$$f = \frac{60T_b}{T' + \theta} \tag{7-31}$$

式中:f 为每台电机车每班完成的循环次数,次/台班,圆整取较小整数;T_b 为每班运输工作时间,需运人时取 $T_b = 7.5$h/班,不需运人时取 $T_b = 7$h/班;T' 为电机车在加权平均运距上往返一次所需纯运行时间,min。

$$T' = t'_{zh} + t'_k = \frac{1000L_p}{60v_{zp}} + \frac{1000L_p}{60v_{kp}} \tag{7-32}$$

式中:L_p 为加权平均运输距离,km。

井下若有数个装车站时,按下式计算

$$L_p = \frac{L_A m_A + L_B m_B + \cdots + L_n m_n}{m_A + m_B + \cdots + m_n} \tag{7-33}$$

式中:L_A、L_B、$\cdots$、L_n 分别为不同装车站的运距,km;m_A、m_B、$\cdots$、m_n 分别为每个装车站的每班运载质量,t。

(2) 确定每班所需运送货载的次数。

$$f_b = \frac{k_1 k_2 m_b}{n m_1} \tag{7-34}$$

式中:f_b 为每班所需运送货载的次数,次/班,圆整取较大的整数;k_1 为运输不均匀系数,一般取 $k_1 = 1.25$,综采时 $k_1 = 1.35$;k_2 为矸石系数,用以考虑外运的矸石量,$k_2 = 1 + \dfrac{每班外运矸石量}{m_b}$;$m_b$ 为每班运煤量,t/班;n 为经电动机发热与制动条件验算后确定下来的矿车数。

(3) 确定每班运人次数。

根据《煤矿安全规程》的规定:长度超过 1.5 km 的主要行人平巷,上下班时必须采用机械运送人员。若运距大于 1.5 km 且矿井为两翼开采时,一般取每班每翼运人一次,共计两次,取 $f_r = 2$ 次/班;运距小于 1.5 km 时,不用机械运送人员,取 $f_r = 0$。

(4) 确定每班所需运行的总次数 f_z。

$$f_z = f_b + f_r \tag{7-35}$$

(5) 确定所需工作的电机车总台数 N_0。

$$N_0 = \frac{f_z}{f} \tag{7-36}$$

式中计算得出的 N_0 值,圆整取较大整数。

(6) 确定全矿电机台数 N。

$$N = N_0 + N_b \tag{7-37}$$

式中:N 为全矿电机车台数;N_b——备用电机车的台数;$N_0 \leqslant 3$ 时,$N_b = 1$;$N_0 = 4 \sim 6$ 时,$N_b =$

$2;N_0 = 7 \sim 12$ 时,$N_b = 3;N_0 \geq 13$ 时,$N_b = 4$。

五、蓄电池电机车的计算特点

蓄电池电机车牵引矿车数目的确定,除按黏着条件计算,并按电动机发热条件和列车制动条件验算外,还应按蓄电池组的容量来确定。此外,对蓄电池组及充电台数也要通过计算来确定。

(一) 蓄电池电机车牵引矿车数目的确定

(1) 电机车在最大运输距离上往返一个周期所做的功。

$$A = (F_{zh} + F_k)L_m \tag{7-38}$$

式中:A 为电机车往返一个周期所做的功,N·m;F_{zh}、F_k 为分别为重列车组、空列车组等速运行时的牵引力,N;L_m 为列车到最远一个装车站的运输距离,m。

因为列车在等阻力坡度条件下运行时 $F_{zh} = F_k$,所以

$$A = 2F_{zh}L_m = 2000(P + Q_{zh})(w_{zh} - i_p)gL_m \tag{7-39}$$

(2) 电机车在一个运行周期内输出的能量。

$$A' = \frac{\alpha A}{3.6 \times 10^6 \eta} = \frac{2\alpha L_m}{3.6 \times 10^3 \eta}(p + Q_{zh})(w_{zh} - i_p)g \tag{7-40}$$

式中:A' 为电机车在一个运行周期内输出的能量,kW·h;α 为调车系数,运距小于 1 000 m 时取 1.4;运距为 1 000 ~ 2 000 m 时取 1.25;运距大于 2 000 m 时取 1.15;η 为电动机和蓄电池组的总效率,一般取 0.7。

(3) 一台电机车在一个班内消耗的电能。

$$A'_b = \frac{\alpha A f}{3.6 \times 10^6 \eta} = \frac{2\alpha L_m f}{3.6 \times 10^3 \eta}(p + Q_{zh})(w_{zh} - i_p)g \tag{7-41}$$

式中:A'_b 为一台电机车在一个班内消耗的电能,kW·h;f 为一台电机车在一个班内的往返次数,次/台班。

(4) 蓄电池组的放电容量。

$$A_b = \frac{W_x U_{xp}}{1000} \tag{7-42}$$

式中:A_b 为蓄电池组的放电容量,kW·h;W_x 为蓄电池组的额定放电容量,A·h;U_{xp} 为蓄电池平均放电电压,V。

(5) 计算车组牵引重量和牵引矿车数。

电机车在一个班内的电能消耗量 A'_b 应与蓄电池组的放电电量 A_b 相等,即 $A'_b = A_b$,把(7-41)式和(7-42)式代入计算,得

$$Q_{zh} = \frac{1.8 W_x U_{xp} \eta}{\alpha f L_m (w_{zh} - i_p) g} - P \tag{7-43}$$

算出列车牵引质量后,再计算牵引矿车数

$$n = \frac{Q_{zh}}{(m_{zl} + m_1)} \tag{7-44}$$

上式计算结果应圆整取其较小整数。此牵引矿车数应大于或等于电机车黏着条件、电动机发热条件和电机车制动条件确定的矿车数,否则要重选牵引力较大的蓄电池式电机车。

（二）蓄电池组与充电台数的确定

由于矿井(水平)生产前期和后期运输距离不等,机车在一个班内所能往返的次数亦不相同,在计算蓄电池组数与充电台数时应按生产后期条件进行。

(1) 蓄电池组数的确定。

① 每台机车在一个班内所需蓄电池组的容量。

$$W_b = \frac{\alpha n_d (I_{zh} t_{zh} + I_k t_k) f}{60} \tag{7-45}$$

上式 W_b 的单位为 A·h。

② 蓄电池组的放电时间。

$$t_f = \frac{W_x t_c}{W_b} \tag{7-46}$$

式中：t_c 为蓄电池组的充电时间,h；t_f 为蓄电池组的放电时间,h。

③ 工作的蓄电池组数。

工作的蓄电池组数包括运转中机车上的蓄电池组数和在充电台上充电的蓄电池组数,还要考虑一组备用蓄电池组,计算公式为：

$$M = M_0 + 1 = N_0 \left(1 + \frac{t_c}{t_f}\right) + 1 \tag{7-47}$$

式中：M_0 为电机车上和充电台上的蓄电池组数；N_0 为工作电机车台数；上式中最后一项的 1 表示一组备用蓄电池组。

(2) 充电台数量的确定。

① 同时在充电的蓄电池组数。

$$M'_c = M - N_0 \tag{7-48}$$

② 充电台总数。

$$M_c = M - N_0 + M_k + M_x \tag{7-49}$$

式中：M_k 为转换用充电台数,$N_0 < 7$ 台时,取 $M_k = 1$,$N_0 \geq 7$ 台时,取 $M_k = 2$；M_x 为修理用充电台数,一般取 $M_x = 1$ 台。

第六节　电机车的操作与维护

电机车在运行中必须按规程正确操作和使用,加强日常维护和维修工作,使其处于良好的工作状态。

一、电机车的操作规程

(1) 控制器的主轴手柄由一位置转至另一位置时,动作应迅速果断,不要停滞于两位置之间,以免引起电流烧损触头。

(2) 发现车轮打滑时应立即把主轴手柄扳到零位,再逐渐转动手柄至正常运转位置。不允许为预防车轮打滑,在主轴手柄未转到零位前就施闸制动,以防电动机过度超载而烧坏。

(3) 降下受电弓后,必须迅速将控制器主轴手柄转到零位。

(4) 启动和停车时要特别注意操作,不应以逆电流使电机反转来停车。

二、电机车在运行和验收时的注意事项

1. 电机车在运行中的注意事项

(1) 经常检查轴承箱,牵引电动机轴承与车轴连接处发热情况;检查电缆接头处是否完好安全;特别注意任何不正常的声音和气味。

(2) 用车辆运送人员,每班发车前都应检查各车的连接位置,轮轴和车闸等;运输人员时,严禁同时运送有爆炸性的,易燃性或腐蚀性的物品或附挂物料车。

(3) 在运送人员时,为确保安全,列车运行速度不得超过 4 m/s。

2. 电机车司机在车库验收机车时的注意事项

(1) 检查一切可移动的盖子是否盖好,各处螺母是否已拧紧。

(2) 检查各导线保护外套是否紧密完好。

(3) 检查各机械部分是否正常,各润滑点是否有足够的润滑剂;制动系统是否完好,制动闸瓦厚度不应小于 10 mm。

(4) 调整闸瓦间隙,使制动闸瓦与轮箍间的空隙在 2~3 mm 范围内,闸瓦圆弧应与车轮同心。此外,司机还应重点检查下列部位。

① 检查制动系统的制动和解除制动是否灵活可靠,左右两侧闸瓦动作是否同步。

② 试验砂箱在两个方向撒砂时工作是否良好。

③ 升降受电弓机构是否灵活。

④ 前后车灯是否完好。

⑤ 电动机供电线路是否完好正常。

⑥ 若在交接班时,交班司机应把机车的技术状况全面告诉接班司机,接班司机应按前五条进行检查,轴承箱温度高于80℃时,机车必须回库检修。

三、电机车的常见故障分析与预防

1. 电机车的常见故障分析与预防(见表7-4)

表7-4 电机车的主要故障及其原因与排除方法

故障现象	产生原因	排除方法
电机车牵引力太小	1. 主动轮对轮缘表面有油污 2. 轨道表面有水或污物 3. 双电机只有一台工作	1. 清理油污 2. 清理水或污物 3. 维修控制器或电动机接线
电机车牵引速度低	1. 供电线路电压偏低 2. 列车的矿车数偏多 3. 晶闸管脉冲调速装置电器元件损坏	1. 升高线路电压达到额定值 2. 减少矿车数 3. 检修并更换损坏的电器元件
电机车运行冲击力大	1. 启动过程操作不当 2. 弹簧托架的钢板折断 3. 车轮轮箍磨损严重并失圆 4. 轨道变形	1. 按规程操作 2. 更换弹簧钢板 3. 更换轮对或轮箍 4. 维修轨道
电动机不能正常启动	1. 电枢绕组、励磁绕组接线因焊接不良或碳刷压力过大而开路 2. 整流子火花太大,温升过高而开焊 3. 换向器的焊点断开 4. 碳刷过渡磨损,压力不足 5. 受电弓损坏或与架空线接触不良 6. 晶闸管脉冲调速装置电器元件损坏 7. 供电线路电压低于规定值	1. 检查碳刷压力,维修线路 2. 维修整流子和线路 3. 维修焊接接点 4. 更换碳刷 5. 维修或更换受电弓 6. 检查维修、更换损坏电器元件 7. 升高线路电压达到额定值
电动机过热	1. 牵引的矿车数太多 2. 电机车频繁启动 3. 电动机轴承润滑油过多 4. 电枢绕组短路 5. 传动装置有故障	1. 减少矿车数 2. 避免短时间内多次启动 3. 减少轴承润滑油的量 4. 维修电枢绕组 5. 检查并维修

电动机声音异常	1. 轴承过渡磨损或损坏 2. 轴承润滑油不足或不洁 3. 碳刷压力过大 4. 固定磁极的螺钉松动 5. 整流子失圆或损坏	1. 更换轴承 2. 补充或更换润滑油 3. 调整碳刷压力 4. 拧紧松动的螺钉 5. 维修整流子

续表

故障现象	产生原因	排除方法
电动机轴承或抱轴承过热	1. 轴承损坏 2. 润滑油不足或不洁	1. 更换轴承 2. 补充或更换润滑油
轴承箱过热	1. 轴承箱与车轮轮毂的间隙过小 2. 箱内润滑油时间太长或不洁 3. 轴承损坏或轴承内外圈及滚柱表面有损伤和疲劳麻点	1. 适当增大二者间的间隙 2. 更换润滑油 3. 更换轴承
齿轮箱有异常噪音	1. 齿轮磨损严重,有剥蚀或断齿,或箱内有异物 2. 润滑油量不足或不洁 3. 操作不当,即电机车前进时突然过渡到后退,产生强大冲击	1. 检查、更换齿轮,排除异物 2. 补充或更换润滑油 3. 按规程操作
撒砂不灵活	1. 砂子的粒度偏大,含土量大 2. 砂子太潮湿或砂箱进水 3. 操纵杆等操作不灵活	1. 选用符合要求的砂子 2. 选用干砂并防止砂箱进水 3. 调整操纵杆

2. 电机车主要部件的检查与维护

（1）轴承与轴承箱。

轴承箱如在运转中过热,应检查车轮轮毂与轴承座之间的间隙是否过小,润滑油是否太脏,轴承内外圈及滚柱表面有无磨损或疲劳现象,出现微小局部麻点,应及时更换新轴承。

（2）轮对。

电机车轮对负担很重,磨损快,是机车的易损部件。每天检查机车时,需敲击轮箍以判断其完整性及对轮心的箍紧程度。轮箍表现若出现大于 3 mm 深的缺陷或不均匀磨损度大于 5 mm 时,需在车床上车光轮外圈,并保证主动轮的轮缘尺寸相等,且符合技术要求;轮箍磨损至 25 mm 厚时,必须更换新的。防止机车运动中车轮打滑,是避免磨损的有效方法。

（3）弹簧托架。

对弹簧钢板应定期注油润滑,保持清洁。弹簧托架上所有连接处和横臂,应在换班时加油润滑,至少三天一次。弹簧钢板有折断时,应及时更换。

（4）齿轮传动装置。

每月至少换一次润滑油,换油时要清洁齿轮箱。禁止齿轮传动装置无外壳行驶。齿轮有损坏时,应立即更换。

（5）牵引电动机。

电动机外部应经常用通风风囊或压缩空气吹洗。每半年应拆开电动机详细检查一次。当拆开电动机取出转子时,要特别小心保护绕组及整流子不被损坏;拆开后用风囊或压缩空气吹洗,用汽油洗去落在磁极上的油污,并擦干净;检查整流子表面是否平整及磨损情况。整流子磨损不均匀时,需在车床上车光,磨损严重时应予更换;用布沾汽油擦洗落在整流子上的油污,但不得用汽油浸泡整流子。

每隔 2~3 天检查一次电刷磨损程度及其与整流子间的接触情况,整流子与碳刷尖间的空隙应保持在 3 mm 左右。新电刷装配前应在整流子上磨合,电刷的摩擦表面不得有裂缝。

(6) 控制器。

控制器是操纵牵引电动机及电机车运行的重要电气设备。除应严格按操作规程操作外,还应经常检查机械闭锁的可靠性及各触头铜片是否接触良好,各形状闭合、断开是否灵活可靠,如触头被烧蚀,应立即打磨光洁,烧蚀严重者应立即更换。

习 题

1. 矿用电机车的类型和应用范围如何?
2. 什么是轨距、轮缘距?弯道处有哪些铺设特点?为什么?
3. 电机车的机械构造与电气设备有哪些?各部分的作用是什么?
4. 电机车的牵引力是怎样产生的?什么是电机车的黏着系数?它对牵引力有何影响?
5. 电动机不能正常启动的原因有哪些?排除故障的方法是什么?

第八章 辅助运输

第一节 概 述

辅助运输是指除了煤以外的一切材料、设备和人的运输。其特点是运输类型多、运送去向多、巷道条件多样。类型多表现在既运物又运人,物品中有整体、散件,大小长短轻重差异很大,运送去向多是指需要运到各工作面和井下一切场所。

现代化矿井的辅助运输工作量很大,一个综采工作面的设备有 100 吨以上,每采完一个工作面就需要转移一次;巷道支护材料和井下使用的机电设备,随机械化程度的提高而增加;对于大型矿井来说,矸石的运量也相当可观。因此,辅助运输的机械化和采、掘、运的机械化同样重要,否则全员效率无法提高。辅助运输的机械化还影响综采设备能力的发挥,若综采工作面的设备转移所需时间长,就大大减少了一套设备的年生产能力。

对辅助运输设备有以下要求。
(1) 安全可靠。
(2) 能在水平、倾斜和转弯的巷道中连续运行不需要转载。
(3) 运输距离可变化。
(4) 成件设备不解体整运。
(5) 能运送多种材料和设备。
(6) 易于装卸。
(7) 辅助操作少,使用方便。
(8) 与主要运输设备无相互干扰。

根据辅助运输设备的特点,能同时满足上述要求是不容易的,已有的设备是:钢丝绳运输、单轨吊车车、卡轨车、齿轨机车、无轨运输车、单绳索道等。

第二节 钢丝绳运输

钢丝绳运输是辅助运输的常见运输设备。凡是在水平或倾斜的轨道上利用绞车、钢丝绳和矿车或其他容器所进行的轨道运输,称为钢丝绳运输。

一、钢丝绳运输的类型及使用条件

钢丝绳运输由于设备简单,操作方便,在矿山得到广泛的应用。尤其对倾角较大的斜巷,当胶带输送机不能应用时,往往采用钢丝绳运输比较合适。另外,在使用运输机的巷道里,也需要钢丝绳运输来做辅助运输。

钢丝绳运输可分为两大类,即有极绳运输与无极绳运输。

有极绳运输是指钢丝绳的一端与矿车相连,通过绞车使钢丝绳放出或收回,达到运输的目的。一般采用的是滚筒式绞车。有极绳运输又可为单绳运输、双绳运输和首尾绳运输。单绳运输如图 8-1(a)所示,采用单滚筒绞车沿倾斜巷道牵引矿车向上运行;矿车向下运行则靠自溜运行。双绳运输如图 8-1(b)所示,一般采用双滚筒绞车,每一个滚筒上各有一根钢丝绳,每一根各挂一个车组。由于两个滚筒缠绕方向相同(右螺旋缠绕)而出绳方向不同,故开车后,一根钢丝绳是缠绕,另一根钢丝绳则是松放,这样一个车组向上运行,另一个车组自溜向下运行。这种双绳运输比单绳运输的循环时间短,生产效率高,但必须在巷道中铺设双轨,而且车场布置比较复杂。首尾绳运输是用两台单滚筒绞车,各在线路一端,分别向两个方向牵引矿车,如图 8-1(c)所示,它使用在坡度不大或巷道有起伏矿车组不能靠自重拖带钢丝绳向下溜放的巷道内,也可以用一台双滚筒绞车安装在线路一端,另一端用一个导向绳轮。如图 8-1(d)所示。有极绳运输的特点是货载运输周期进行,属于周期动作式运输设备。

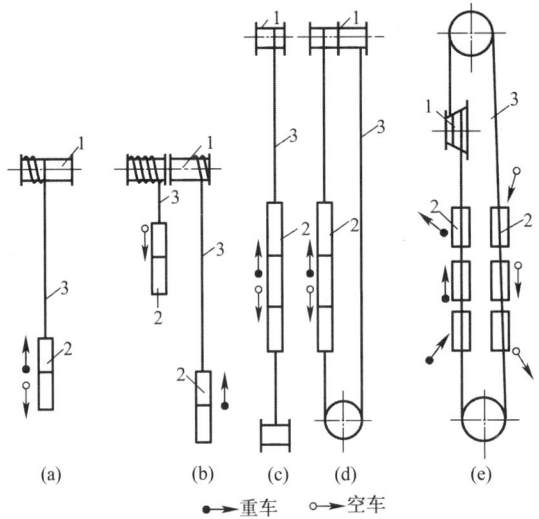

(a)单绳运输　(b)双绳运输　(c)、(d)首尾绳运输　(e)无极绳运输

图 8-1　钢丝绳运输示意图

1—绞车;2—容器;3—钢丝绳

无极绳运输如图 8-1(a)所示,它是用摩擦轮绞车带动一条封闭的钢丝绳运转;矿车通过特殊的连接装置与钢丝绳连接起来,靠运行的钢丝绳带动矿车轨道运行。若从装车场按一定的间隔不断地将矿车与钢丝绳挂接(挂钩),那么在出车场处就可不断地摘挂钩并推出矿车。因此这种运输是连续的,它的货运量与距离无关。

无极绳运输适用于矿井井下水平巷道或倾角不大的上山运输,也可以作地面运输。无极绳运输的主要缺点是工人劳动强度大,钢丝绳磨损严重,轨道附属设备多,上、下运输环节的衔接费工费时。

二、有极绳运输设备

有极绳运输设备包括绞车、钢丝绳和容器(矿车)等。

根据《煤矿安全规程》中对主要提升装置定义为"含有提人绞车及滚筒直径 2 m 以上提升物料的绞车的提升装置"。一般绞车滚筒直径在 2 m 以下的称为绞车或小绞车,滚筒直径在 2 m 以上的称为提升机。

运输绞车根据结构、用途和工作原理不同,可以分为调度绞车和斜巷运输绞车两种。

(一) 调度绞车

调度绞车是用来调度车辆及其进行辅助牵引作业的一种绞车。多用于矿井巷道中拖运矿车及辅助搬运,也可用在采掘工作面、装车站调度室、重载矿车。

煤矿常用的调度绞车有 JD—11.4、JD—25、JD—40、JD—55 等几种型号,他们的结构、传动原理基本相同,这里重点介绍 JD—11.4 型。

1. JD—11.4 型调度绞车的组成

JD—11.4 型调度绞车主要由滚筒、制动装置、机座和电动机等组成。其外形如图 8-2 所示。

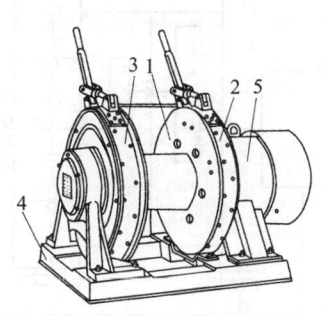

图 8-2　JD—11.4 型调度绞车外形图
1—滚筒装置;2—制动闸;3—工作闸;4—底座;5—电动机

绞车滚筒由铸钢制成,其主要功能是缠绕钢丝绳牵引负荷。滚筒内装有减速齿轮。绞车上共装有两组带式闸,即制动闸 2,工作闸 3。电动机一侧的制动闸 2 用来制动滚筒,大内齿轮上的工作闸 3 用于控制滚筒运转。

机座用铸铁制成,电动机轴承支架及闸带定位板等均用螺栓固定在机座上。电动机为专用隔爆三相笼型电动机。

2. JD—11.4 型调度绞车的传动原理

JD—11.4 型调度绞车的传动系统如图 8-3 所示。该型绞车采用两级内啮合传动和一级行星传动。z_1/z_2 和 z_3/z_4 为两级内啮合传动,z_5、z_6、z_7 组成行星机构。

在电动机 5 轴头上安装着加长套的齿轮 z_1,通过内齿轮 z_2、齿轮 z_3 和内齿轮 z_4,把运动传到齿轮 z_5 上,齿轮 z_5 是行星轮系的中央轮(或称太阳轮),再带动两个行星齿轮 z_6 和大内齿轮 z_7。行星齿轮自由地装在两根与滚筒固定连接的轴上,大内齿轮 z_7 齿圈外部装有工作闸,用于控制绞车滚筒运转。

若将大内齿轮 z_7 上的工作闸 3 闸住,而将滚筒上制动闸 2 松开,此时电动机转动由两级内啮轮传动到 z_5、z_6 齿轮和 z_7。但由于 z_7 被闸住,不能转动,所以齿轮 z_6 只能一方面绕自己的轴线自转,同时还要绕齿轮 z_5 的轴线(滚筒中心线)公转。从而带动与其相连的滚筒转动。

反之,若将大内齿轮 z_7 上的工作闸 3 松开,而将滚筒上的制动闸 2 闸住,因 z_6 与滚筒直接相连,只作自转,没有公转,从 z_1 到 z_7 的传动系统变为定轴轮系,齿轮 z_7 做空转,绞车滚筒不能转动。交替松开(或闸住)制动闸 2 或工作闸 3,即可使调度绞车在不停电动机的情况下实现运行和停车。当需要作反向提升时,必须重新按启动按钮,使电动机反向运转。

需要注意的是,当电动机启动后,不准将工作闸和制动闸同时闸住,这样会烧坏电动机或发生其他事故。

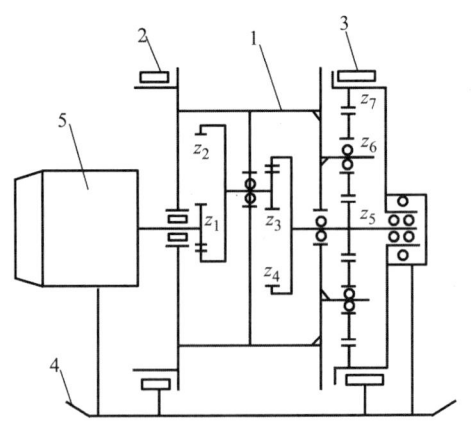

图 8-3 JD—11.4 型调度绞车传动系统图
1—滚筒;2—制动闸;3—工作闸;4—机座;5—电动机

（二）斜巷运输绞车

斜巷运输绞车一般用于井下倾斜巷道内运输材料或设备等；也可供产量较低的小型矿井主要提升设备使用。此类绞车按滚筒数目分，可分为单滚筒绞车和双滚筒绞车；按照滚筒直径大小来分，有 0.8 m、1.2 m、1.6 m 三种规格；按照传动方式分为齿轮传动绞车和液压传动绞车；按照防爆性能可分为防爆绞车和非防爆绞车。主要系列有 JT、JTP、JTY1.2/1B 型防爆液压绞车。

（三）小绞车司机操作

1. 安全规定

（1）小绞车硐室（或安装地点）应挂有司机岗位责任制和小绞车管理牌板（标明：绞车型号、功率、配用绳径、牵引长度、牵引车数及最大载荷、斜巷长度及坡度等）。

（2）必须严格执行"行人不行车，行车不行人"的规定。

（3）严禁超载、超挂车、严禁人员蹬钩、扒车。

（4）车辆掉道复轨时，必须执行相关的安全技术措施。

（5）在斜巷中施工或运送支架、超长、超大物件时，应执行专项措施。

（6）绞车必须达到完好要求、固定符合设计要求。

（7）需离开岗位时，必须切断电源。

（8）必须穿好劳动保护用品，扎紧袖口，集中精力，严格按信号指令操作，不得擅自离岗。

（9）认真执行岗位责任制和交接班制度。

2. 正常操作

（1）听到清晰、准确的信号后、首先应判明开车方向，然后闸紧制动闸，松开工作闸，按信号指令方向启动绞车空转。缓缓压紧工作闸把，同时缓缓松开制动闸把，使滚筒慢转，平稳启动加速，最后刹紧工作闸。松开制动闸，达到正常运行速度。

（2）必须在护绳板后操作，严禁在绞车侧面或滚筒前面（出绳侧）操作；严禁司机在开车的同时处理爬绳。

（3）上部平车场下放矿车时，应与把钩工默契配合，随推车随松绳，禁止留有余绳，以免车辆过变坡点时突然加速绷断钢丝绳。

（4）严禁两个闸把同时压紧，以防烧坏电机。

（5）启动困难时应查明原因，严禁强行启动。

（6）绞车运行机中，应集中精力，注意观察，手不离闸把，收到不明信号应立即停车查明原因。

（7）注意绞车各部位运行情况，发现下列情况时必须立即停车，采取措施，待处理好后方可运行。

① 有异响、异味、异状。

② 钢丝绳有异常跳动、突然松弛或负载增大。

③ 绞车固定有松动现象。

④ 有严重咬绳、爬绳现象。

⑤ 电机有异常。

⑥ 突然断电或有其他险情时。

（8）应根据提放煤、矸、设备、材料等载荷不同和斜巷的变化起伏,酌情掌握速度。严禁不带电放车。

（9）接近停车位置时,应先慢慢闸紧制动闸,同时逐渐松开工作闸,使绞车减速。听到停车信号后,闸紧制动闸,松开工作闸,停车,停电。

（10）上提矿车时,车过变坡点后应停车准确,严禁过卷或停车不到位。

3．调度绞车完好标准

（1）滚动装置。

① 滚筒无裂纹、破损或变形。固定螺栓和油塞不得高出滚筒表面。

② 钢丝绳在滚筒上固定牢靠,绳卡不少于两副,钢丝绳无打结。

③ 使用的钢丝绳应符合《煤矿安全规程》的有关规定。

（2）闸和闸轮。

① 闸把及杠杆系统动作灵活可靠,施闸后闸把位置不超过水平位置。

② 拉杆螺栓、叉头、闸把、鞘轴无损伤变形,拉杆螺栓应有背帽紧固。

③ 闸带无断裂,磨损余厚不小于 3 mm,铆接可靠不松动。

④ 闸轮磨损深度不大于 2 mm,闸轮表面无油迹。

（3）安装。

① 底座无裂纹,基座螺丝紧固,护板完整齐全无变形。

② 安装平稳牢固。运转无异响,无甩油现象。

③ 信号装置应声光兼备,清晰可靠。

三、无极绳运输设备

无极绳运输是我国煤矿使用较早的一种运输方式。在小型煤矿,它作为主要运输机械;在中、大型煤矿,它作为辅助运输机械。尽管近年来出现了许多先进的诸如单轨吊车、卡轨车等到辅助运输机械,但从总的使用数量上讲,无极绳运输仍占主导地位。

（一）JW/950 无极绳绞车简介

1. 工作原理

无极绳运输是将钢丝绳接成一个封闭圈,两端分别套在两个绳轮上,其中一个绳子轮为主动轮,另一个为张紧导向轮。当主动绳轮旋转时,靠其与钢丝绳之间的摩擦力,牵引钢丝绳连续运输。

绳轮有水平和垂直布置之分。绳轮为水平布置时,两股钢丝绳分别放置在两条轨道上,轨道上的矿车按一定的间距挂在钢丝绳上,矿车到位后摘钩。这种布置方式可以使主动绳轮布置在巷道的上方。这种布置方式一般用于单向提升运输上。

就主动绳轮讲,有圆锥形、抛物线形和夹钳式三种(见图 8-4)。当绳轮转动时,每一个后面的绳圈绕于前一绳圈一旁,如果绳轮为平面轮缘,钢丝绳会很快绕出绳轮而不能工作。当绳轮的轮缘为圆锥形或抛物线形时,在缠绕过程中各绳圈将向绳轮的小直径方向滑动。显然,具有圆锥形轮缘的绳轮,只能向一个方向转动,否则,钢丝绳仍会绕出绳轮。与此相反,具有抛物线轮缘的绳子允许两个方向转动,钢丝绳不会脱出绳轮。

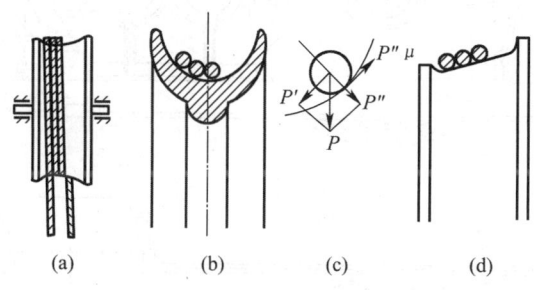

图 8-4　螺旋缠绕式滚筒示意图

2. 绞车的结构

这里主要介绍常用的螺旋缠绕式圆锥形绳轮无极绳绞车,其详细结构见图 8-5。

JW950/48 型 JW21200/60 型选用 IJB 系列隔爆型感应电动机,JW1600/80 型选用 JO2 系列三相鼠笼型异步电动机;联轴器是由铸铁制成的两个同盘件,在减速器高速轴上的联轴器带有制动盘,采用榆木作联接木销,木销的极限抗剪应力不低于 $68.6 \times 10^5 \text{N/m}^2$,当绞车超过正常负荷时,木销被折断,绞车自行停止工作,保证安全,同时木销还能起缓冲作用,在联轴器一侧装有挡板,用螺钉固定在联轴器上,以防止木销脱出。

JW950/48 型及 JW21200/60 型绞车采用了带式脚踏制动器,这两种制动器结构较为简单,都能圆满地完成绞车运转和使用的任务,根据制动带的磨损程度,可调整联接制动带用的拉紧螺钉来控制制动带与制动轮的间隙。

减速器采用渐开线型,其外壳由铸铁制成,共分两个部分,即减速器盖和减速器座,用螺钉连接其突缘,在壳上设有视孔、加油过滤器和油面指示器。减速器是用螺钉固定在底座上,由减速器高速轴输出轴端通过弹性联轴器与电动机连接。

绞车采用螺旋缠绕式锥形绳轮、绳轮体由铸铁制成,齿轮由六个光制螺栓与绳轮体螺孔紧密配合联接成一体。六块铸铁绳轮壳用十二个方头螺栓固定在绳轮体外园上,磨损后可以容易地进行更换。一般在圆锥形绳轮上缠绕3-4圈钢丝绳,重车绳由绳轮锥体大端进入,沿轴线向小端滑动,空车绳则由绳轮锥体小端离开。

轴瓦由铸铁及巴氏合金做成。轴承一边装有油毛毡,另一端装有挡油盖,防止润滑油漏出及灰尘等杂物进入轴承,轴承盖顶设有加油装置。机座是用铸铁制成,JW950/48型绞车的机座是铸成整体的,而JW21200/60型和JW1600/80型绞车的机座则分两块制造。借螺栓联成整体,以便于在井下搬运。为了便于绞车的安装,机座上留有地脚螺栓孔。

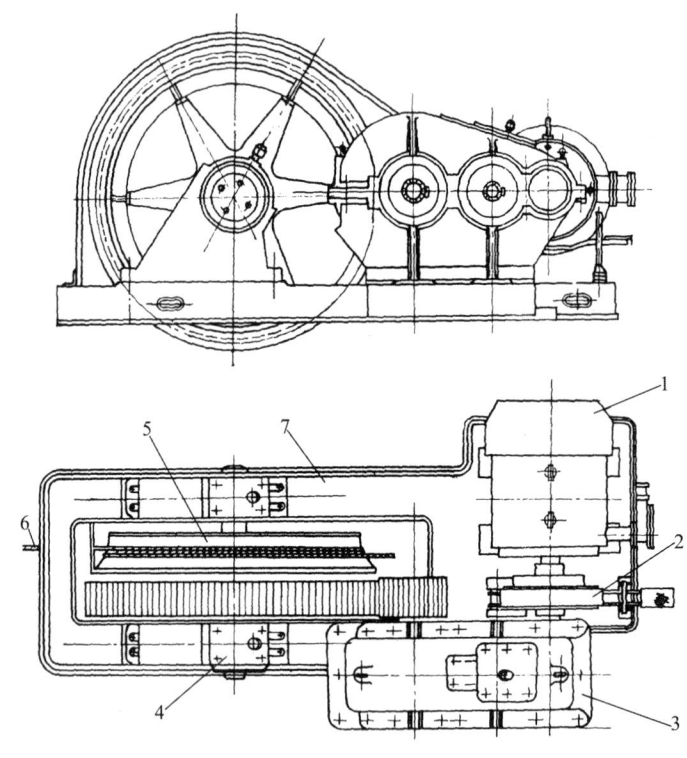

图 8-5 无极绳绞车结构图

1—电动机;2—联轴器;3—减速器;4—轴承;5—绳轮;6—钢丝绳;7—机座

(二) SQ 无极绳连续牵引绞车

1. 无极绳连续牵引车的组成及特点

无极绳连续牵引绞车是以无极绳绞车为动力,靠固定在钢丝绳上的梭车牵引矿车运行的一种运输设备。

无极绳连续牵引车是原始无极绳绞车的发展,其传动原理与原始的无极绳绞车相同运行方式又结合了调度绞车的特点。无极绳连续牵引车主要由绞车、张紧器、梭车、主付压绳轮、尾轮、软启动及过位、过卷保护等七个组成部分。无极绳绞车吸收借鉴了绳牵引卡轨车的部分优良技术,参考了传统无极绳绞车的使用经验,创造性地研制的一种实用型辅助运输装备,是对井下无极绳辅助运输系统的完善和进一步提高,具有如下特点。

(1) 操作简单,可靠性高。

采用机械传动方式,结构紧凑,操作方便,大大地提高了工人可操作性和设备可靠性。

(2) 适应性强,用途广。

无极绳绞车既可使用在顺槽,又可应用在采区上(下)山,还可布置在集中轨道巷,又能为掘进后配套服务。

(3) 系统布置灵活。

无极绳绞车既可平行于轨道布置,又可垂直于轨道布置。

系统既可布置成单轨(两条轨道)单运输,又可布置成双轨(四条轨道)双运输,还可布置成三轨(三条轨道)双运输。

如系统布置成单轨运输,可采用两根钢丝绳同在轨道内;也可采用主绳在轨道内,而副绳在轨道外的布置形式。

无极绳绞车采用双向出绳,进出绳方便且体积适中,既可利用原有硐室布置,又可靠巷帮布置,可适应不同巷道工况灵活布置。

(4) 系统配置方便。

根据不同的工况条件,采用不同轮组配置方式,可适应起伏变化坡道的不同运输需求。

(5) 可实现巷道水平转弯运输。

配备专用弯道达到水平曲线运输之目的。

(6) 梭车储绳量大,运行费用低。

采用张紧装置张紧钢丝绳,钢丝绳张力随牵引工况而变化,钢丝绳寿命长;采用导向轮分绳,避免钢丝绳咬绳,减少钢丝绳磨损;梭车采用储绳结构,可减少有运距变化巷道钢丝绳浪费;系统采用可靠的机械结构,故障率低,维护量小。

(7) 安全高效,经济实用。

两套制动系统;区段内直达运输,无需转载,减少人力倒车次数,减轻了作业人员的劳动强度;同时大大降低了管理人员的难度和设备使用的事故率。

(8) 安装简单。

采用灵活的固定结构,拆装方便;尾轮固定简单,可方便快捷地移动,实现运距变化。

2. 工作原理

(1) 工作原理。

由电机提供动力,采用减速机或变速箱和一对渐开线圆柱正齿轮传动,通过无极绳绞车滚筒旋转,借助钢丝绳与滚筒之间的摩擦力而达到传送重物之目的。系统示意图见图8-6。

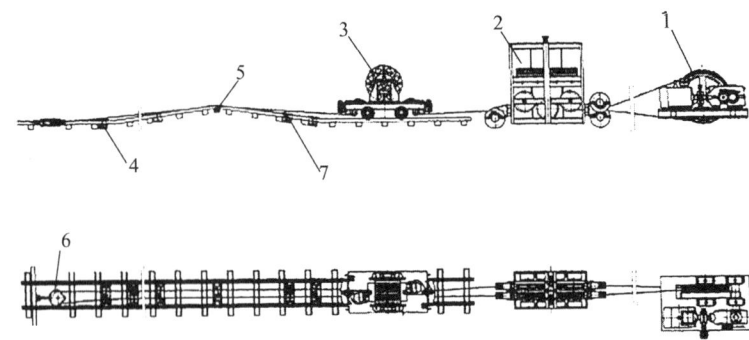

图8-6　SQ型无极绳绞车布置示意图

1—绞车;2—张紧装置;3—梭车;4—副压绳轮;5—托绳轮;6—尾轮;7—主压绳轮

（2）列车编组形式。

该编组可在梭车前面或后面串列2-4节矿车或2节平板车,运输矸石、支护材料和配件等辅助材料。

（3）工作条件。

① 轨道质量要满足运送大型设备的要求。

② 整体轨道平直,同时避免阴阳轨道出现,且轨枕间距应在500~600 mm。

③ 坡度变化平缓,垂直曲线半径≥15 m。

④ 水平弯道处曲线半径≥12 m。

⑤ 无极绳绞车安装位置巷道,根据情况进行扩巷。

⑥ 对于采区上（下）山和集中轨道巷等道岔较多的巷道,为保证副绳顺利通过,在道岔处需使用木轨枕。

（4）安全。

无极绳绞车,可实现长距离的连续运输,因而可避免小绞车接力运输中的摘挂钩时易发生的跑车事故,并且系统中有可靠的安全制动装置又可大大提高设备的安全性能,另外车辆运行的稳定性也较传统方式有较大的提高。

为使系统调试快捷、使用灵活与方便,建议用户配置具有打点、通话、紧急停机等功能的漏泄移动通信装置。

3. 系统主要构成及结构特征

系统主机部分有绞车、张紧装置、梭车、尾轮、轮组等构成;配套部分有电器、钢丝绳、通信等构成。

（1）绞车:绞车是整个系统的动力源,采用机械传动,主要组成如下。

① 电机,为无极绳绞车提供动力。

② 底座,由结构件焊接成整体。通过地脚螺栓与基础固定。

③ 变速箱,采用硬齿面齿轮。

④ 滚筒部分,滚筒部分由小齿轮轴、大齿轮、主轴、卷绳筒及绳衬等组成。

⑤ 联轴器,联轴器用于联结电机和变速箱。

⑥ 制动装置,有电力液压推杆和手动带式二套制动装置。

⑦ 齿轮罩,铁皮制成固定于底座上,用以保护大小齿轮,以保证安全。

特别提醒:无极绳绞车必须打混凝土地基固定。

(2) 张紧装置:无极绳运输系统为保证钢丝绳有一定的初张力必须配置张紧装置。本系统张紧装置为重锤式,主要由框架、张紧绳轮、动轮组、转向轮、配重和防护网等组成。该装置可吸收钢丝绳系统由于弹性变形而伸长的部分;同时,可为绞车提供尾张力,保证钢丝绳在卷绳筒绳衬上有较稳定的正压力,促使绞车正常牵引,而不致钢丝绳在卷绳筒上打滑。由于系统用于双向运输,所以系统中设有两组张紧装置。

特别提醒:张紧装置必须打混凝土地基固定。

(3) 梭车:梭车是用来牵引矿车、平板车、材料车等车列,且具有固定钢丝绳和储存钢丝绳等功能。前后两端是碰头,碰头连接车列。梭车主要有下列部分组成:车架、储绳筒、车轮组件等。

① 车架。梭车车架主要有架体、碰头组成,车架两端是碰头,车轮组件安装在架体上,组成行走机构,起行走和承重作用。

② 储绳筒。梭车安装有一个储绳筒,可储存钢丝绳,以备巷道延深开采或缩短运距之用。收绳时先拔出固定插销,再用手把摇转储绳筒,钢丝绳逐渐缠绕于储绳筒上,最后插入固定插销。

(4) 尾轮:尾轮固定在运距的终端,支承整个系统的反力,并可随工作面的推进,可方便地移动,以实现运距的变化。

注意:在运输支架时,须浇灌水泥基础固定尾轮,其他情况可用锚杆或其他方法固定尾轮。

(5) 轮组:为适应起伏变化坡道,本系统设计有轮组,既可防止钢丝绳抬高时车辆掉道,又可避免钢丝绳摩擦巷道底板。轮组的固定方法像矿用轨枕一样通过螺栓固定在轨道下沿上。轮组安装数量需根据巷道具体起伏变化程度设置。

(6) 弯道护轨装置(有转弯时需用):为适应转弯巷道的运输需要,特别设计了一种专用的弯道护轨系统。

4. 无极绳绞车(连续牵引车)的操作

(1) 安全规定。

① 安装地点应挂有"技术操作规程"和司机岗位责任制牌板。

② 运行范围内的信号装置、通信装置、警示装置、安全设施必须齐全、完好。

③ 严格执行"行车不行人,行人不行车不作业"的规定。

④ 司机操作时必须精力集中,谨慎操作,不得擅自离岗,不做与本职工作无关的事情。暂时离开工作岗位时,必须切断电动机电源,并闸紧手动制动闸。

⑤ 操作按钮、信号按钮要上盘上架,安设在便于操作的地点。

⑥ 严禁超载、超挂、蹬钩、扒车。

⑦ 车辆出现掉道,严禁使用连续牵引车硬拉复位。大件车辆出现掉道按专项措施执行。

⑧ 双速连续牵引车变换快慢速档位必须在电机完全停止运转情况下进行。如挡位一次打不到位,可将手把恢复到原档位,点动绞车,然后重复换档操作,直到换档闭锁销插入直向销孔。严禁档位手把打不到位开车。

⑨ 严禁在运行过程中变换档位。

⑩ 运送支架等超宽、超重、超高物件时按专项措施执行。

⑪ 严格执行交接班制度和岗位责任制。

(2) 正常操作。

① 听清信号,辨明开车方向,先打开手动制动闸,然后依信号指令方向启动绞车运转。

② 启动运转后,司机一只手要放置在停止按钮上,时刻准备停车操作。

③ 如启动困难或有异常现象,应查明原因,不准强行启动。

④ 运行中,司机要集中精力,注意观察张紧器及钢丝绳在滚筒上的排绳情况,手不离电源按钮,如收到不明信号应立即停车查明原因。

⑤ 运行中,如发现下列情况时,必须立即停车,采取措施,待处理好后再运行。

a. 电机出现异常。

b. 钢丝绳有异常大幅度跳动、松弛。

c. 钢丝绳打滑或出现爬绳、咬绳现象,钢丝绳接头有翘起或破股现象。

d. 张紧器有异常现象。

e. 有其他异常响声、异味。

f. 突然停电或有其他险情时。

g. 正常运转时严禁采用手动自动闸施闸。

h. 当接收到停车信号时,立即停车,并及时用手动制动闸施闸,使主机平缓减速到停止。

j. 车场调车及调整车辆位置时要依据信号,点动运行。司机离开岗位时,必须切断电源。

5. 无极绳绞车的完好标准

(1) 绞车部分。

① 牵引绞车应符合《煤矿安全规程》的规定。

② 绞车易被锈蚀的金属表面保持完整的油漆表面。漆层应均匀牢固，不得有起皮、脱落现象。

③ 绞车的噪声值不应超过88dB(A)。

④ 牵引绞车各零件表面的毛刺、切屑、油污等应清除干净，配合表面不得有损伤。

⑤ 牵引绞车外表面不应有图样未规定的凸起、凹陷、粗糙不平和其他损伤，外露焊缝应平直、光滑，且无残留焊渣。

⑥ 牵引绞车易损件、通用件应保证互换性能。

⑦ 配套的电气设备应有防爆合格证和煤矿矿用产品安全标志证书。

⑧ 牵引绞车采用的非金属材料应符合MT113的规定。

⑨ 所用的原材料、标准件、配套产品等均应符合相应国家标准或行业标准的规定。

⑩ 牵引绞车应牢固且稳定地安装在水泥地基上。

(2) 电动机。

① 螺栓、接线盒、吊环、风翅、通风网、护罩及散热片等零部件齐全完整、紧固。

② 运行中无异音。

③ 运行温度不超过生产厂规定温度。

④ 运行中转动平稳，无明显震动，震动最大允许值见表8-1。

表8-1 电动机的允许震动值表

电动机转速/(r/min)	震动值	
	一般电动机/mm	隔爆型电动机/mm
3000	0.06	0.05
1500	0.10	0.085
1000	0.13	0.10
750及以下	0.16	0.12

⑤ 接地装置符合规定。

⑥ 电流不超过额定值，三相交流电动机在三相电压平衡条件下，三相电流之差与平均值之比不得相差5%。在电源电压及负载不变条件下，电流不得波动。

⑦ 轴承不松动，转动灵活，运行平稳无异响

⑧ 绕组及铁芯表面无积垢，绝缘无老化、裂纹，不松动。

⑨ 鼠笼型转子无开焊断条，同步电动机极掌不松动，启动铜条无开焊、裂纹，转子绕组联接牢固，无开焊、虚焊现象。

⑩ 绕线及同步电动机集电环不松动、表面无严重烧痕。电刷接触面积不小于75%。刷辫、刷握连接牢固，电刷在刷握中上下灵活，间隙不大于0.3 mm，压力均匀。

⑪ 换向器片与绕组焊接良好,无过热开焊现象。

⑫ 定子与转子间隙　异步电动机最大间隙与最小间隙之差不得超过平均值的30%;同步电动机和直流电动机不得超过15%。

⑬ 绝缘良好。

⑭ 接线螺栓、引线瓷瓶、接线板无损伤裂纹,标号齐全,引线绝缘无老化、破损。

⑮ 接线终端应用线鼻子或过渡接头接线。接头温度不得超过导线温度。

（3）联轴器。

弹性联轴器的弹性圈外径磨损后与孔径差不大于3 mm,柱销螺母应有放松装置。

（4）减速器。

① 减速器壳体无裂纹和变形。接合面配合严密,不漏油。使用润滑油,油量适当,油面超过大齿轮半径的1/2。油压正常。

② 轴的水平度不大于0.2‰。轴与轴承的配合符合要求。

③ 齿面无裂纹,剥落面累计不超过齿面的25%,点蚀坑面积不超过下列规定。

a. 点蚀区高度接近齿面的100%;

b. 点蚀区高度占齿高的70%,长度占齿长的10%;

c. 点蚀区高度占齿高的30%,长度占齿长的40%。

④ 齿面出现的胶合区,不得超过齿高的1/3、齿长的1/2。

⑤ 齿厚的磨损量不超过原齿厚的15%。

（5）制动系统。

① 机械、电力制动装置齐全可靠。

② 制动手轮转动灵活,螺杆、螺母配合不松旷。

③ 各连接鞘轴不松旷,不缺油。

④ 紧急制动闸的制动力应为额定牵引力的1.5~2倍。

⑤ 制动闸与制动轮的接触面积应不少于70%。

⑥ 紧急制动闸瓦与制动轮松闸后的间隙不得大于2.5 mm。

⑦ 绞车应具备两套制动闸。

⑧ 紧急制动闸(兼作停车制动闸)应动作灵活、制动平稳、安全可靠,结构应为失效安全型。

⑨ 施闸时的空动时间不大于0.6s。

⑩ 在最大坡度上以最大速度运行时,制动距离应不超过相当于在这一速度下6 s的行程。

⑪ 电液闸ED推动器内液压油充足。

⑫ 液压推杆制动器中制动闸瓦与制动轮无严重磨损,表面无油迹。

⑬ 手动制动闸刹车石棉带无严重磨损。

（6）滚筒,钢丝绳。

① 滚筒不得有开焊、裂纹和变形。

② 滚筒轮衬无严重磨损。

③ 齿轮和衬套润滑良好。

④ 轴承无严重磨损,工作时轴承温升不超过70℃。

⑤ 滚筒上钢丝绳的固定和缠绕层数应符合《煤矿安全规程》第384、385、386条规定。

⑥ 钢丝绳的检验、试验和安全系数,应符合《煤矿安全规程》第八章第三节有关条文规定。

⑦ 钢丝绳在滚筒上固定牢靠,排绳整齐,无咬伤,不打结。

（7）底座。

底座不得有开焊和裂纹,基座螺丝紧固,护板完整齐全,无变形。

（8）仪表。

无极绳牵引绞车上使用的各种仪表要定期校检,指示正确可靠。

（9）信号。

信号系统要声光具备,准确可靠。

（10）齿轮罩。

① 联接牢固,安全可靠。

② 不得有严重变形。

（11）张紧装置。

① 不得有开焊、裂纹和变形。

② 螺钉连接处不得有松旷。

③ 张紧装置应牢固且稳定地安装在水泥地基上,上部可用圆环链与顶侧帮固定并拉牢,以能承受意外的侧向力。

④ 两端导向轮的方向应钢丝绳的走向保持一致。

⑤ 运行时必须注意滑轮和配重是否上下移动自如,不得有卡滞现象。

⑥ 防护网齐全、可靠。

⑦ 张紧绳轮轮槽不得有严重磨损。

⑧ 张紧装置工作时配重不得落地。

⑨ 导向轮、张紧绳轮转动灵活。

（12）轮对。

① 梭车运行平稳,在水平轨道上四个车轮有一个不与轨面接触时,其间隙不大于3 mm。

② 车轮不得有裂纹,轮缘磨损余厚不小于13 mm;踏面磨损余厚不小于6 mm。

③ 车轮定期注油,转动灵活。车轮端面摆动量:滚动轴承不超过 2 mm;圆锥滚柱轴承不超过 3 mm。

(13) 车架。

① 不得有开焊、裂纹和变形。

② 连接钩环和插销的拉力试验和安全系数应符合《煤矿安全规程》第 377 和 379 条规定。磨损量不超过原尺寸的 15%。链环、销轴弯曲值不超过链、销直径的 10%。

③ 铸钢碰头无裂纹,弹簧无断裂或永久变形。

(14) 储绳筒。

① 不得有开焊、裂纹和变形。

② 滚筒转动灵活。

(15) 尾轮。

① 不得有开焊、裂纹和变形。

② 尾轮轮槽不得有严重磨损。

③ 尾轮转动灵活。

(16) 轮组。

① 主压绳轮组。

a. 底座不得有开焊、裂纹和变形。

b. 压绳轮转动灵活,不得有卡滞现象。

c. 轮体不得有严重磨损。

d. 弹簧无断裂或永久变形。

e. 螺栓连接牢固。

f. 销轴不得有严重变形、磨损。

② 副压绳轮组。

a. 底座不得有开焊、裂纹和变形。

b. 压绳轮转动灵活,不得有卡滞现象。

c. 轮体不得有严重磨损。

d. 螺栓连接牢固。

e. 销轴不得有严重变形、磨损。

③ 平托轮组。

a. 底座不得有开焊、裂纹和变形。

b. 托绳轮转动灵活,不得有卡滞现象。

c. 托轮体不得有严重磨损。

d. 螺栓连接牢固。

(17) 弯道护轨装置。

① 不得有开焊、裂纹和变形。

② 螺栓连接牢固可靠。

③ 转向轮转动灵活,不得有卡滞现象。

④ 转向轮不得有严重磨损。

(18) 电控设备。

① 外观检查。

a. 零部件齐全、完整、紧固。

b. 外壳无锈蚀,无严重变形。壳体内无油污、积垢或水珠。

c. 观察窗清洁、无破损。

② 接线。

a. 接线及接线端子整齐、清洁,导线标志清晰。

b. 插销接线装置紧密、牢固,接头接触良好。

c. 主回路绝缘性能。

d. 绝缘性能良好。

e. 导线绝缘良好,无破损、老化现象。

③ 整体系统功能。

a. 控制、检验、监视、信号、显示系统的声、光显示正常。

b. 通信系统声音清晰,音量适当。

④ 其他。

a. 隔爆性能符合《煤矿安全规程》相关规定。

b. 外壳接地装置符合规定。

⑤ 电缆。

a. 电缆橡胶护套无明显损伤。不露出芯线绝缘或屏蔽层,护套损伤伤痕深度不超过厚度1/2,长度不超过20 mm(或沿周长1/3),无老化现象。

b. 电缆标志牌齐全,改变电缆直径的接线盒两端、拐弯处、分岔处及沿线每隔200 m均应悬挂标志牌,注明电缆编号、电压等级、截面积、长度、用途等项目。

c. 电缆接线盒零部件齐全完整,无锈蚀,密封良好,不渗油。

d. 电缆上部无淋水(有淋水必须采取防护措施)。

e. 电缆铺设应符合《煤矿安全规程》的规定。

f. 电缆悬挂整齐,不交叉,不落地,应有适当弛度,在承受意外重力时能自由坠落。

g. 不得超负荷运行,接头温度不得超过60℃。

h. 接线盒的额定电压应与电缆使用电压相符。

i. 橡套电缆接头温度不得超过电缆温度。

j. 接地装置符合规定。

⑥ 控制设备。

a. 有启动、运转、停止位置标志。

b. 触头无严重烧伤或缺损。

c. 套管、绝缘轴杆无损伤及老化裂纹,无积尘及油垢。

d. 绝缘良好。

e. 接地装置符合规定。

f. 隔爆性能符合《煤矿安全规程》的相关规定。

6. 维修保养及常见故障处理

在无极绳绞车前期使用时应每班有 1-2 名保养维修人员,配合绞车司机、跟车司机作好设备及轨道的日常维护保养工作。

（1）无极绳绞车维护

① 要经常观察绞车轮衬的磨损情况,轮衬绳槽磨损到固定绞制螺栓后要及时更换。

② 轴承的润滑油使用黄油,每月至少加油一次,最好每三个月清洗一次轴承,但在新绞车第一次运转后 5～6 天即应清洗一次,轴承温度超过 70℃立即停车查明原因,并检查其磨损情况,如发现磨损过甚,则应查明原因进行修理或更换。

③ 无极绳绞车的减速机或变速箱的润滑油,推荐用黏度 $E_{50}=11°$ 的润滑油,油面的高低需经常检查,油量不足时应随时补充,根据润滑油的光泽、黏度和有无污染杂质的情况等更换新油,建议以每 3～6 个月换油一次。

④ 开式大小齿轮可以从齿轮罩处加入机油或黄油,经常保持其润滑良好。

⑤ 电液闸 ED 推动器在出厂前已加好液压油,可直接使用,在维修时,可加注磷酸脂难燃油 4613 或(加注 20 号机械油),并且加满.液压推动杆制动器制动闸瓦磨损后要及时更换.制动闸间隙过大或过小时,可以旋转反正丝母来进行调整,刹车石棉带磨损后应及时更换新的。

⑥ 机房内应保持整洁,整个绞车应保持清洁不积尘污,易被锈蚀的金属表面保持完整的油漆面。

（2）张紧装置维护。

各滑轮的轴端均有油杯,每周须用黄油枪注钙基润滑脂一次。导向轮磨损时,应及时调整方向或调整前后(左右)导轮使用,严重时须更换。

（3）尾轮维护。

尾轮中间轴端上有注油杯,每周须用黄油枪注钙基润滑脂一次。固定尾轮用钢丝绳直径不得小于 $\phi 22$ mm,须缠绕至少 3 圈,紧固绳卡不得少于 6 只,并经常检查松动状况。

（4）轮组。

① 经常检查各轮组的运转情况，及时清理影响轮子转动的杂物，轮子转动不灵活时应及时处理，必要时须更换轮子。

② 定期给各轮组加注钙基润滑脂。

③ 定期检查各轮组的磨损情况，磨损厉害时须更换轮组或调换方向使用。

（5）故障分析及排除（见表8-2）。

表8-2 故障分析及排除表

故障现象	原因分析	排除方法	备注
钢丝绳打滑	张紧装置配重落地	收绳增大钢丝绳预紧力	
	因潮湿煤泥等绳衬摩擦系数变小	排除积水，并可在滚筒上撒些水泥等吸水物质	
	张紧装置配重不足	加大配重	
	大件重物超重	减轻重量；卷筒钢丝绳重新缠绕，改为4圈半	平板车
梭车运行过程中易掉道	坡度超出设计范围	修正变坡点的坡度	
	车轮卡制不灵活	修理车辆	
	轨道质量较差	调整轨道	同轨
	坡度变换急	调整低洼调度	
压绳轮撞开阻力大	杂物阻碍轮体摆动	及时清理杂物	
压绳轮跳绳	安装数量小	增加压绳轮组	
	弹簧受力超限	增加弹簧	
	弹簧损坏	更换	

第三节 无轨胶轮车运输

一、无轨胶轮车的组成及分类

无轨胶轮车是以防爆柴油发动机为动力，使用胶轮在巷道地面运行的机车。无轨胶轮车主要由驾驶室、控制系统、制动系统、传动系统、进气系统、尾气处理系统、保护系统、照明等组成。无轨胶轮车的分类按其载重量可分为重型无轨胶轮车和轻型无轨胶轮车；按其作用不同可分为人车、材料车、支架搬运车、铲车、管车等；按其驱动方式不同可分为双驱动和四轮驱动。其作用是用来实现井下人员、材料、矸石及设备的运输。

无轨胶轮车一般采用铰接车身，前部为牵引车，后部为承载车，如图8-7所示。这种车可以在很小的曲率半径（3~6 m左右）内拐弯，且能够机动灵活地在起伏不平的巷道底板上自由驾驶。它的机身较低(一般不超过 1.5 m),低的不超过 1 m;使用重型充气或充泡沫塑料轮胎;带有可靠的制动系统,可重载爬坡达 12°~14°;行驶速度,蓄电池车一般不超过 2.5 m/s,柴油机车最大可达 4~6 m/s。重型无轨小轿车可整运 18~27 t 的液压支架,轻型的可运输人员和材料。运人一车最多 25~40 人,运料可运 14~20 t,且 20 s 内自卸。

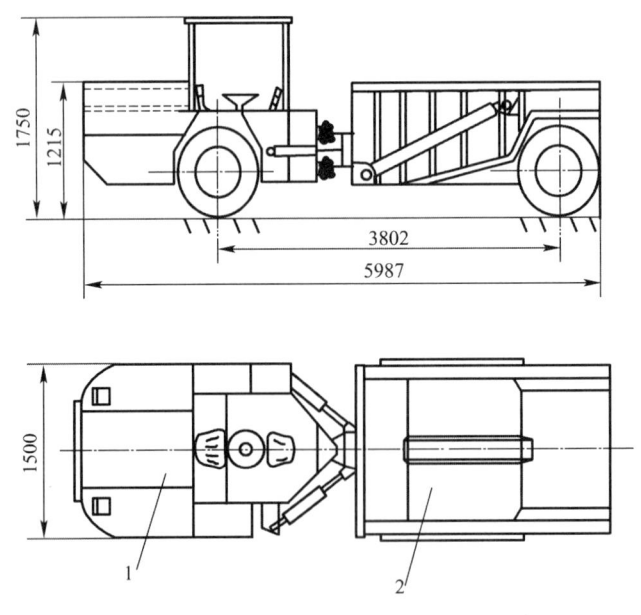

图 8-7　无轨胶轮车结构图
1—前车;2—后车

车辆前端的工作机构可以快速更换,即可在 1~2 min 内,把铲斗换成铲板、集装箱、散装前卸料斗、侧卸料斗或起底带齿铲斗。还可改为人车、救护车、修理车、牵引起吊车等。有的车上还可装设绞车、钻机、锚杆机等到实现一机多功用。

蓄电池无轨胶轮车无排气污染,轻型的可以运人运料,重型的可运支架等设备,在美国的长壁和房柱工作面使用较多。它的缺点是,工作 4~5 h 后需要更换电池,这对于频繁运输的辅助运输设备来说,显得不太方便。

无轨胶轮车一般车体较宽(1.5~3 m)行驶中巷道两侧需要有不小于 220~300 mm 的间隙,因而需要巷道尺坟较宽,且最好是无棚腿支护,如锚杆支护、锚喷支护或砌石旋巷道。底板抗压强度应不小于 10~25 N/cm²,最好是砂岩或砂页岩较完整的底板条件,有淋水时需降低使用坡度,底板松软或破碎时需经常铲平清理,有的甚至需要加打混凝土路面。总之,这种车辆不需专设轨道,但对巷道宽度和路面有一定要求,需要有技术熟练的司机驾驶,以确保安全快速地正常运行。

无轨胶轮车特别适用于赋存较浅、倾角不大的近水平煤层的矿井,最理想的是 12°左右的副斜井。用这种车从地面到采区直接上下,实现直达运输,从而大大提高矿井的全员效率。

二、无轨胶轮车操作规定

1. 安全规定

车辆必须前有照明,后有红尾灯。

(1) 正常行驶时。

① 正常行驶时,不得背对前进方向行驶,确实无法做到时,必须有跟车工指挥。

② 机车通过的风门,必须设有当机车通过时能够发出在风门两侧都能接受到的声光信号的装置。

③ 车辆在行近巷道口、硐室口、弯道、道岔、坡度较大、噪声大的地段或遇有行人,以及前有车辆、障碍物或视线有障碍时,都必须减速鸣号,确认安全后方可通过。

④ 在同一巷道中行驶的两辆胶轮车之间的距离至少保持在 50 m 以上,当电机车尾随胶轮车行驶时应保持不少于 100 m 的距离。

⑤ 车辆的制动距离,每年至少测定一次,并符合操作说明书的要求。

⑥ 当瓦斯浓度超标时,应立即熄火停机,查明原因,待有害气体不超限时,方可开车运行。

⑦ 必须正确执行调度指令,保持运输中的通信联络,不得随意关闭通信装置。

(2) 车辆会车时。

① 必须在指定的会车硐室(地点)会车,非会车地点严禁会车。

② 车辆会车速度限制在 5 km/h 内。

③ 会车时车与车、车与两巷帮的距离都不得少于 0.5 m。

④ 胶轮车在指定地点内会车时,应遵守空车让重车、下坡车让上坡车的原则。

⑤ 无会车硐室(地点)的巷道,禁止对面有行驶的车辆。

⑥ 所有在井底车场行驶的胶轮车,其运行速度都不得超过 5 km/h。

⑦ 运输时,要确保货物绑扎牢固,严禁超载、超高、超宽运输,严禁人物混装。

(3) 在运送大件、重件设备材料时应充分考虑以下因素。

① 装载重量的均匀分布。

② 装卸地点的工作条件。

③ 运输剧烈状况。

④ 装卸顺序与安装顺序等。

⑤ 运送大型设备(如液压支架等)或车辆倒行,影响驾驶员视线时,必须制订专门措施,并经矿总工程师批准后实施。

⑥ 巷道中所有的信号标志与调度指令均为车辆安全行驶的依据,所有车辆的运行不得

违反。

⑦ 运送爆破材料时,必须严格执行《煤矿安全规程》有关规定。

（4）停车时必须遵循以下规定。

① 在井下装卸货物时必须制动锁车,但不得熄灭车灯。

② 运输途中除让车外,一般不容许停车,必须停车时应事先汇报调度或车队,通知其他车辆并制动锁车、亮灯,斜巷还需采取掩车措施。

③ 严禁用胶轮车顶拉其他车辆。当行驶途中因故障停车,需用其他胶轮车拖车时,必须执行专项措施,并采用专用的拖车装置。

④ 胶轮车司机操作时应保持坐在驾驶椅上、目视前方、双手握住方向盘（操作把手）的正确姿势,严禁将身体任何部位露出车体外,严禁站在车下开车。

⑤ 司机必须按信号指令开车,开车前首先鸣笛示警,检查确认周围无人时,方可启动。

⑥ 司机上岗后,不得擅自离开岗位,严禁在车辆未停稳时离开司机室。司机暂时离开岗位时必须做好机车制动,依次做好工作制动、手闸制动、脱离离合器、柴油机怠速运转、停机、锁车等步骤。

⑦ 司机停车离开驾驶室前,必须按规定释放停车制动回路和方向盘控制回路的压力,避免突然释放。

（5）司机操作中应做到。

① 根据运输任务的性质来选择相应的车辆及车厢。

② 加强封车与人车运行前的检查。

③ 严格执行本规程对各类胶轮车行驶速度的限制。

④ 车辆上坡不准曲线行驶,下坡不准脱档滑行。

⑤ 胶轮车故障停车时,按下列内容检查,并及时向值班领导汇报处理。

⑥ 发动机冷却水温度是否过高。

⑦ 机油压力失压。

⑧ 发动机温度过高。

⑨ 液压油温过高。

⑩ 液压油油位过低。

⑪ 尾气排放温度过高。

2. 正常操作

（1）经检查确认车况良好后,进行以下启动操作。

① 将启/停开关打到启动位置,将档位打至1挡。

② 将前进/后退打至中间位置。

③ 按下启动按钮,启动发动机。

④ 如果启动失败,需要重新按下启/停开关,并使机器处于停止状态 15s 后,重新启动。

⑤ 启动发动机后必须检查各仪表及保护系统处于正常状态。

(2) 在完成启动程序后,发动机运行后按以下步骤进行操作。

① 选择前进档或后退档。

② 选择第一档传动。

③ 对脚制动施加轻压,并松开紧急停车制动闸。

④ 踩油门以增大发动机速度,同时放松脚闸。

⑤ 当选择较高档时,短暂释放加速器踏板上的脚踏压力;当选择较低档时,稍微增加加速器上的脚踏压力。

⑥ 只有机车完全停止时,才能改变其运行方向。

⑦ 当操作自卸车厢时,先将操作手柄的锁紧装置解除,再按需要操作。

(3) 停车时要确保停在安全地区,在不阻碍其他车辆运行的前提下从事以下操作。

① 停机前使用停车闸停车,并通过操作前进/后退操纵杆使发动机空转,缓慢地冷却。

② 检查启动压力表读数为规定值,如果低于规定值,必须向系统充压。

③ 停止柴油机运行。

④ 在关掉发动机后,应摆动方向盘释放液压系统的压力,直到转向压力表显示读数为零。

⑤ 驾驶员在变速杆未打到空档位、机器未制动、发动机未停转、转向压力表未返零位之前不得离开机器。

第四节 其他运输设备

一、单绳索道

单绳索道是一种简易有效的辅助运输设备,俗称"猴车"。图 8-8 是它的一种形式。

1. 工作原理

以电动机带动的摩擦轮为驱动装置,钢丝绳在摩擦轮的带动下循环运行,将吊挂在钢丝绳上的运载物运向两端。钢丝绳用托绳轮承托。驱动装置根据具体情况可安装在上、下两端均可。在弯曲巷道部分需用导向轮给钢丝绳导向。

《煤矿安全规程》对用架空乘人装置运送人员有如下规定。

① 巷道倾角不得超过设计规定的数值。

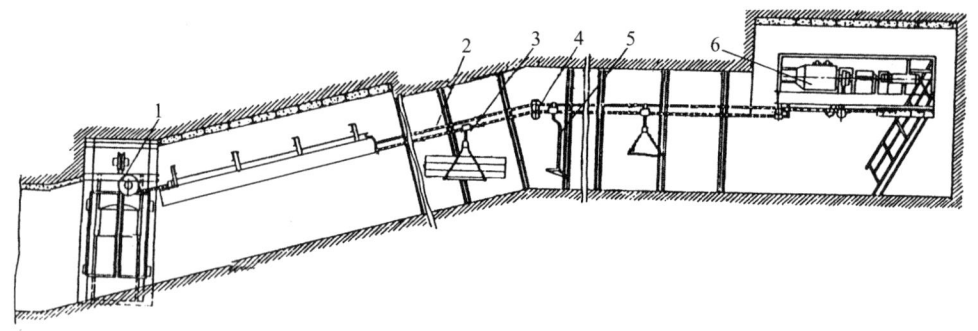

图 8-8 单绳索道示意图
1—张紧装置;2—牵引钢丝绳;3—载货吊具;4—托绳轮;5—单人吊座;6—驱动装置

② 蹬坐中心至巷道一侧的距离不得小于 0.7 m,运行速度不得超过 1.2 m/s,乘坐间距不得小于 5 m。

③ 驱动装置必须有制动器。

④ 吊杆和牵引钢丝绳之间的连接不得自动脱扣。

⑤ 在下人地点的前方,必须设有能自动停车的安全装置。

⑥ 在运行中人员要坐稳,不得引起吊杆摆动,不得手扶牵引钢丝绳,不得触及邻近的任何物体。

⑦ 严禁同时运送携带爆炸物品的人员。

⑧ 每日必须对整个装置检查一次,发现问题及时处理。

2. 单绳索道操作

(1) 安全规定。

① 必须按照规定的运行时间和信号指令开车,开车前必须发出开车信号。

② 开车前必须对架空乘人装置和各种保护进行了检查、试验,确保安全可靠。

③ 严禁甩掉保护或在机械设施润滑不好、油位不正确、设备失爆、绳松等到情况下运行。

④ 架空乘人装置运行期间严禁离开岗位。在无人乘坐情况下暂时离开岗位时,必须切断电机电源,并将电源开关打在闭锁位置。

⑤ 严禁反方向开车(往复式除外)。

⑥ 严禁超重车(携带物品的重量不得超过设备说明书规定)。

⑦ 乘员携带物品的长度不得超过 1.5 m,且携带物品乘坐时物品必须与钢丝绳的方向平行,不得垂直于钢丝绳或在地上拖行,以免伤害他人。

⑧ 严禁反向或斜向等不正确姿势坐(正确坐姿势是面向运行方向坐在座凳上,手抓紧扶手,脚踩在脚踏上)。

⑨ 人员上下时不得拥挤或争抢,要遵守管理工作制度和服从有关人员的管理。

⑩ 严禁携带易燃、易爆物品的人员与其他人员同时乘坐。
⑪ 严禁用手抓钢丝绳或托绳轮。
⑫ 存在影响安全行车的隐患时不得开车。
⑬ 上下人员的地点必须有醒目的标志。
⑭ 认真执行岗位责任制和交接班制度。
（2）正常操作。
① 按正常顺序接通电源，试验电气保护、制动装置是否可靠。
② 接到开车信号，先鸣笛（可警铃）警示，确认无误后，再按启动按钮。
③ 架空乘人装置启动运行后，先空转一圈，方可乘人，应尽量避免带人启动。
④ 管理好活动式吊椅。

二、卡轨车

1. 概述

卡轨车是一套设备系统的总称，主要由轨道装置、卡轨车车辆及牵引控制设备三部分组成。是地轨车辆运输基础上的一种发展，它与地轨车辆的区别是除承重行走车辆外，还在车辆车架的下部成对安装有可转动的卡轨滚轮，使车辆在运行中不会掉道；从而提高了运输的安全性、可靠性。卡轨车有钢丝绳牵引和机车牵引两种方式。卡轨车用的轨道多用槽钢制成，也有用普通钢轨制成的，卡轨车的轨道线路可以分出支线，用专用道岔连接，卡轨道岔有手动和压气动作的两种。

卡轨车辆按功能分：有牵引车、制动车、载重车和乘人车等。如图 8-9 所示，牵引车是钢丝绳牵引卡轨车系统中与牵引绳联挂的车辆，车上装有固定牵引绳的绳卡，还有储绳筒，供调节运输距离用。调整时将绳卡松开，从储绳筒中放出或绕入所需的绳长，然后用绳卡将牵引绳固定在牵引车上。制动车是安全装置。当断绳或车速超过规定值时，车上的紧急制动系统动作，闸瓦夹紧轨道，减速后将车辆停在轨道上。若将紧急制动系统装在牵引车上，能使卡轨系统更紧凑。载重车是按不同运送物品的形状制成不同结构。

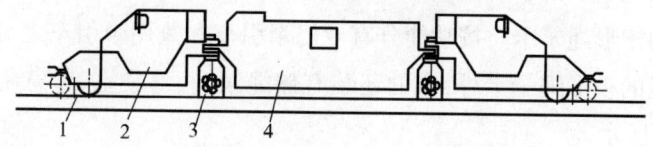

图 8-9　卡轨机车组成示意图

1—制动装置；2—司机室；3—驱动装置；4—动力部

卡轨车的牵引设备一种是用绞车，即摩擦轮绞车或液压绞车，另一种是卡轨机车，即防爆蓄电池机车或低污染柴油机车。钢丝绳牵引卡轨车目前技术上比较成熟。我们简单作一介绍。

2. 钢丝绳牵引卡轨车

钢丝绳牵引卡轨车运输距离在 1.5 km 之内,巷道平直,转弯少,坡度小,运输距离可增到 3 km 以上。钢丝绳运输系统几乎可在任何坡度上运行。卡轨车运输适用于 25°以下的坡,一般限制 18°,最大达 45°。运行速度不超过 2 m/s,牵引钢丝绳直径在 16~30 mm。

钢丝绳牵引卡轨车的控制方式一般均由绞车司机远方操作,在牵引卡轨车上设跟车人员,由其向司机发出停、开信号。另外跟车人员也可遥控直接制动绞车。

钢丝绳牵引卡轨车的优点是:结构简单,工作可靠,价格便宜,维修方便,牵引力大并可多绳牵扯引,爬坡角度大。适用于固定的运输线路,不分叉,转弯不多,运距不变,坡度较大的巷道。

基本运输车也称载重车,其基本结构是两个带转向架的车轮和车架组成。如图 8-10 台上有活动装货桥板,以便重物装卸。采用钢丝绳牵引的重载车,在车架上装有钢丝绳固定装置。

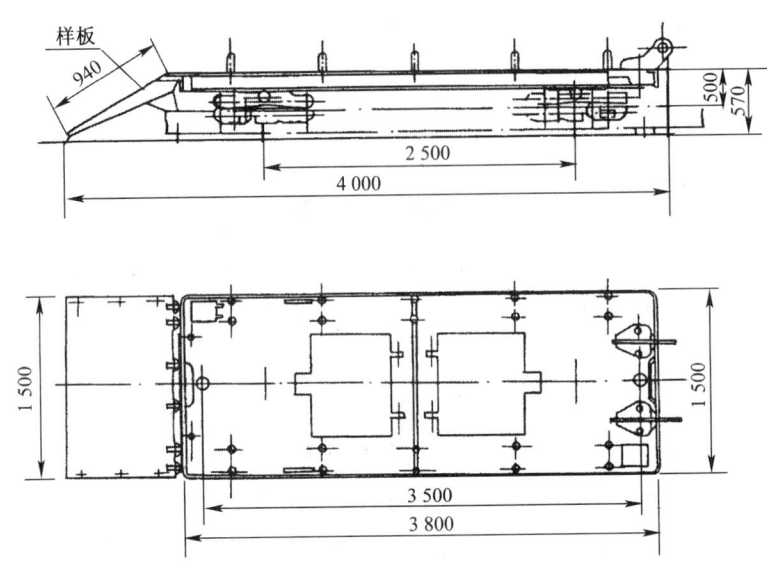

图 8-10 重载运输车(带钢丝绳固定装置)示意图

牵引车是钢丝绳牵引的卡轨车组中唯一与钢丝绳连挂的车辆,其主要结构特征是在车架上装有固定绳的楔形绳子卡。按功能分有专门牵引车和兼用牵引车之分。在专用牵引车上除了装有固定绳的楔形绳子卡外,有的还装有储绳滚筒、驾驶室、紧急制动装置及随车乘人椅等,见图 8-11 所示。

制动车在水平及倾斜运输都需要,水平运输时制动装置使列车保证在允许的制动距离内停车及在事故情况下紧急停车,倾斜运输时制动车挂接在列车的下方,当列车断绳、脱钩或超速时制动,使列车减速停止,防止列车跑车,制动车紧急制动,系统的动作可手动实现,也可自动实现。制动的解除采用手动。

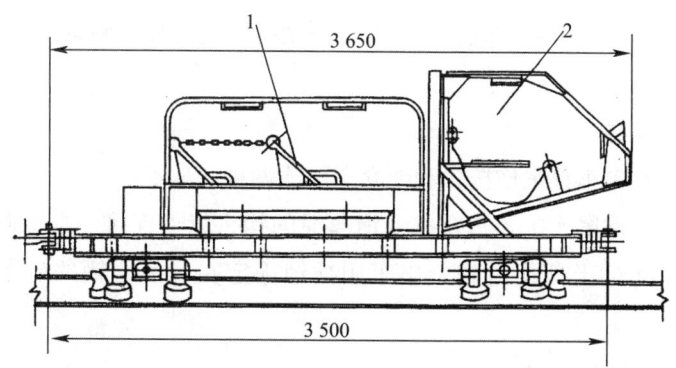

图 8-11 专用牵引车示意图
1—人车;2—驾驶室

乘人车是专门运送人员的车辆,由车体和行走部组成,车体由钢板焊接而成,行走部结构与承载车基本相同,如图 8-12 所示。

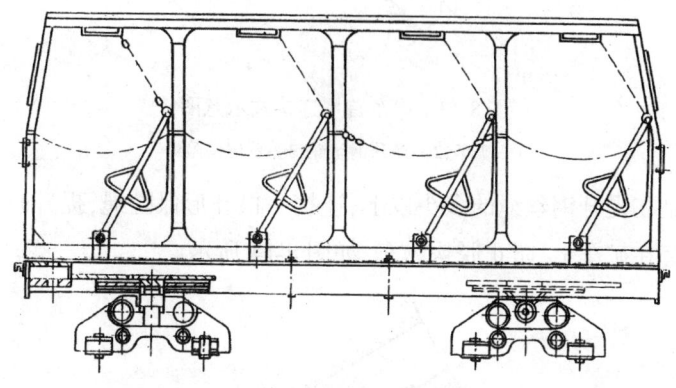

图 8-12 乘人车示意图

第五节 运输安全设备

一、斜井防跑车装置

倾斜井巷使用串车运输时,为防止因脱扣、连接装置折断等原因引发跑车事故,降低事故危害,必须装设防跑车装置和跑车防护装置。

1. 防跑车装置

防跑车装置就是能够防止在倾斜井巷中发生跑车的装置,主要有防跑车保险绳和防跑车阻车器等。

(1) 防跑车保险绳。

防跑车保险绳有串车首尾连接式和绳套车辆式两种。

专用牵引车串车首尾连接式是在提升钢丝绳的钩头以上连接一根保险绳,提升时把保险绳的另一端沿矿车的上部绕过整个串车用插销固定在最后一辆的矿车尾部,如图8-13所示。

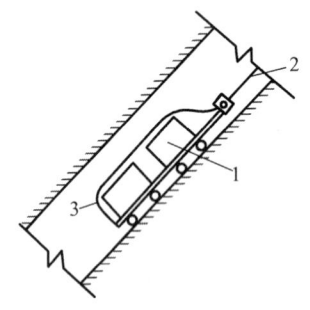

图8-13 串车首尾连接式示意图

1—矿车;2—提升钢丝绳;3—首尾保险绳

绳套车辆式是在提升钢丝绳的多头以上,连接一根环形保险绳,提升时把保险绳沿矿车侧面绕串车一圈套在矿车上,防止脱钩跑车,如图8-14所示。

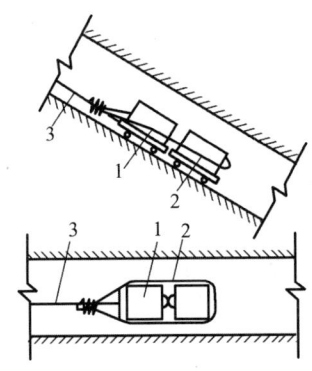

图8-14 绳套车辆式示意图

1—矿车;2—提升钢丝绳;3—首尾保险绳

(2) 防跑车阻车器。

防跑车阻车器按不同的方式分为以下几种。

按组合数量分:单式阻车器、复式阻车器。

按动力方式分:风动式、电动式和手动式。

按阻车部位在此仅介绍手动阻轴式阻车器。图8-15是常用的手动阻轴式阻车器,由阻车爪、轴、操作手把等组成。阻车器用夹板和落栓车爪摆动,达到开分:阻轮式、阻轴式、阻碰头式、阻挡(矿车底挡)式。

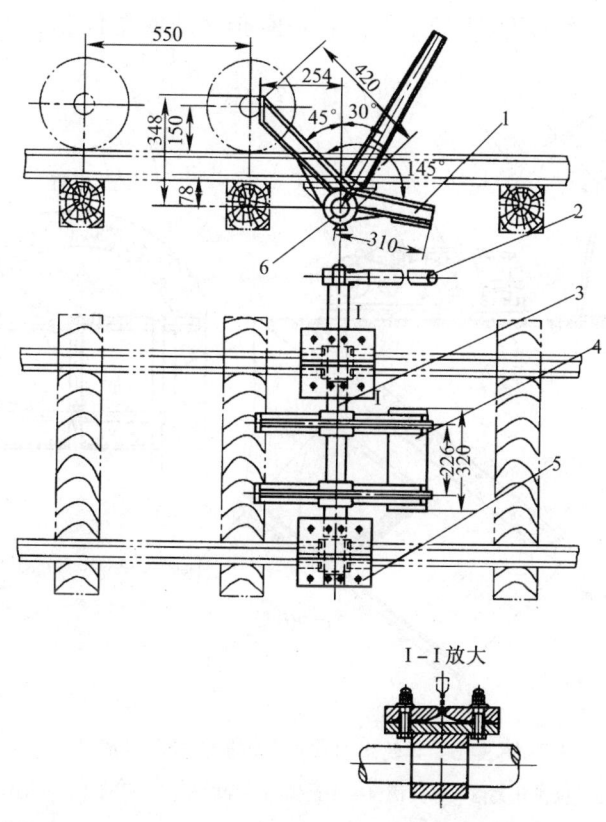

图8-15 手动阻轴式阻车器结构示意图

1—阻车爪;2—操作手把;3—轴;4—垫板;5—固定压板;6—轴承

2. 跑车防护装置

跑车防护装置是能够阻挡在倾斜井巷内运行矿车发生跑车的装置或设施。

跑车防护装置主要有如下两个功能。

① 识别功能。通过传感器对下行车辆正常行车或跑车进行识别。

② 防护功能。对下跑车辆进行阻挡防护。

对跑车防护装置的要求如下。

① 在阻挡跑车时,吸收能量大,缓冲效果好,把跑车和跑车防护装置撞击造成的损失了降到最低。

② 跑车事故处理后,跑车防护装置复位方便,能及时恢复正常行车。正常行车时,跑车防护装置的能量消耗小。

③ 结构简单,动作可靠,检查维护方便。

跑车防护装置的类型。跑车防护装置分为常闭式和常开式两种。

① 绳轮牵引式跑车防护装置如图8-16所示。该装置由于采用了小绞车绳轮牵引机构,性能可靠,适用于单、双钩提升;现场人员容易掌握,但缓冲装置不完善。

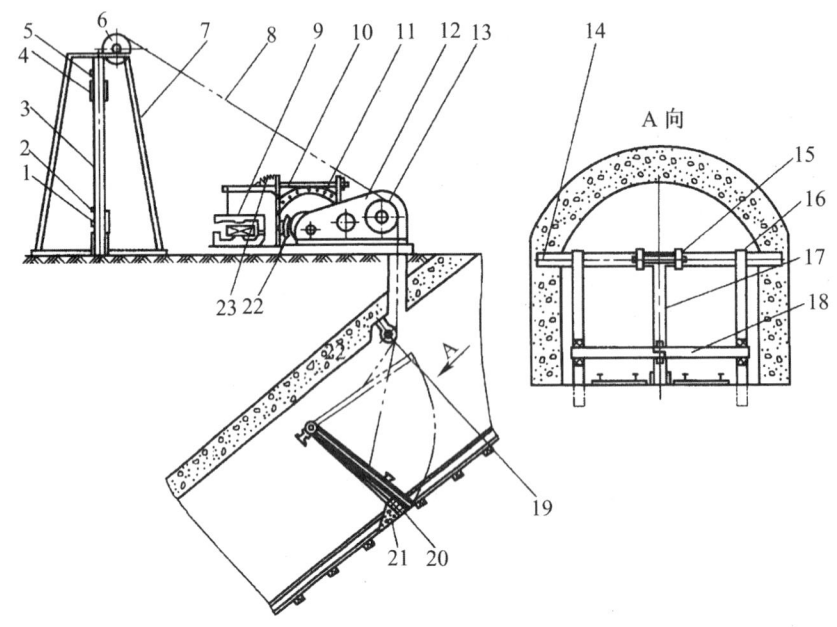

图 8-16 绳轮牵引式跑车防护装置示意图

1、2、5—位置开关;3—导向槽;4—平衡锤;6—导向轮;7—平衡架;8—钢丝绳
9—电磁铁;10—制动架;11—旋转电机;12—减速器;13—卷筒;14—横梁;
15—轴承座;16—门框;17—车档;18—活动小门;19—滑轮;20—缓冲器;
21—斜撑;22—制动闸;23—复位弹簧

工作原理:当提升绞车启动下放矿车到达车档一定距离时,深度指示器上指针触块使其侧旁的位置开关闭合,接通旋转电机的供电电源,将车档提起,平衡锤沿导向槽落下。车档完全开启时,平衡锤触动位置开关使其断开,电动机断电,车档保持完全开启状态,矿车安全通过;矿车通过车档后,深度指示器上指针触块触及另一位置开关接通旋转电机电源,旋转电机反向运转将车档放下至完全闭合位置,平衡锤触动位置开关使旋转电机停止运转。因断绳、信号把钩工失误将未连挂职的矿车推下造成跑车时,因牵引系统无法将车档提起,车档始终处于关闭状态,下跑的矿车将被拦截。

② 机械联动式挡车装置如图8-17所示。该装置没有独立的驱动机构,属于常闭式。车

档的起闭,借用绞车提升钢丝绳的弛长力或阻车器的开闭来实现。机械联动式挡车装置具有结构简单,性能可靠,适应性强,制造方便,成本低等到优点,但这种装置增加了对提升钢丝绳的磨损,拦截下跑矿车的准确性稍差。

工作原理:上部车挡用工字钢制成,用于实现上部跑车的防护。中下部车档为钢丝绳制成的柔性型车挡。其分别用地锚固定在轨道两侧的地板上,中部跑车由车档阻挡,下部跑车由车档阻挡,车档的起闭是由提升钢丝绳的弛张状态变化实现。当绞车下放矿车时,提升钢丝绳处于张紧状态,将动滑轮压下,与动滑轮连在一起的起吊绳将车挡同时提起,行车可正常通过。当矿车因断绳、信号把钩工失误将未连挂的矿车推下等到情况发生跑车时,提升钢丝绳处于松弛状态,无法将车档拉起,车档处于关闭状态,将下跑的矿车拦截。

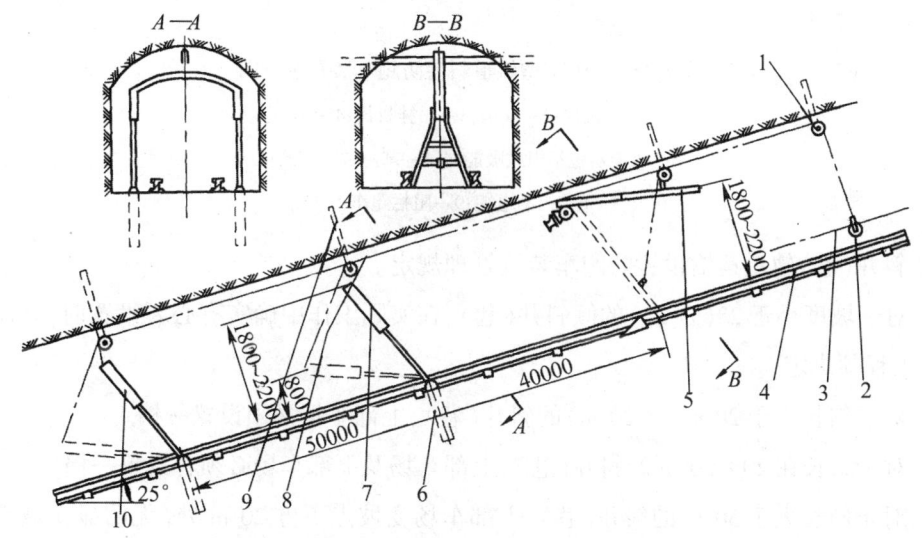

图 8-17　机械联动式挡车装置示意图

1—定滑轮;2—动滑轮;3—提升钢丝绳;4—钢轨;5、7、10—车档;
6—地锚;8—起吊绳;9—锚杆

③ KHG7 型轨道斜巷防跑车装置如图 8-18 所示。

工作原理:KHG7 型号轨道斜巷防跑车装置由速度判断器、档车机构、吸能器三大部分组成。

速度判断器包括两个速度传感器,控制箱 7 和控制电缆 8;档车机构包括车挡 4、吊挂机构 3、执行机构 1、横梁 2;吸能器包括绳式吸能器 5、基座 6;两个速度传感器间距为 200 mm,安装于每股轨道的中心上,当矿车通过时,其车轮踏面在感受应器中产生一个脉冲信号,经过 8 传输到控制器 7 中。矿车以正常提升速度运行时,控制器 7 没有输出,当通过的矿车超过门限速度,确定为跑车时,控制器 7 输出一个具有一定功率的执行信号,使隔爆电磁铁的衔铁吸起,执行机构动作,从而车挡4落下处于挡车位置,阻拦跑车9。

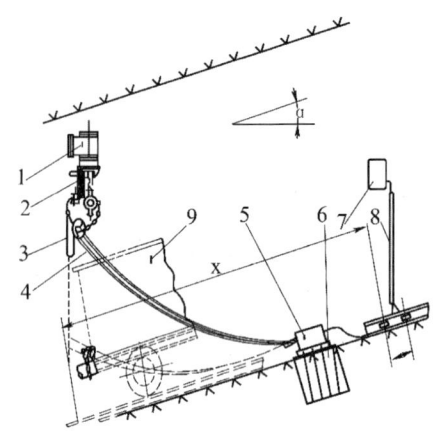

图 8-18　KHG7 型轨道斜巷防跑车装置示意图

1—执行机构;2—横梁;3—吊挂机构;4—车挡;
5—吸能器包括绳式吸能器;6—基座;7—控制箱
8—控制电缆;9—阻拦跑车

④ 斜井(巷)轨道运输设置防跑车装置管理规定。

a. 对于坡度小于 2°(含 2°)的倾斜井(巷),在实际工作中确实有必要设置时,具体设法由矿总工程师决定。

b. 对于斜长小于 20 m(含 20 m)的斜井(巷),上部车场必须设置一档。

c. 对于斜长在 20~50 m 的斜井(巷),上部车场及下部车场必须各设置一档。

d. 对于斜长大于 50 m 的斜井(巷),上部车场变坡点下方 20 m 处(无明显变坡点的不在此限)及下部车场必须各设置一档。在变坡点下方 20 m 处与下部车场两档之间应视其实际长度增设一定数量的挡车装置。其中,对于坡度小于 8°的斜井(巷),各档之间的距离不得大于 100 m。

e. 对于斜坡中有人员作业的地点,须在其上方 15~20 m 内增设 1~2 档,以确保工作人员的安全。

f. 上部车场挡车装置的位置应距上部变坡点不小于 2 m(含 2 m);下部车场挡车装置的位置应设在距下部变坡点上方 15~20 m 内(有甩车道岔的应设在道岔以上,斜井长小于 50 m 的斜井(巷)具体位置由矿总工程师决定)。所有的挡车装置必须固定在适当位置上的统一形式的装置,且要求操作方便、安全可靠。

二、信号、通信、信集闭

1. KX-127 煤矿用语言灯光信号装置

KX-127 煤矿用语言灯光信号装置,集信号传递、发光显示、通话为一体。主要用于煤矿、易燃易爆场所,是皮带运输、绞车提升、作为信号联络、传递信息的理想装置。喇叭、麦克风及通话部分为本安电路。

装置功能如下。

① 发送声光信号。

② 接受语言通话。

③ 发送语言通话。

④ 防爆接线盒出口功能。

⑤ 制造标准:本装置按照《MT/T906-2002 煤矿用隔爆型多功能灯铃信号装置》标准制造。

⑥ 信号器设计为矿用隔爆兼本安型。

⑦ 工作电压为 127(36V)。

⑧ 信号的表达方式为扬声器发声,高亮度发光二极管发光显示载波对讲。主要技术参数见表 8-3。

表 8-3 信号装置主要技术参数

项目	额定工作电压/V	额定工作电流/A	通话距离/m	本安最大开路电压/V	本安最大短路电流/A	质量/kg
参数	AC127	1.5	3000	DC11.7	375	8
参数	AC36	1.5	3000	DC11.7	375	8

2. KX-127 煤矿用语言灯光信号、紧停装置

KX-127 煤矿用语言灯光信号、紧停装置,集信号传递、发光显示、皮带运输紧急停车、通话为一体。主要用于煤矿、易燃易爆场所,是皮带运输、绞车提升、作为信号联络、传递信息的理想装置。

装置功能如下。

① 发送声光信号。

② 接收语言通话。

③ 发送语言通话。

④ 紧急停车功能。

⑤ 防爆接线盒出口功能。

⑥ 制造标准:本装置按照《MT/T906-2002 煤矿用隔爆型多功能灯铃信号装置》标准制造。

⑦ 信号器设计为矿用隔爆兼本安型。

⑧ 工作电压为127(36 V)。

⑨ 信号的表达方式为扬声器发声,高亮度发光二极管发光显示载波对讲。主要技术参数见表4-5。

3. ZJYD-127 矿用语言灯光报警装置

ZJYD-127 矿用语言灯光报警装置设计防爆型式为隔爆兼本质安全型,具备语音报警和发光显示功能。主要用于煤矿、石油、化工等易燃易爆场所,是绞车运输、绞车提升、胶带运输等工作状况下作为语音和发光警示的理想装置。

将此装置置于煤矿井下的轨道坡各个偏口上下车等场地,当机车启动后,本报警器被触发喇叭发出"正在行车,不准行人"(或其他语音)的语言警示,同时 LED 警示灯发红色,警告经过岔道或其他特殊路段的行人,从而有效避免人身伤亡事故的发生。LED 警示灯和语言报警喇叭为本安电路。

(1) 工作原理。

当绞车启动时电源接通,用蓝线(信号线)与棕线打点(短接)两次(由开车电铃信号控制),喇叭发出"正在行车,不准行人"或其他警示音,LED 指示灯发红光。此后如果蓝线与棕线再打点一次(绞车停止时),报警器复位(喇叭静音,LED 指示灯转为绿光)。

(2) 主要技术特征。

① 防爆型式:矿用隔爆兼本安型。

② 防爆标志:Exd[ib]I。

③ 电源电压:AC127 V(−20% ±10%)。

④ 整机电流:70 mA。

4. KJK-127 矿用绞车安全运输监控装置

KJK-127 矿用绞车安全运输监控装置以高速可编程控制器(PLC)为核心,配以专业化人机界面,具备实时监控、速度显示、紧急停车、过卷保护,并具有岔道语言警示,沿线语言通信等功能,与无极绳绞车电控开关配合使用,可实现绞车自动化控制。

本装置主要组成部分如下。

① 主控显示箱:KJK-127 矿用绞车安全运输监控装置。

② 矿用语言声光急停装置:ZJYD-127。

③ 矿用语言声光急停装置：KX-127/2。

④ 矿用速度实时检测保护装置。

5. XJB-D 型井下运输监控"信、集、闭"系统

井下电机车运输监控"信、集、闭"系统是根据井下总调度室对井下大巷的电机车运输实现监控和自动调度的一种装置。它能实时显示监测井下大巷电机车运行区段、位置、机车车号、运行方向、信号灯的状态、道岔状态和区段闭锁状况等，指挥列车安全运行。运输调度人员可通过设于调度室内的监控设备，实时对各种机车运行进行监视，控制操纵道岔，开放信号机，并自动实现敌对进路的闭锁，不允许敌对信号同时开放从而保证了列车安全运行，同时减少了分叉点及搬道岔的人员，使司机能够按信号机显示的开通方向行驶，大大提高了机车运输效率，从而提高了整个运输系统的运输效率。系统能随时反映每一设备和传感器的工作状态，并具有故障自动诊断、报警，自动记录运行过程数据的功能。整个系统无动触点，采用电隔离，可靠性高，人机界面友好，操作方便。系统主要控制范围是井底车场、大巷及地面工业广场、矸石山场所等。

（1）系统的组成。

本系统是以工业计算机为上位机，以 PLC 可编程控制器为分站的机车运输生产调度系统。具备现场可编程能力、工作自检能力、多位控制能力、数据记忆与存储能力、冗余闭锁保护能力、完善的通信能力、功能扩展能力、自动化集成指挥能力、避免失控能力。

每个控制分站可以管理 6 个测控点，能够控制 1024 个分站，每个测控点包括 1 对计轴传感器（或一副辅助架线或霍尔元件位置传感器）、一台发信机、一台收信机和一台道岔控制装置。

（2）系统的主要功能。

① 调度功能。

有完善的集控、灵活的就地手控、故障状态下的应急操作、特殊条件下的应急操作和特殊条件下开通有进路的例外运转控制四种操作方式。调度员能醒目地监视到矿井运输各主要区域及所有电机车运行状况及设备工作状态，根据需要随时分井路、分车辆实施调度，即实现自动或半自动调度。

② 闭锁功能。

包括了区间闭锁、敌对进路闭锁、信号机和电动转辙机闭锁等"信、集、闭"系统的全部功能，附设相应架线，实现全程或区段的自动电气闭锁，并可强行断电，警告其他车辆有车占用区间，避免其他车辆强行进入。

③ 显示功能。

大屏幕动态模拟显示屏及监视装置实时监视整个运输管理的全过程。显示内容包括：

机车车号、运行方向；机车位置、区段车辆情况；信号灯及闭锁信号灯状态；道岔位置及挤岔不密帖显示；机车询问显示；统计当班各采区运行列车次数和车皮数；井下车场的模拟显示；机车循环运行图。在组态显示界面上，当鼠标指到某处时出现相应对话框，管理人员可以准确方便地对系统进行闭锁控制。

④ 管理功能。

管理计算机自动打印有关管理数据或图表。

⑤ 联网功能。

优化的网络设计和软件开发，实现了远程控制，整个系统可以与矿调度室及局联网，并留有功能扩展接口。

⑥ 语音功能。

语言信号声、光、字三者并貌。方便调度指挥和司机之间相互沟通。

（3）系统的特点。

① 实用性。

系统采用总线结构，设备增减方便、系统可大可小；系统手动控制与自动控制相结合，保障系统出现故障时不影响生产；软件超强容错，硬件出现故障时、保障系统正常运行；定位系统实现了机车的精确定位（可选）；采用工控机、PLC、热备用、所有产品设计合理，选件优良、工艺精湛、可靠性高；同时界面友好、统计准确；网络功能便于实现远程管理。

② 可靠性。

系统的井下分站采用进口 PLC 可编程控制器，各设备大量采用工业级芯片，提高了设备对恶劣环境的适应能力；整个系统实现了无继电器化，全部设备中没有一个继电器动触点，从根本上消灭了接触不良这一最大的故障源。

采用了适度的冗余技术设计，设计中增加了大量抗干扰、纠错和故障定位程序，使得系统有很强的容错工作能力。系统中所有设备都被另外的智能设备所监视，全部信号线都有短路、断路的保护和检测，任何设备或电缆发生故障时，系统都能准确定位，立即报警。系统设备均采用模块化设计，任何设备一旦电路发生故障时，维护人员到达现场后，一般都能在 10 分钟内处理完毕，恢复运行。系统以编码信号取代电平信号对执行设备进行控制，并配有差错控制、能有效地解决了杂散电流引起设备误动作的问题。系统各设备之间为层次结构，设备编号自上而下规律性强、各设备间电缆接线量小，接法一致，线标清晰，下井维护不需带任何图纸手册。

习 题

1. 钢丝绳运输的有哪些类型？
2. 有极绳运输设备的工作原理？
3. 无极绳运输设备的工作原理？
4. 无轨胶轮车操作规定包括哪些内容？
5. 单绳索道工作原理是什么？
6. 卡轨车辆按功能可分为哪些？

参 考 文 献

[1] 李炳文,王启厂. 矿山机械. 徐州:中园矿业大学出版社,2007.

[2] 谢锡纯,李晓豁. 矿山机械与设备. 徐州:中国矿业大学出版社,2007.

[3] 谢锡纯. 矿山机械与设备. 3 版. 徐州:中国矿业大学出版社,2012.

[4] 王志甫,毋虎城. 矿山机械. 徐州:中国矿业大学出版社,2009.

[5] 王志甫,李江明. 矿山固定机械与运输设备. 北京:煤炭工业出版社,2009.

[6] 王寅仓,丁原廉. 采掘机械. 北京:煤炭工业出版社,2004.

[7] 毋虎城. 矿山运输与提升. 北京:煤炭工业出版社,2004.

[8] 马新民. 矿山机械. 北京:中国矿业大学出版社,2009.

[9] 程居山. 矿山机械. 北京:中国矿业大学出版社,1997.

[10] 周乃荣,严万生. 矿山固定机械手册. 北京:煤炭工业出版社,1988.

[11] 国家煤矿安全监察局人事培训司. 煤矿机械安全. 徐州:中国矿业大学出版社,2003.

[12] 国家煤矿安全监察局人事培训司. 电机车司机. 徐州:中国矿业大学出版社,2003.

[13] 国家煤矿安全监察局人事司. 绞车操作工. 徐州:中国矿业大学出版社,2003.

[14] 国家煤矿安全监察局人事司. 输送机司机. 徐州:中国矿业大学出版社,2003.

[15] 于学谦,方佳雨. 矿山运输机械. 徐州:中国矿业大学出版社,1989.

[16] 逮贵章,高懦. 矿山机械. 太原:山西科学技术出版社,1992.

[17] 国家安全生产监督管理局,国家煤矿安全监察. 煤矿安全规程. 北京:煤炭工业出版社,2004.